커먼레일 디젤엔진

구기문 ● 監修
김홍현 · 윤영춘 · 최광훈 ● 共著

머리말
Foreward

    기존의 디젤엔진은 시커먼 매연, 높은 소음, 낮은 출력 등 여러가지 문제점이 있어 일반 고객들에게 부정적인 이미지를 가지고 있었습니다.

    커먼레일 디젤엔진은 초고압(1,300 ~ 1,600bar) 분사가 가능한 연료장치적용과 분사량 및 분사시기 등을 정밀하게 제어할 수 있는 전자제어 시스템을 적용함으로써 유해배출가스 저감, 연료소비율 향상, 출력성능 향상 및 소음과 진동까지도 대폭 저감하여 전반적인 운전성을 가솔린엔진 수준까지 끌어올린 획기적인 디젤엔진입니다.

    커먼레일 디젤엔진의 시스템 구성은 초고압 분사압력을 만드는 고압펌프, 연료를 저장하고 각 인젝터로 분배하는 커먼레일, 정밀하게 분사되는 전자제어 인젝터, 분사량, 분사시기, 분사압력 등 각종 운전성에 맞게 정밀제어하는 전자제어 ECU가 적용되어 있습니다.

    기존 디젤엔진보다 시스템이나 제어 측면이 훨씬 복잡하고 어려워 현장에서 정비 시 한층 수준 높은 정비기술능력을 요구함으로써 필자는 본 교재를 발간하게 되었습니다.

    교재의 내용은 제1장 CRDI엔진의 종류, 제2장 엔진의 연료장치, 제3장 전자제어시스템, 제4장 Euro-Ⅳ 디젤엔진, 제5장 배기가스 후처리장치, 제6장 고장진단, 제7장 센서 출력 값, 제8장 CRDI 엔진의 회로도로 구성되어 있습니다.

    나날이 증가되는 커먼레일 디젤엔진에 대하여 정비사가 자신감을 갖고 실무에 임할 수 있도록 고장진단 방법을 수록하였고, 신기술의 교육 기회가 적은 카센터나 소규모 공업사의 종사자들에게 기술을 습득할 수 있는 길잡이가 되었으면 합니다. 또한 전국 자동차 분야의 현장에서나 대학의 자동차학과에서 전자제어 디젤엔진 심화학습의 교과서로 보탬이 되기를 희망합니다.

    이 책을 제작하면서 많은 분들께 도움을 받았습니다. 이 중 현대자동차 천안연수원 구기문 선생님의 적극적인 지원과 애정 어린 배려를 받았고, 본 교재가 출간되도록 배려해 주신 우병춘 국장님과 경제위기로 어려운데도 불구하고 최종 승낙하신 김길현 골든벨 사장님께 진심으로 감사 드립니다.

2008년 겨울에

김홍현·윤영춘·최광훈

책의 차례
Contents

`Chapter 01 CRDI 엔진의 종류

| Section · 01 | CRDI 엔진 Line-up | 12 |
1. 엔진과 적용 차종 ·················· 12
2. 엔진 별 주요 특징 비교 ············ 14

| Section · 02 | u-1.5 / 1.6 엔진 | 16 |
1. 주요 특징 ························ 16
2. 엔진 상세 제원 ·················· 17

| Section · 03 | D-2.0 / 2.2 엔진 | 18 |
1. 주요 특징 ························ 18
2. 엔진 상세 제원 ·················· 19

| Section · 04 | A-2.5 엔진 | 21 |
1. 주요 특징 ························ 21
2. 엔진 상세 제원 ·················· 22

| Section · 05 | J-2.9 엔진 | 23 |
1. 주요 특징 ························ 23
2. 엔진 상세 제원 ·················· 24

| Section · 06 | S-3.0 엔진 | 25 |
1. 주요 특징 ························ 25
2. 엔진 상세 제원 ·················· 26

`Chapter 02 CRDI 엔진의 연료장치

| Section · 01 | 연료장치 개요 | 28 |
1. CRDI 연료장치 구성 ·············· 28
2. 연료 흐름도 ······················ 29

Common Rail Direct Injection ENGINE

Section·02	**연료장치 구성품**	**32**
	1. 저압 연료펌프 …………………	32
	2. 연료 필터 ……………………	37
	3. 고압 펌프 ……………………	40
	4. 커먼 레일(Common Rail) ………	47
	5. 연료압력 조절밸브 ……………	48
	6. 인젝터 ………………………	57

`Chapter 03 전자제어 시스템

Section·01	**입력장치**	**76**
	1. 악셀러레이션 포지션 센서 ……	76
	2. 이중 브레이크 스위치 …………	77
	3. 연료 압력 센서 ………………	78
	4. 흡입공기량 센서 & 흡기온도 센서 …	79
	5. 연료 온도 센서 ………………	80
	6. 냉각 수온 센서 ………………	80
	7. CKP센서 ……………………	81
	8. CMP센서 ……………………	82

Section·02	**출력 장치**	**83**
	1. 예열 장치 ……………………	83
	2. EGR 시스템 …………………	84
	3. 쓰로틀 플랩 …………………	85
	4. 가변용량제어 터보차저 ………	86
	5. 터보차저 이야기 ………………	92
	6. 터보차저 고장 현상 분석 ………	93

Chapter 04 Euro-IV 디젤엔진

Section · 01 Euro-IV 배기가스 규제　　　98
　　1. 배기가스 규제와 경유승용차 ············ 98
　　2. Euro-IV 대응 기술 ····················· 99
　　3. 대응기술 비교(Euro-III 대비) ········ 100

Section · 02 주요 적용 시스템　　　102
　　1. 에어 콘트롤 밸브 ····················· 102
　　2. 스월 제어 밸브 ······················ 105
　　3. 연료압력 조절장치(듀얼 압력조절밸브) ··· 108
　　4. λ(람다)-센서 ························ 112
　　5. 다단 분사 시스템 ···················· 113

Chapter 05 CPF(배기가스 후처리 장치)

Section · 01 배기가스 후처리장치　　　116
　　1. 배기가스 후처리장치란? ··············· 117
　　2. 배기가스 후처리 과정 ················· 118
　　3. 구성 부품 ··························· 126

Chapter 06 CRDI 엔진의 고장진단

Section · 01 시동불량 현상 진단　　　132
　　1. 진단 절차 ··························· 132
　　2. 항목 별 점검방법 실습 ··············· 133

Section · 02 엔진 부조 현상　　　143
　　1. 진단 절차 ··························· 143
　　2. 항목 별 점검방법 실습 ··············· 144

Section · 03 엔진 출력부족 현상　　　150
　　1. 진단 절차 ··························· 150
　　2. 항목 별 점검방법 실습 ··············· 151

| Section · 04 | EGR / 솔레노이드 밸브 진단 | 153 |

1. 진단 절차 ················ 153
2. 진공 솔레노이드 방식의 EGR 밸브 진단 ··· 154
3. 전자식 EGR 밸브 진단 ············· 155
4. EGR 밸브 진단 TIP ··············· 156
5. 흡·배기 장치 누설 ················ 159
6. MAFS(흡입 공기량센서) 시뮬레이션 ··· 160
7. 전자제어 장치 ·················· 161

Chapter 07 엔진의 센서출력값

| Section · 01 | 센서 출력값의 의미 | 164 |

1. 이그니션 스위치 ················ 164
2. 배터리 전압 ···················· 165
3. 연료 분사량 ···················· 166
4. 레일압력 ······················ 167
5. 목표레일압력 ··················· 168
6. 레일압력조절기-레일 ············· 169
7. 레일압력조절기-펌프 ············· 170
8. 연료온도센서 ··················· 171
9. 연료온도센서 출력전압 ············ 172
10. 흡입 공기량 ··················· 173
11. 흡입 공기량 ··················· 174
12. 실린더당 흡입 공기량 ············ 175
13. 흡기온도 센서 ·················· 176
14. 흡기온도센서 출력전압 ··········· 176
15. EGR 액추에이터 ················ 177
16. 대기압 센서 ··················· 178
17. 냉각수 온도 센서 ················ 179
18. 클러치 스위치 ·················· 180
19. 브레이크 스위치 2 ··············· 180
20. 브레이크 스위치 1 ··············· 181

21. 엑셀페달센서 ················· 182
22. 엑셀페달센서1 전압 ············ 182
23. 엑셀페달센서2 전압 ············ 183
24. 엑셀페달/브레이크 상태 ········· 184
25. 에어컨 스위치 ················ 184
26. 에어컨 컴프레셔 작동 상태 ······ 185
27. 에어컨 압력센서 ··············· 186
28. 블로워 스위치 ················ 187
29. 냉각팬-저속 ·················· 187
30. 냉각팬-고속 ·················· 188
31. 글로우 릴레이 ················ 188
32. 글로우 램프작동상태 ··········· 189
33. 보조 히터 릴레이 ·············· 189
34. 연료펌프 릴레이 ··············· 190
35. 부스트 압력센서 ··············· 191
36. 부스트 압력센서 출력전압 ······ 192
37. VGT 액추에이터 ··············· 193
38. 가변 스월 액추에이터 ·········· 194
39. 스로틀플랩 액추에이터 ········· 195
40. 엔진 점검 경고등 ·············· 196
41. 산소센서조절전압 ·············· 196
42. 공기 과잉율 ··················· 197
43. 산소센서 온도 ················· 198
44. 산소센서 히터듀티 ············· 198
45. 람다센서 농도조정 - 조정/미조정 ··· 199
46. 차속센서 ····················· 200
47. 차량가속도 ··················· 200
48. 기어 변속단 ··················· 200
49. 엔진 회전수 ··················· 201
50. 엔진 부하 ···················· 202
51. 엔진 토크 ···················· 202
52. 목표 엔진 토크 ················ 203

53. 이모빌라이저 적용상태 ················ 203
54. 이모빌라이저 램프 ·················· 204
55. AT/MT 정보 ······················ 205
56. 배기유량 ························ 205
57. CPF 차압 발생량 ·················· 206
58. VGT 전단온도 ···················· 207
59. CPF 전단온도 ···················· 208
60. CPF 전단압력 ···················· 209
61. 재생종료상태 ····················· 210

Section · 02 엔진 별 센서출력값   211

1. u-1.6 CRDI 엔진 ·················· 211
2. D-2.0 CRDI(Euro-Ⅲ) 엔진 ··········· 212
3. D-2.0 VGT(Euro-Ⅳ) 엔진 ··········· 214
4. A-2.5 CRDI(Euro-Ⅲ) 엔진 ··········· 216
5. A-2.5 VGT(Euro-Ⅳ) 엔진 ··········· 217
6. 2.9 VGT 엔진 ···················· 218
7. S-3.0 VGT 엔진 ··················· 220

Chapter 08 CRDI 엔진의 회로도

1. u-1.6 엔진 ······················· 224
2. D-2.0 WGT 엔진 ·················· 228
3. D-2.2 VGT 엔진 ·················· 233
4. A-2.5 WGT 엔진 ·················· 238
5. A-2.5 VGT 엔진 ·················· 241
6. J-2.9 WGT 엔진 ·················· 245
7. J-2.9 VGT 엔진 ·················· 248
8. S-3.0 VGT 엔진 ·················· 252

*Common Rail Direct Injection
Diesel Engine*

Chapter 01

CRDI 엔진의 종류

　CRDI 엔진은 자동차 시장에 상당히 큰 영향을 미치고 있다. 처음 D-엔진을 개발한 이후 현재까지 총 5개 종류의 엔진이 만들어졌으며 이 엔진들은 승용 및 RV 차량에 적용되어 그 성능의 우수성을 입증하였으며 차세대 친환경 자동차로 각광받고 있는 실정이다. 그래서 자동차를 다루는 사람이라면 이제는 CRDI 엔진을 모르면 안될 정도로 중요하게 자리매김하고 있는데 본 장에서는 이러한 CRDI 엔진의 종류와 주요 특징들을 간략하게 살펴보자.

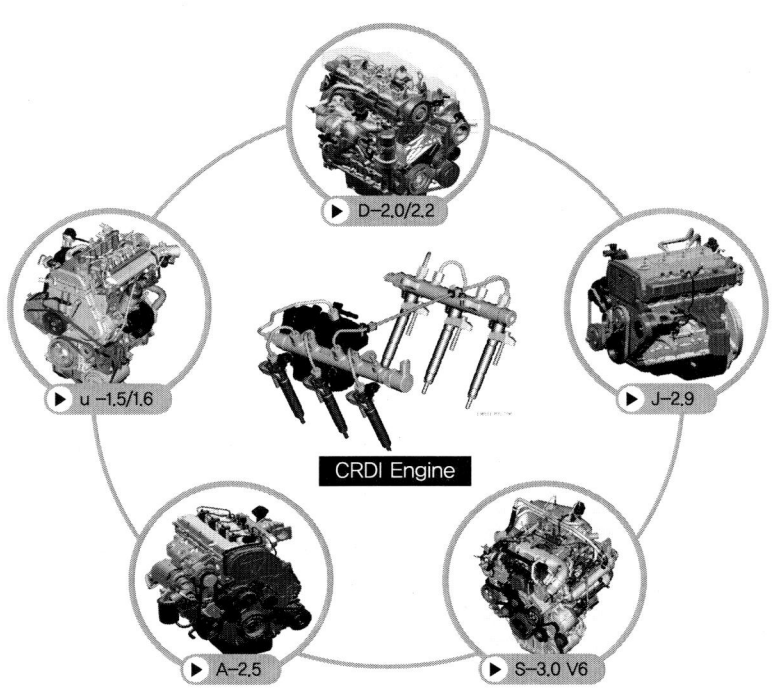

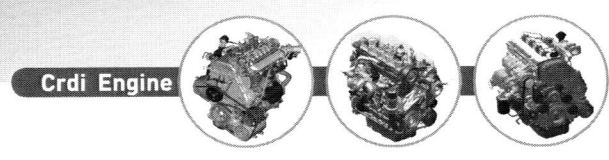

01 CRDI 엔진 Line-up
Section

01 엔진과 적용 차종

CRDI 엔진의 자동차시장은 점점 더 확대되고 있다.

국내에서 판매되는 전체 자동차 시장 가운데 약 30%를 차지하는 CRDI 엔진은 1998년 싼타페, 트라제-XG 차량에 적용된 D-엔진을 시작으로 하여 2007년 말까지 총 5종류의 엔진이 개발되었다. 각각의 엔진은 연료장치와 전자제어 시스템에서는 약간의 차이가 있지만 직접 고압 분사방식인 커먼레일 디젤엔진이라는 점에서 동일한 장점과 특징을 지니고 있다.

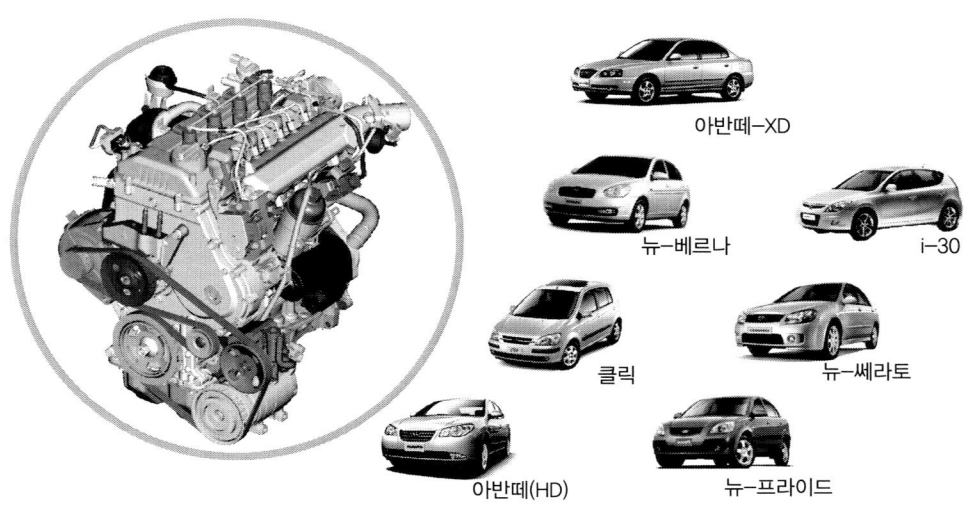

그림 u-1.5/1.6 엔진 적용 차종

Section 1 • CRDI 엔진 Line-up

그림 D-2.0/2.2 엔진 적용 차종

그림 A-2.5 엔진 적용 차종

Chapter 1 • CRDI 엔진의 종류

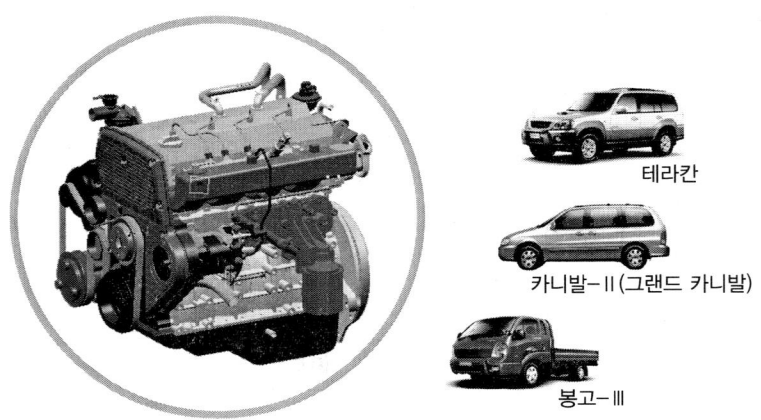

그림 J-2.9 엔진 적용 차종

그림 S-3.0 엔진 적용 차종

02 엔진 별 주요 특징 비교

앞에서 정리한 것처럼 CRDI 엔진은 총 다섯 가지의 종류로 나눌 수 있다. 하지만 모든 엔진이 같은 연료장치를 채택한 것은 아니며 또한 전자제어 시스템도 약간씩의 차이가 있기 때문에 엔진 별 차이점을 알아두어야 한다. 게다가 점점 강해지는 배기가스 규제에 따라서 이를 대응하기 위한 연료장치와 제어 시스템에도 적지 않은 차이가 나타나므로 각각의 특징이나 주요 적용 사양들을 자세히 살펴보아야 한다.

Section 1 • CRDI 엔진 Line-up

- u-1.5/1.6
  - 117PS
  - VGT
  - 26.5kg·m
  - Euro-III/IV
  - Bosch
  - 1,600bar
  - 입·출구제어

- D-2.0/2.2
  - 153PS
  - 입·출구제어(Euro-IV)
  - CPF
  - 35kg·m
  - WGT/VGT
  - Bosch
  - Euro-III/IV
  - 출구제어(Euro-III)
  - 1,350/1,600bar

- A-2.5
  - 174PS
  - 입·출구제어(Euro-IV)
  - 41kg·m
  - WGT/VGT
  - Bosch
  - Euro-III/IV
  - 입구제어(Euro-III)
  - 1,400/1,600bar

- J-2.9
  - 192PS
  - WGT/VGT
  - 36.5kg·m
  - Euro-III
  - Delphi
  - 1,600bar
  - 입구제어

- S-3.0
  - 252PS
  - VGT
  - 52kg·m
  - Euro-IV
  - Bosch
  - 1,600bar
  - 입·출구제어

그림 엔진 별 주요 특징 비교

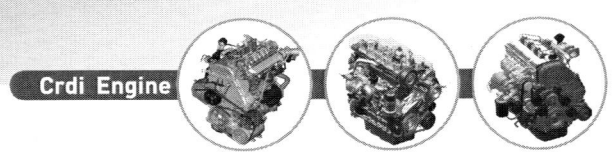

02 u-1.5 / 1.6 엔진
Section

01 주요 특징

    u-엔진은 1,500cc와 1,600cc급의 소형 차량에 적용된 엔진으로 커먼레일 엔진 중에 배기량이 가장 적다. 하지만 연료장치를 제어하는 커먼레일 시스템은 Euro-Ⅳ 사양이 도입되어 최대 분사 압력은 1,600bar이며, 가변용량제어 터보챠져인 VGT가 기본 사양으로 채택되어 엔진의 성능을 향상시켰다.

    u-엔진의 타이밍 장치는 체인 방식으로 A-2.5 엔진과 같다. 또한 연료장치의 기본적인 제어 원리도 A-엔진과 같아 저압펌프가 기계식이며 흡입펌프로 되어 있다. 게다가

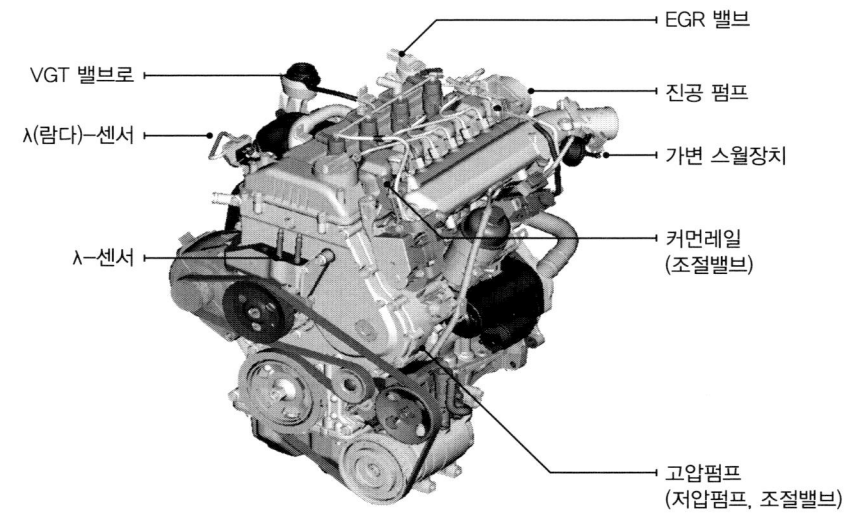

그림 u -1.5/1.6 엔진

u-엔진은 강화된 배출가스 규제(Euro-Ⅳ)에 대응하기 위해 디젤엔진에는 적용되지 않던 광영역 산소센서(람다-센서)를 채택하여 EGR을 정밀하게 제어할 수 있게 되었다.

02 엔진 상세 제원

항 목	u-1.5 엔진	u-1.6 엔진
배기량(cc)	1,493	1,582
실린더수	4	←
내경 × 행정	75 × 84.5	77.2 × 84.5
분사순서	1-3-4-2	←
흡기장치	TCI	←
캠 배열	DOHC	←
압축비	17.7:1	17.3:1
최대출력(Ps/RPM)	112/4,000	117/4,000
최대토크(kg·f/RPM)	24.5/2,000	26.5/2,000
공회전수(RPM)	830±100(A/T) 820±100(M/T)	830±100(ALL)
최대 회전수(RPM)	4,750	←
예열 장치	글로우 플러그	←
최고 제어압력(bar)	1,600	←
연료압력 제어방식	입/출구 동시 제어	←
인젝터 종류	IQA 인젝터	←
인젝터 분사 패턴	Pilot(예비 분사-1) + Pre(예비 분사-2) + Main(주 분사)	←
EMS	보쉬 2세대	보쉬 2세대
터보챠져	VGT(기본 사양)	←
가변 스월 장치	SCV 적용	←
배출가스 규제	Euro-Ⅲ, Euro-Ⅳ	Euro-Ⅳ
CPF	없음	←

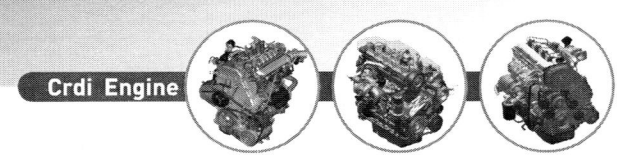

03 Section D-2.0 / 2.2 엔진

01 주요 특징

　　D-엔진은 커먼레일 시스템을 처음 선보일 당시였던 1998년부터 현대자동차의 싼타페, 트라제-XG 차량에 적용되어 커먼레일 연료장치의 성능과 우수성을 최초로 입증하게 되었다.

　　그러나, D-엔진이 선보일 당시만해도 디젤엔진은 차량 유지비가 저렴하긴 하지만 유해 배기가스가 심하게 배출되어 많은 사람들이 그다지 선호하지 않던 엔진에 속했고, 게다가 진동과 소음이 심하여 승합차나 화물차 정도에 적합한 엔진이라고 생각했었다.

　　하지만, D-엔진이 장착된 RV 차량은 커먼레일 연료장치가 적용돼 고성능, 친환경 자동차라는 인식이 점차 확대되기 시작하였고 이에 발맞추어 자동차 제작사에서도 커먼레일 연료장치를 통해 차세대 디젤엔진의 세대교체에 대한 기틀을 마련하게 되었다. 게다가 2006년부터는 기존 엔진이 새로운 모습으로 탈바꿈하게 되었는데 이 새로운 엔진은 Euro-Ⅳ 시스템의 연료장치가 도입되어 배기가스와 출력 등의 성능을 한층 더 높게 향상시켰다.

　　Euro-Ⅳ D-2.0/2.2 엔진은 2006년부터 적용되는 배기가스 규제(Euro-Ⅳ)에 대응하기 위하여 기존 D-2.0 엔진의 기계적인 요소 즉, 실린더 블록, 실린더 헤드, 무빙계, 벨트 및 밸브트레인 등은 그대로 사용하면서 연료 제어장치의 요소들을 Euro-Ⅳ의 환경규제에 맞추어 새롭게 개발하였다. 그래서 같은 D-2.0 엔진이라도 Euro-Ⅲ 엔진은 최대출력이 125PS인 반면 Euro-Ⅳ 엔진은 151PS로 26마력이 높아졌으며 최대 토크 또

Section 3 • D-2.0 / 2.2 엔진

한 29kg·m에서 32kg·m로 4kg·m가 향상되었다.

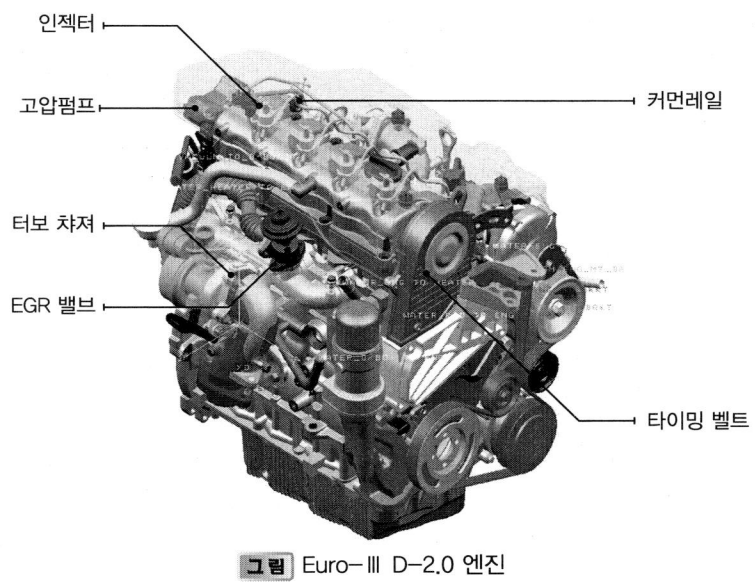

그림 Euro-Ⅲ D-2.0 엔진

02 엔진 상세 제원

항 목	D-2.0 (Euro-Ⅲ)	D-2.0 (Euro-Ⅳ)	D-2.2 (Euro-Ⅳ)
배기량 (cc)	1,991cc	←	2,188cc
실린더수	4	←	←
내경 × 행정	83 × 92	←	87 × 92
분사순서	1-3-4-2	←	←
흡기장치	TCI	←	←
캠 배열	SOHC	←	←
압축비	17.7:1	17.3:1	←
최대출력(Ps/RPM)	125/4,000	151/3,800	153/4,000
최대토크 (kg·f/RPM)	29.0/2,000	32.0/2,000	35.0/2,000

Chapter 1 • CRDI 엔진의 종류

항 목	D-2.0 (Euro-Ⅲ)	D-2.0 (Euro-Ⅳ)	D-2.2 (Euro-Ⅳ)
공회전수(RPM)	750±40	700±100	790±100
예열 장치	글로우 플러그	←	←
최고 제어압력(bar)	1,350	1,600	←
연료압력 제어방식	출구 제어	입/출구 동시 제어	←
인젝터 종류	그레이드 인젝터	IQA 인젝터	←
인젝터 분사 패턴	Pilot(예비 분사) + Main(주 분사)	Pilot(예비 분사-1) + Pre(예비 분사-2) + Main(주 분사) + Post2(후 분사-2) + Post1(후 분사-1)	Pilot(예비 분사-1) + Pre(예비 분사-2) + Main(주 분사)
EMS	보쉬 1세대	보쉬 2세대	←
터보챠져	VGT(선택 적용)	VGT(기본 사양)	←
가변 스월 장치	없음	SCV 적용	←
배출가스 규제	Euro-Ⅲ	Euro-Ⅳ	←
CPF	없음	적용	없음

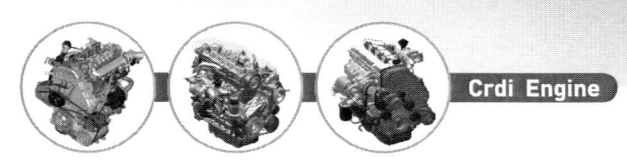

A-2.5 엔진 04
Section

01 주요 특징

타이밍 체인이 적용된 A-엔진은 배기량 2,500cc급의 중형 엔진에 Bosch 시스템의 커먼레일 연료장치와 전자제어 시스템을 도입하였다.

A-엔진의 고압펌프는 체인에 의해 구동되며 저압펌프, 압력조절밸브가 일체로 구성되어 있다. 그래서 D-엔진과는 연료 압력을 제어하는 방법이 다른데 A-엔진과 같은 흡입식의 저압펌프를 사용하는 방식에서는 엔진이 구동해야만 저압라인의 압력이 형성되

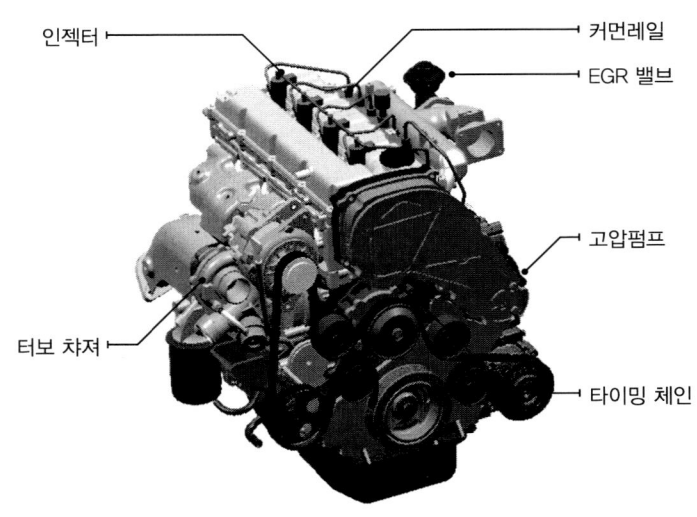

그림 A-2.5 엔진

는 기계식 펌프를 사용한다는 점에서 D-엔진과 다르다. 이러한 방식을 입구제어 또는 유량제어 방식이라고 하며 u-엔진, J-엔진의 연료장치가 모두 같은 방식을 사용하고 있다.

02 엔진 상세 제원

항 목	A-2.5 WGT	A-2.5 VGT
배기량(cc)	2,476cc	2,497cc
실린더수	4	←
내경 × 행정	91 × 96	91 × 96
분사순서	1-3-4-2	←
흡기장치	TCI	←
캠 배열	DOHC	←
압축비	17.7:1	17.6:1
최대출력(Ps/RPM)	145/3,800	174/3,800
최대토크(kg·f/RPM)	33.0/2,000	41.0/2,000
공회전수(RPM)	780±100	←
예열 장치	글로우 플러그	←
최고 제어압력(bar)	1,400	1,600
연료압력 제어방식	입구 제어	입/출구 동시 제어
인젝터 종류	그레이드 인젝터/클래스화	IQA 인젝터
인젝터 분사 패턴	Pilot(예비 분사) + Main(주 분사)	Pilot(예비 분사-1) + Pre(예비 분사-2) + Main(주 분사) + Post(후 분사)
EMS	보쉬 1세대	보쉬 2세대
터보챠져	WGT	VGT
가변 스월 장치	없음	←
배출가스 규제	Euro-Ⅲ	Euro-Ⅳ
CPF	없음	←

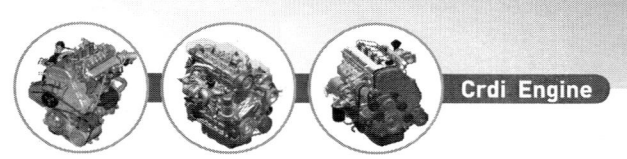

J-2.9 엔진 05
Section

01 주요 특징

　J-엔진은 현대자동차의 테라칸과 기아자동차의 카니발,봉고III 차량에 적용되었던 기계식 인젝션펌프 타입의 엔진에 커먼레일 연료 시스템을 도입한 엔진으로 모든 커먼레일 엔진 가운데 유일하게 Delphi 시스템의 연료장치를 사용한 엔진이며 타이밍 시스템은 벨트 방식이 적용되었다.

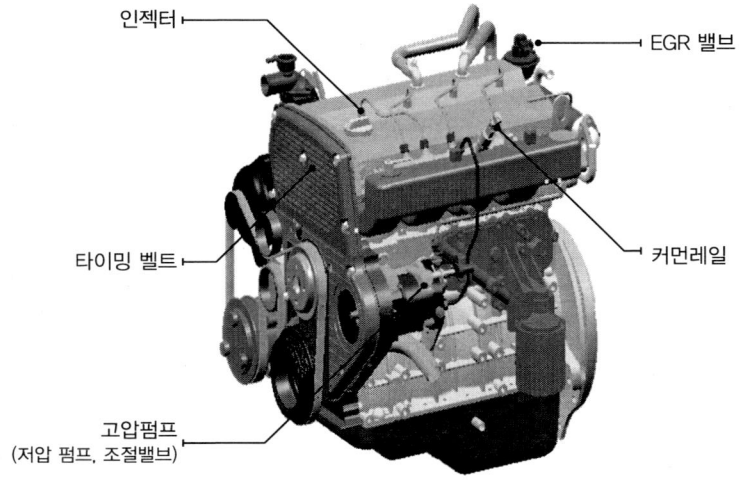

그림　J-2.9 엔진

2,900cc급의 대형 엔진에 커먼레일 연료장치를 적용해 최대 출력이 192PS(VGT), 최대 토크는 36.5kg·m로 높은 힘을 자랑하는 J-엔진은 현대자동차의 테라칸, 기아자동차의 카니발-Ⅱ, 그랜드카니발 등의 차량에 적용되어 높은 성능을 발휘하고 있는 엔진이다.

02 엔진 상세 제원

항 목	J-2.9 WGT	J-2.9 VGT
배기량(cc)	2,902cc	←
실린더수	4	←
내경 × 행정	101 × 98	101 × 98
분사순서	1-3-4-2	←
흡기장치	TCI	←
캠 배열	DOHC	←
압축비	18.4:1	
최대출력(Ps/RPM)	170/3,700	192/3,800
최대토크(kg·f/RPM)	36.0/2,000~3,000	36.5/2,000~3,500
공회전수(RPM)	800±100	←
예열 장치	에어 히터	←
최고 제어압력(bar)	1,600	
연료압력 제어방식	입구 제어	←
인젝터 종류	C2I(MNS) 인젝터	←
인젝터 분사 패턴	Pilot(예비 분사) + Main(주 분사)	←
EMS	Delphi	
터보챠져	WGT	VGT
가변 스월 장치	없음	←
배출가스 규제	Euro-Ⅲ	←
CPF	없음	←

S-3.0 엔진 06
Section

01 주요 특징

S-3.0 엔진은 현재 현대자동차의 베라크루즈, 기아자동차의 모하비에 적용중이며 디젤 엔진 최초의 V-6형 커먼레일 엔진으로 최고출력이 252PS, 최대 토크는 46kg·m에 달하는 고출력 엔진으로 개발되었다. 이 S-엔진은 V-형의 실린더 배열이 가져다주는 장점 뿐만 아니라 여러 가지 새로운 기술들이 적용되어 커먼레일 연료장치를 통해 얻어낼 수 있는 최대한의 성능을 구현한 엔진이다.

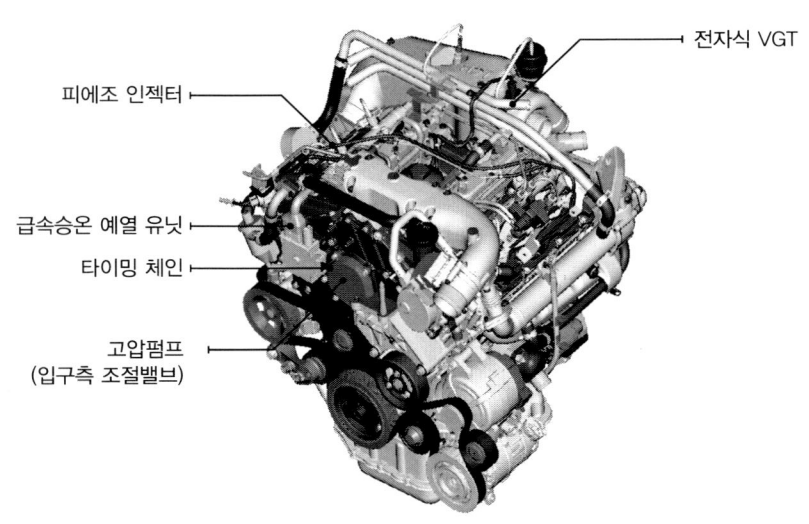

그림 S-3.0 VGT 엔진

S-엔진에는 기존의 커먼레일 연료장치와 같은 제어방식이 적용되었지만 몇 가지 새로운 기술이 도입된 부분이 있다. 기본적인 연료흐름 측면에서는 D-엔진과 같은 전기식 저압펌프에 의한 연료공급, 그리고 고압펌프에서 커먼레일, 인젝터로 이어지는 고압라인이 같지만 그 외에 피에조 인젝터가 새롭게 적용되었고, 진공 솔레노이드 밸브로 제어하던 VGT(가변 용량제어식 터보챠져)가 전자식으로 변경되어 정밀도를 향상시켰다.

02 엔진 상세 제원

항 목	S-3.0 VGT
배기량(cc)	2,959cc
실린더수	6
내경 × 행정	84 × 89
분사순서	1-2-3-4-5-6
흡기장치	TCI
캠 배열	DOHC
압축비	17.8:1
최대출력(Ps/RPM)	252/3,800
최대토크(kg · f/RPM)	52.0/1,750~3,500
공회전수(RPM)	720±100
예열 장치	급속 승온 예열 플러그
최고 제어압력(bar)	1,600
연료압력 제어방식	입/출구 동시 제어
인젝터 종류	피에죠 인젝터
인젝터 분사 패턴	Pilot(예비 분사-1) + Pre(예비 분사-2) + Main(주 분사)
EMS	Bosch
터보챠져	VGT
가변 스월 장치	SCV 적용
배출가스 규제	Euro-Ⅳ
CPF	없음

Chapter 02

CRDI 엔진의 연료장치

커먼레일 시스템을 요약하면 연료장치와 전자제어 시스템으로 분류할 수 있다. 이 가운데 연료장치는 고압의 연료를 직접 분사하는 방식으로 과거의 디젤엔진과는 전혀 다른 구조를 갖추고 있어 시스템의 전반적인 흐름이나 특징을 이해하지 못하면 정확한 진단을 하는데 적지 않은 어려움이 예상된다. 이에 본 장에서는 CRDI 엔진의 연료장치를 이해하고 엔진 별 차이점들을 학습하게 될 것이다.

아울러 연료장치를 점검하는데 필요한 요소들이 다루어질 것인데 이는 차량의 고장진단을 위해서 반드시 필요한 부분이므로 정확하게 이해해야 한다.

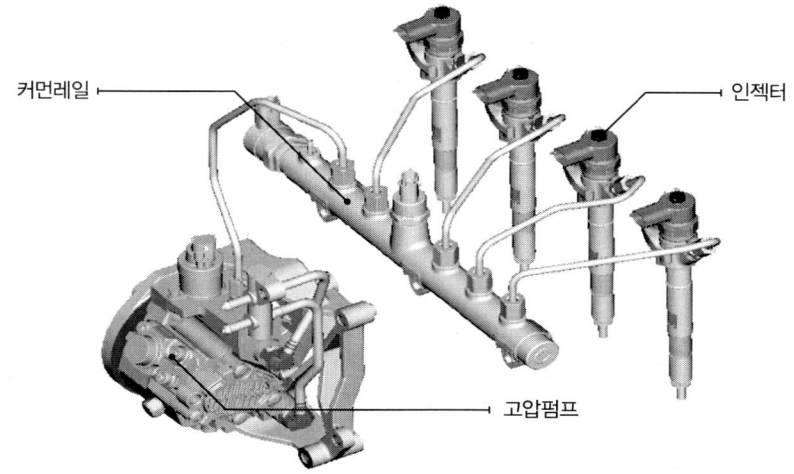

01 연료장치 개요
Section

01 CRDI 연료장치 구성

커먼레일은 연료의 저장소 역할을 하는 파이프를 말한다.

CRDI 연료장치는 연료필터, 저압펌프, 고압펌프, 커먼레일, 압력조절밸브, 인젝터 등으로 구성되어 있다. 기본적인 연료 흐름은 연료탱크에서 저압 연료펌프에 의해 압송된 연료가 연료 필터를 거쳐 고압펌프로 이송된다. 그리고, 엔진의 회전에 의해 고압펌프가 회전하면 고압펌프 내부의 피스톤에 의해 고압의 연료가 형성되고 이 연료가 '커먼레일'이라는 일종의 파이프와 같은 레일에 저장되는 것이다.

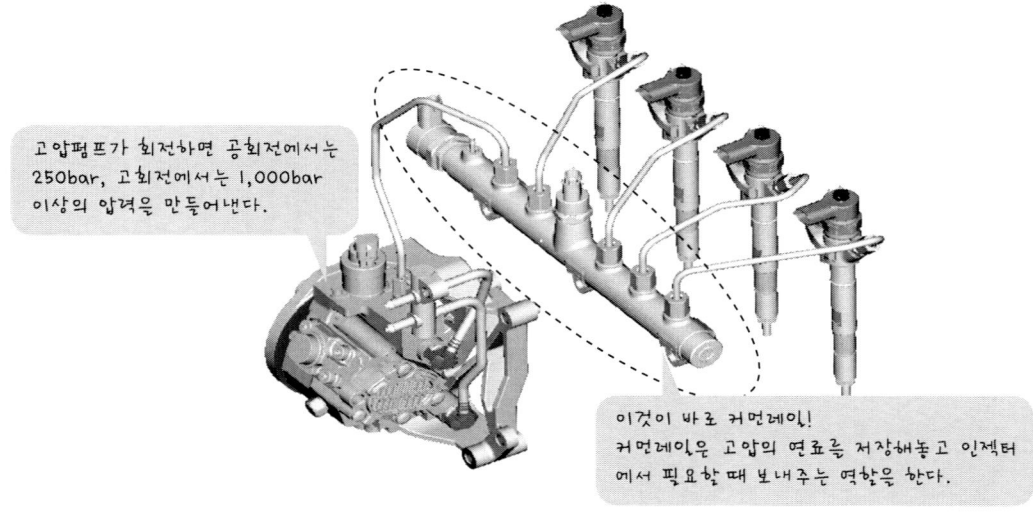

고압펌프가 회전하면 공회전에서는 250bar, 고회전에서는 1,000bar 이상의 압력을 만들어낸다.

이것이 바로 커먼레일!
커먼레일은 고압의 연료를 저장해놓고 인젝터에서 필요할 때 보내주는 역할을 한다.

그림 u-1.5/1.6 엔진

Section 1 • 연료장치 개요

이렇게 저장된 고압의 연료는 ECU에 의해 압력이 조절되어 인젝터로 공급되고 인젝터 또한 ECU에서 구동신호가 입력되면 정확하게 계산된 양만큼의 연료를 연소실로 분사하게 되는 것이다. 이러한 기본적인 연료 흐름은 모든 커먼레일 엔진마다 같은 구조로 되어 있지는 않다. 엔진의 특성과 연료장치의 차이점은 저압펌프가 전기식이냐, 기계식이냐에 따라서 크게 나눠지며 또한 Euro-Ⅲ 방식인지 Euro-Ⅳ 방식인지에 따라서 차이를 나타내고 있다. 그래서 각각의 연료장치의 특성과 차이점을 자세하게 비교하고 분석할 수 있어야 한다.

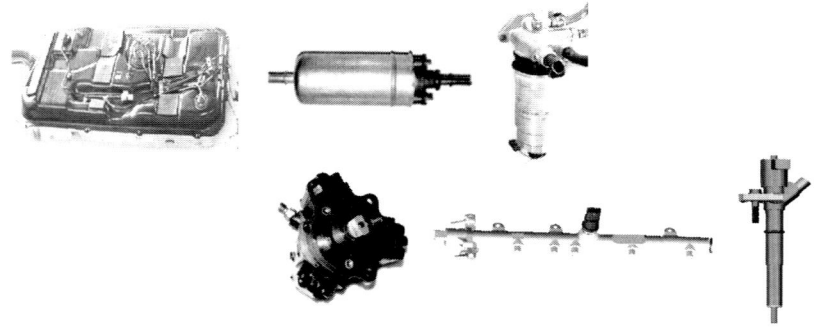

02 연료 흐름도

1 전기식 저압펌프 타입의 연료 흐름

다음의 그림은 S-엔진의 연료 흐름으로 전기식 저압펌프를 사용하는 방식이다. 이러한 방식의 엔진은 S-엔진뿐만 아니라 D-엔진도 마찬가지이다. 연료의 흐름을 살펴보면 우선, 전기식 저압펌프에서 연료탱크 내부의 연료를 필터까지 보낸다. 그 후 필터를 거친 연료는 고압펌프로 이송되고 이 때 고압펌프가 회전하면 고압으로 바뀐 연료가 커먼레일을 거쳐 인젝터로 분사되는 것이다.

이러한 연료 흐름에서 저압펌프는 커먼레일 연료라인 전체 가운데 1차적인 압력을 형성하기 때문에 매우 중요한 요소라 할 수 있다. 그래서 연료시스템을 점검할 때에도 저압펌프가 작동하는지를 확인하고 이 때의 압력이 정상인지 아닌지를 점검하는 것이다.

Chapter 2 • CRDI 엔진의 연료장치

▶ S-엔진의 연료 흐름

2 기계식 저압펌프 타입의 연료 흐름

A-엔진과 같이 기계식 저압펌프를 사용하는 엔진은 전기식 저압펌프가 없기 때문에 엔진이 구동해야만 저압라인의 압력이 형성된다.

그리고 전기 펌프 방식과 또 다른 큰 차이점이 두 가지가 있는데 그 중 하나는 저압 펌프의 위치이다. 기계식 저압펌프는 고압펌프와 일체로 구성되어 있으며 또한 연료라인 전체의 흐름을 살펴볼 때 저압펌프의 장착 위치는 연료탱크에서 연료필터를 거치고 난 후인 고압펌프(엔진측)에 장착되어 있다는 점을 눈여겨 보아야 한다. 이러한 이유로 저압라인의 압력을 점검하려 할 때에도 연료필터의 전후방에 진공계를 설치하여 점검해야 한다.

또 다른 하나는 연료압력을 조절하는 방식이 다르다는 점이다. A-엔진이나 J-엔진과 같이 기계식 저압펌프를 사용하는 엔진은 연료압력을 조절하는 조절밸브가 고압펌프 입구에 장착되어 있다. 그래서 이러한 방식을 '입구제어 방식'이라고 하는데 연료의 이동은 저압펌프를 지나서 조절밸브를 거쳐 고압펌프로 가는 흐름을 만들게 된다. 하지만 이

Section 1 • 연료장치 개요

세가지 부품이 일체로 구성되어 있기 때문에 사실 내부의 연료흐름을 확인하기는 어렵다.

▶ A-엔진의 연료 흐름

02 연료장치 구성품
Section

01 저압 연료펌프

커먼레일 연료장치를 이해하려면 저압펌프에서 출발해야 한다.

커먼레일 연료장치는 저압펌프에서 출발한다. 물론 대부분의 엔진에서와 마찬가지로 주 동력원인 연료가 연료탱크에 들어있고 이를 끌어다가 사용하는 것이 바로 연료펌프이기 때문에 연료펌프에서부터 연료라인을 출발하는 것은 당연한 일이기도 하다. 하지만 커먼레일의 연료장치를 저압펌프에서 시작한다는 것은 그런 의미뿐만이 아니다.

현재 개발되어 차량에 적용하고 있는 커먼레일의 엔진 종류는 총 5가지(u-엔진, D-엔진, A-엔진, J-엔진, S-엔진)가 있는데 여기에 Euro-Ⅲ 연료장치인지 Euro-Ⅳ 연료장치인지를 따져 D-엔진과 A-엔진이 둘로 나뉘어져 총 7가지로 구분할 수 있다. 게다가 앞으로 개발될 커먼레일 엔진은 또 다른 방식의 연료장치로 구성될 수도 있는 것이다.

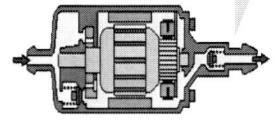

전기식 저압모터! 연료탱크의 연료를 전기모터로 끌어당겨 엔진으로 보내는구나!

그림 S-엔진의 전기식 저압펌프

이렇게 다양한 커먼레일 엔진을 구분하려면 기준이 있어야 하는데, 가장 쉽게 구분하는 방법 가운데 하나가 바로 저압펌프이다.

다시 말하면 저압 연료펌프가 어떤 방식이냐에 따라서 연료장치를 크게 둘로 나눌 수 있다. 즉, 저압 연료펌프가 기계식이냐 전기식이냐에 따라서 연료탱크의 연료를 공급하는 방식이 나눠지며 이러한 차이는 연료의 공급뿐만 아니라 흐름에도 영향을 미치게 되는 것이다.

 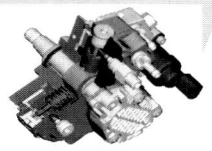

그림 A-엔진의 기계식 저압펌프

전기식 저압펌프를 사용하는 엔진은 D-엔진과 S-엔진이며 기계식 저압펌프를 사용하는 엔진은 u-엔진, A-엔진, J-엔진이다. 각각의 엔진은 저압펌프의 방식에 따라서 진단하는 방법 또한 다르기 때문에 그 차이점과 특징을 잘 알아두어야 한다.

> 연료필터 상단에 플라이밍 펌프가 있으면 기계식 저압펌프를 사용하는 것이고 없으면 전기식 저압모터를 사용하는 방식이다.

1 전기식 저압펌프

CRDI 엔진의 저압펌프는 전기식 모터 구동 방식과 기계식으로 나누어진다. 이 중 전기식 연료펌프는 D-2.0/2.2, S-3.0 엔진에 적용되었으며 기계식 저압펌프는 u-1.5, A-2.5, J-2.9 엔진에 적용되었다.

	작 동	적용 엔진
전기식 저압펌프	ECU → IG ON 후 CKP 신호 입력해야 작동	D-2.0, D-2.2, S-3.0
기계식 저압펌프	엔진 회전과 함께 작동	u-1.5, A-2.5, J-2.9

전기식 저압펌프는 ECU에 의해 구동되며, IG ON 시에 3~5초간 작동한 다음 엔진 회전수 신호를 입력받아 시동 ON 상태에서 계속 작동하게 된다. 전기 신호의 입력으로 모터가 구동되기 때문에 모터의 작동음을 통해 정상 작동여부를 확인할 수 있는데 싼타페, 트라제-XG 차량은 연료탱크 외부에 장착되어 있지만 투싼, 스포티지, 베라크루즈 등 최근 차량의 경우는 연료탱크 내부에 장착되어 있어 작은 작동음은 들리지 않을 수 있다.

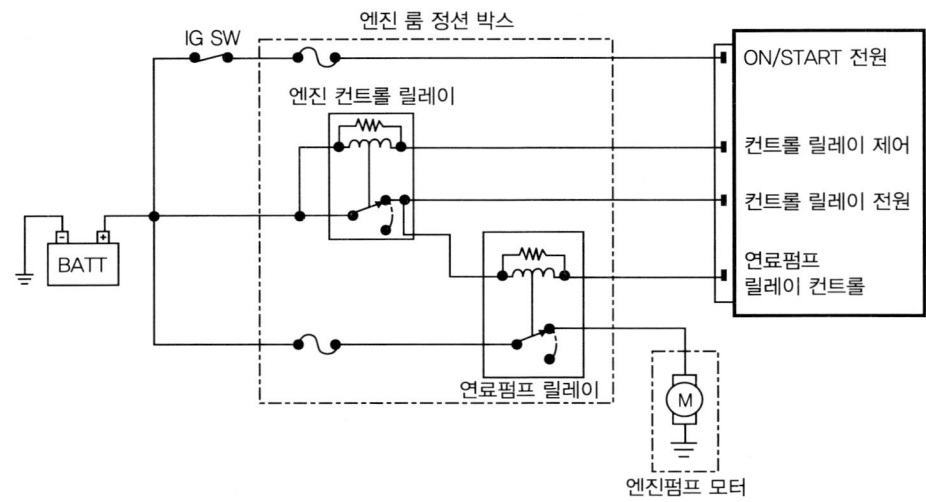

그림 전기식 저압펌프 회로

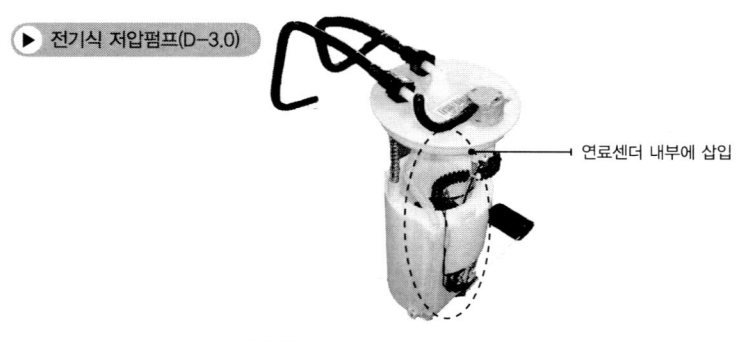

그림 전기식 저압펌프 펌프

D-엔진의 연료펌프 작동은 시동 Key ON 시 ECU에서 메인 릴레이를 작동시키고 이 때 연료펌 연료펌프 릴레이 컨트롤 단자를 약 3초간 접지시킨 후 OFF된다. 이 때 연

료펌프가 작동하는 소리를 들을 수 있다. 또한 시동 시 엔진회전수 신호(CKP센서)가 약 50RPM 이상 엔진 ECU로 입력될 경우 엔진 ECU는 연료펌프 릴레이를 작동시켜 연료 펌프를 계속 구동하게 된다. 연료펌프가 정상적으로 작동할 경우 구동 전류는 약 3A 가량이 된다. 만약 3A보다 적은 전류가 측정될 경우에는 연료펌프의 고장을 의심할 필요가 있고 높을 경우에는 저압 연료라인의 막힘을 예상할 수 있다.

그림 D-엔진의 저압라인 압력

1 기계식 저압펌프

기계식 저압 연료펌프는 기어타입으로 고압펌프와 일체식으로 구성되어 있다. 엔진의 회전과 동시에 타이밍 체인 또는 벨트로 연결된 고압펌프가 회전하면 고압펌프 내부의 구동 샤프트에 의해 작동을 시작하며, 이 때 연료탱크 내의 연료는 저압펌프에 의해 흡입되어진다. 이렇게 흡입된 연료는 연료압력 조절밸브에 의해 조절되어 필요한 양의 연료가 고압펌프로 압송된다.

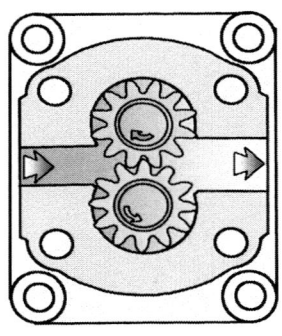

그림 기계식 저압펌프 내부

저압 연료펌프의 내부 구성요소를 살펴보면 두 개의 기어 휠이 회전할 때 서로 맞물

려서 반대방향으로 회전하고, 연료는 기어휠과 펌프벽 사이에 형성된 챔버에 갇혀있다가 출구(압력측면)로 이송된다. 회전하는 기어들 사이의 접촉은 펌프의 흡입과 압력끝단의 기밀이 유지되어 연료가 다시 뒤로 새어나가는 것을 막는다. 이러한 기어 방식의 연료펌프 이송량은 실제로 엔진의 속도에 비례하여 증가하지만, 기어의 이송량이 입구 끝에서 스로틀의 흡입에 의해 감소되거나 또는, 출구끝에서 오버플로우밸브에 의해 제한되기 때문에 일정량 이상으로 상승하지 않는다.

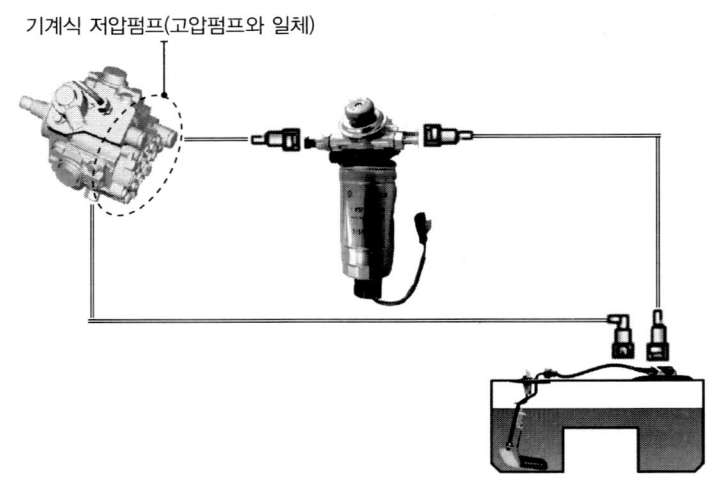

그림 기계식 저압펌프

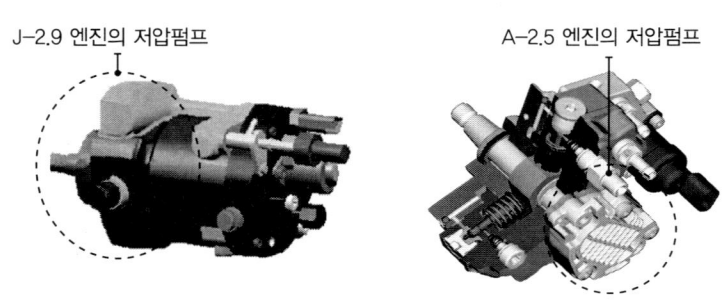

그림 기계식 저압펌프 형상

기계식 저압펌프는 별도로 조정하거나 수정하는 작업이 필요없으며 단지 연료가 없는 상태에서 저압 연료라인에 공기가 유입될 수 있으므로 수동 형태의 에어 플라이밍 펌프가 연료필터 상단에 일체로 장착된다(연료압력 조절밸브가 입구제어 방식일 경우에만 설치).

엔진 시동중(아이들 회전수 이상) 기계식 저압 연료펌프와 고압펌프 연료필터 사이에 라인압력은 8~19cmHg 부근으로 항상 유지되어야 한다.

02 연료 필터

💡 커먼레일 연료필터에는 전기 히터가 달려 있다.

1 연료필터의 기능

연료필터는 수분분리, 이물질 분리, 연료히팅의 기능이 있다. 커먼레일 엔진의 연료공급 장치에서 연료에 수분이 유입되거나 동결로 인해 연료의 흐름이 방해되면 시동성 저하, 공회전 불량 등의 원인으로 이어질 수 있게 된다. 그래서 모든 커먼레일 엔진에는 연료 필터에 수분을 분리해주는 기능이 있는데, 이는 연료에 함유된 수분을 분리해 수분만 따로 탱크에 저장하는 기능이다. 일정량 이상의 수분이 필터 하단부에 쌓이면 계기판에 수분분리기 경고등이 켜지는데, 이때 연료 필터의 수분을 제거해야 한다.

2 연료필터 히터

커먼레일 엔진은 연료탱크에 수분이 유입되면 고압펌프, 필터, 인젝터 등 전 연료 공급시스템 고장의 주 원인이 되고, 부품의 마모, 손상을 발생시킬 뿐만 아니라 부품에 녹이 발생되어 시동이 불량하게 된다. 또한 경유의 특성 중 팔라핀계 (CnH_{2n+2}) 성분은 영하의 기온에서 응고가 되기 쉬운데 이는 시동성 저하로 이어지므로 이러한 현상을 방지하기 위해 연료필터에 히팅장치를 두어 영하의 온도에서는 히터가 작동한다.

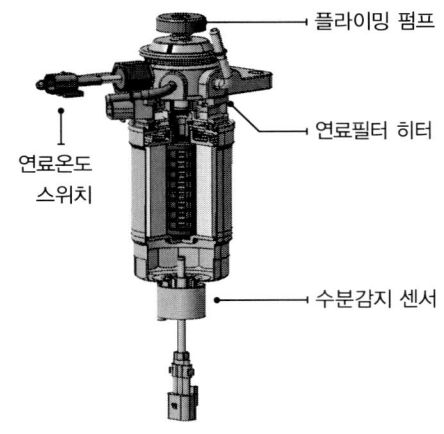

그림 A-엔진의 연료필터

Chapter 2 • CRDI 엔진의 연료장치

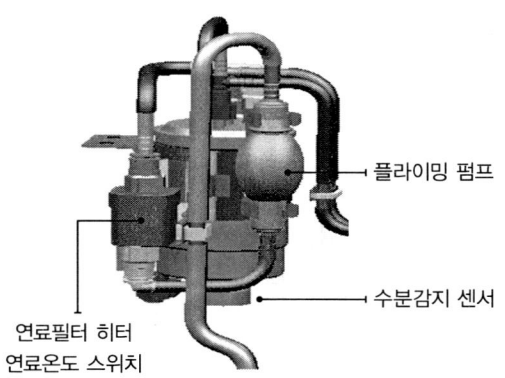

그림 J-2.9 엔진의 연료필터

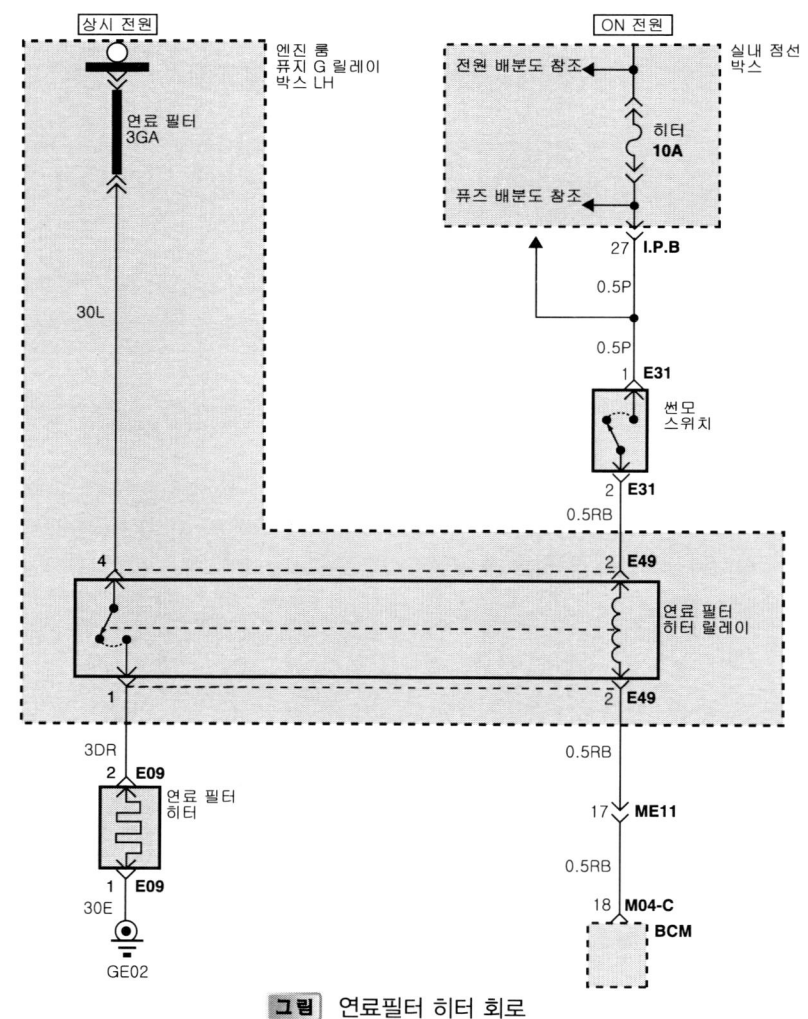

그림 연료필터 히터 회로

연료필터 히터는 ECU의 제어와는 상관없이 연료온도 스위치의 ON/OFF에 따라 작동하게 된다. 연료필터에 장착되어 있는 온도스위치가 영하 3℃에서 접점이 붙고 이 때 릴레이가 ON 되면 히터가 작동하여 가열되는 방식으로 모든 커먼레일 엔진에 동일하게 적용된다.

3 오버플로우 밸브와 플라이밍 펌프

연료필터 상부에 설치된 오버플로우 밸브는 커먼레일의 정압유지를 위하여 여과된 연료를 공급하여 연료의 유량을 일정하게 유지할 수 있도록 볼(Ball)과 스프링(Spring) 등으로 구성되어 있다(단 Euro-4는 고압펌프에 장착됨).

제어 압력은 1.5 ~ 2.0bar(D-엔진 기준)이며 일정한 유량 이상을 바이패스 시켜준다. 이 기능이 저하되었을 경우 커먼레일의 압력 변화가 발생하여 연료분사에 문제를 일으킬 수 있다. 특히 저압(1.5bar이하)에서 밸브가 열렸을 경우 연료공급에 차질이 발생되어 엔진 구동에 문제를 일으킬 수 있다.

기계식 저압펌프를 사용하는 A-2.5 엔진과 J-2.9 엔진의 경우에는 오버플로우 밸브가 장착되지 않는데 이는 전체 연료라인에서 저압펌프가 설치된 위치와도 상관이 있다. A-2.5 엔진이나 J-2.9 엔진과 같이 연료압력을 입구에서 제어하는 유량제어 방식의 경우에는 연료필터를 거친 후에 저압펌프를 통과하기 때문에 연료필터 또는 저압라인의 압력상승은 일어나지 않는다. 반면 저압라인에 에어가 유입되었거나 관련부품 정비 후에는 공기제거 작업을 해야 하므로 수동펌프인 플라이밍 펌프가 장착되어 있다.

그림 D-엔진의 오버플로우 밸브

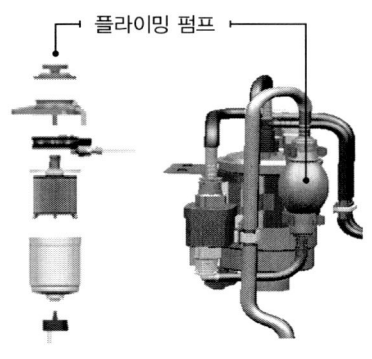
그림 A-2.5/ J-2.9 엔진의 플라이밍 펌프

Chapter 2 • CRDI 엔진의 연료장치

> **수분 경고등과 출력 제한**
> Euro-Ⅳ 연료장치가 도입된 엔진은 수분 경고등이 점등되면 연료장치 보호 차원에서 RPM을 제한하는 기능이 추가되어 있다. 이 때에는 사실 RPM을 제한하기 보다는 최대 분사량에 제한을 두는 것인데 이럴 경우에는 약 3,000RPM 이상 가속되지 않는다.

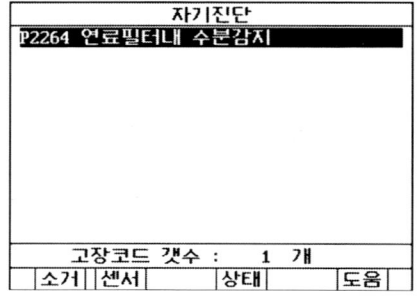
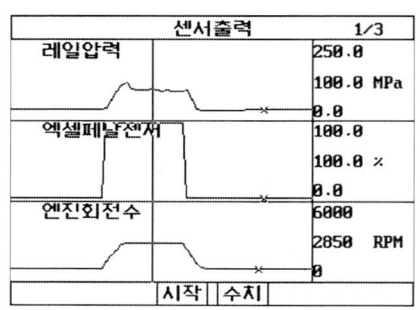

그림 수분 경고등 점등 시의 고장코드와 최대 회전수

03 고압펌프

고압펌프는 엔진 구동 중 필요로 하는 고압을 발생하고 커먼레일 내에 높은 압력의 연료를 지속적으로 보내주는 역할을 한다.

D-2.0/2.2 엔진의 고압펌프는 엔진 캠축에 의해 구동되며 레디얼 펌프방식으로 저압펌프에서 송출된 연료를 바로 고압으로 만들어 커먼레일로 토출한다.

u-1.5/1.6, A-2.5, J-2.9, S-3.0 엔진의 고압펌프는 타이밍 체인 또는 벨트에 의해

구동되며 장착위치는 기존 디젤엔진의 인젝션펌프 장착위치와 같다. 또한 이러한 입구제어 방식이 포함된 시스템에서는 고압펌프와 함께 저압펌프, 연료압력 조절밸브가 일체로 구성되어 있어 정비 시 주의해야 한다.

그림 D-2.0 고압펌프(Euro-Ⅲ)

그림 D-2.0/2.2 고압펌프(Euro-Ⅳ)

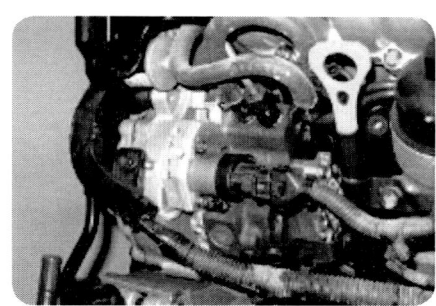
그림 u-1.5/1.6 고압펌프(Euro-Ⅳ)

그림 A-2.5 고압펌프

그림 J-2.9 고압펌프

그림 S-3.0 고압펌프

Chapter 2 • CRDI 엔진의 연료장치

1 고압펌프의 구조와 연료 흐름

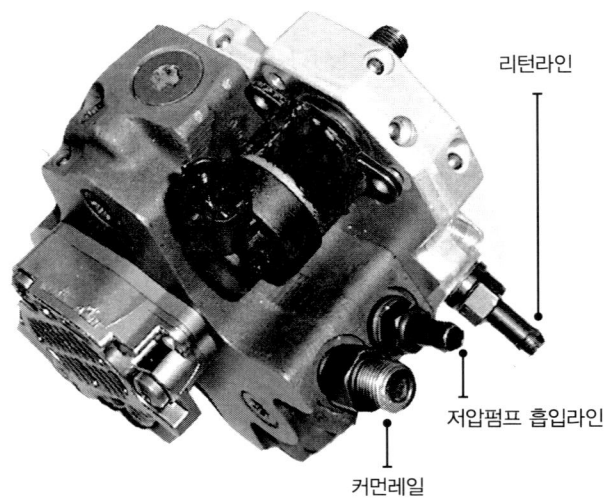

리턴라인
저압펌프 흡입라인
커먼레일

고압플런저로 유입되는 저압 라인

Section 2 • 연료장치 구성품

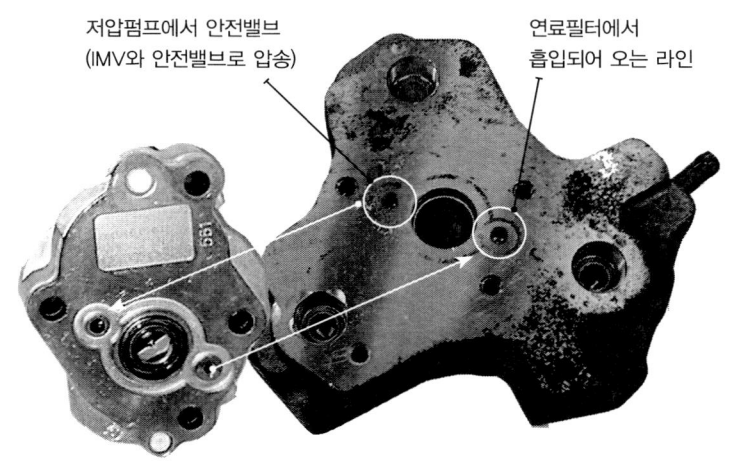

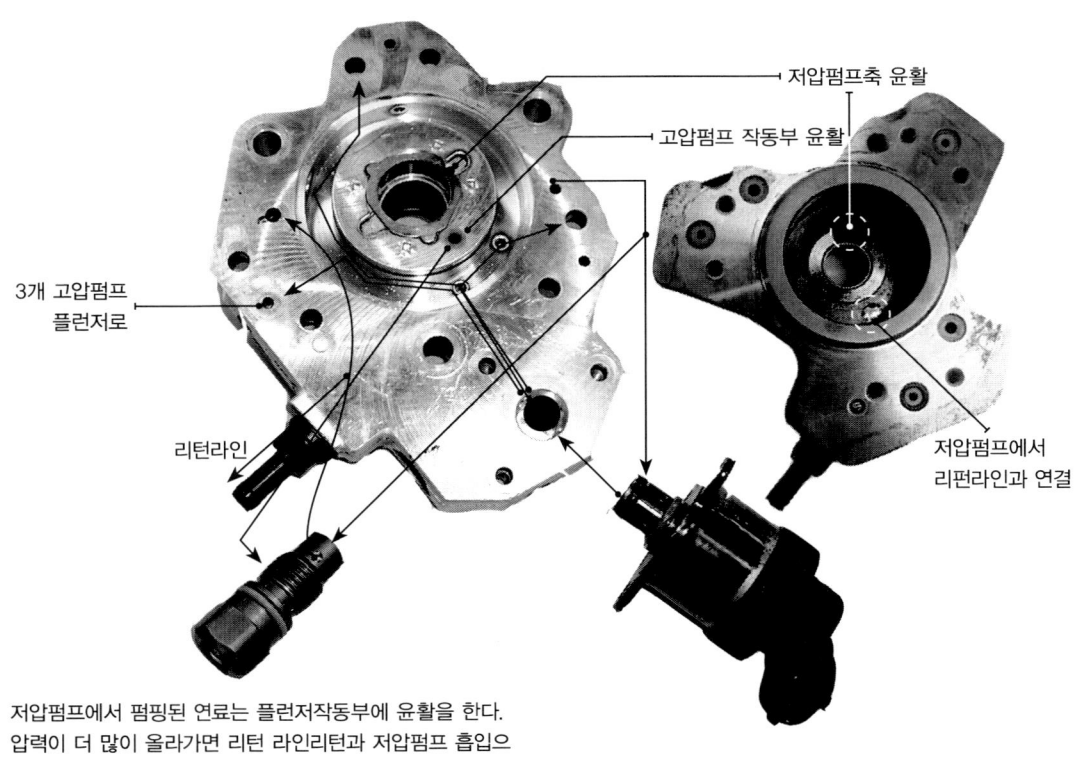

저압펌프에서 펌핑된 연료는 플런저작동부에 윤활을 한다. 압력이 더 많이 올라가면 리턴 라인리턴과 저압펌프 흡입으로 연료를 공급한다.

2 D-2.0 / D-2.2 / S-3.0 엔진의 고압펌프

D-엔진의 고압펌프는 캠축 기어에 의해서 구동되고 윤활은 연료(경유)로 인해 이루어진다(단 S-3.0은 타이밍 체인에 의해 구동).

고압펌프 내부에는 120도의 위상을 가지는 세 개의 반경 방향의 펌프 피스톤이 있고 이 세 개의 펌프에 의해 연료가 압축된다. 이러한 고압펌프의 특징은 매 회전마다 세 번의 이송행정이 일어나기 때문에 펌프 구동장치에 응력이 일정하게 유지되며 이로 인해 낮은 피크의 구동 토크가 요구된다.

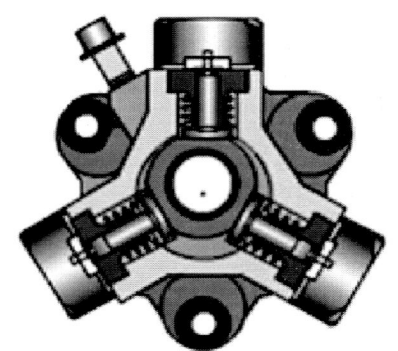 

그림 D-엔진의 고압펌프

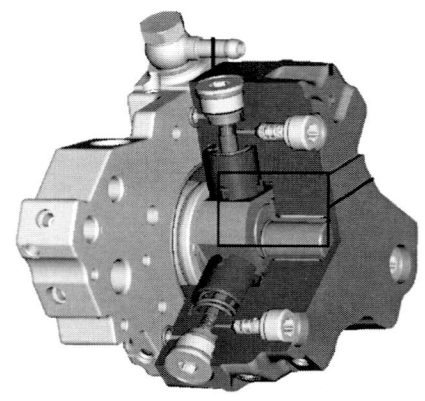 

그림 S 3.0-엔진의 고압펌프

시스템 설정 최대 압력은 Euro-Ⅲ에서는 1,350bar였으나 Euro-Ⅳ 엔진이 개발되면서 1,600bar로 증가시켰다. 엔진의 파워는 이러한 분사압력과 분사량을 어떻게 제어하느냐에 따라 결정된다. 따라서 연료의 누출 또는 압력제어 밸브의 이상 발생시 엔진 출력에 크게 영향을 주게 된다.

	D-2.0(Euro-Ⅲ)	D-2.0(Euro-Ⅳ)	D-2.2(Euro-Ⅳ)	S-3.0(Euro-Ⅳ)
최대 설정압력	1,350bar	1,600bar	1,600bar	1,600bar

고압펌프 최대압력

3 u-1.5 / A-2.5 / J-2.9 엔진의 고압펌프

입구제어 방식의 u-엔진과 A-엔진, J-엔진의 고압펌프는 D-엔진의 것과는 많은 부분에서 다른 특징을 나타낸다. 입구제어 방식의 고압펌프는 타이밍 체인 또는 벨트에 의해서 구동되는 점이 출구제어 방식과 다르며 저압펌프와 압력조절밸브가 일체로 구성되어 있다는 점도 두드러지는 차이점 중에 하나이다.

ECU는 엔진이 회전하는 동안 목표 연료압력을 설정하고 연료압력센서로 부터 커먼레일의 현재 압력신호가 입력된다. 또한 설정한 목표 압력에 따라 조절밸브를 제어하여 결국 고압펌프에서 얼마의 연료를 고압으로 형성할 것인지 결정하게 된다. 즉, 입구제어 방식의 경우에는 요구하는 압력만큼의 연료를 유량으로 제어하여 고압펌프로 보내는 방식으로 출구제어 방식인 D-엔진보다 상대적인 구동 손실을 줄일 수 있다.

그림 u-1.5 엔진의 고압펌프

그림 A-2.5, J-2.9 엔진의 고압펌프

	u-1.5(Euro-IV)	A-2.5(Euro-III)	J-2.9(Euro-IV)
최대 설정압력	1,600bar	1,400bar	1,600bar

유량제어 방식의 고압펌프 제원

입구제어 방식의 고압펌프는 교환 또는 조립 시에 연결된 체인(또는 벨트)의 마크를 확인해서 정확하게 조립해야 한다. 물론 고압펌프만을 독립적으로 볼 때에는 엔진의 회전에 따라 여러 번의 펌핑 행정이 일어나기 때문에 밸브 타이밍에 따른 압력변화에 크게 영향을 받지 않고 또한 분사순서나 분사압력도 고압펌프와 직접적인 연관이 없다. 하지만 세가지 엔진 모두 고압펌프의 회전이 타이밍 체인(또는 벨트)에 의한 구동이라는 점에서는 정비성에서 동일한 특징을 나타낸다. 세가지 엔진 모두 크랭크축에서 캠축으로 회전력이 전달되는 그 중간에 고압펌프를 장착하기 때문에 만약 고압펌프에서 타이밍이 맞지 않으면 밸브타이밍에도 직접적인 영향을 끼치게 되는 것이다. 더군다나 A-2.5 엔진의 경우에는 밸런스샤프트 모듈과도 연결되기 때문에 더욱 세심한 주의가 필요하다. 그래서 이러한 엔진의 경우에는 고압펌프 교환 시 꼭 정비지침서를 참고하고 특수공구를 사용하여 정확하게 작업해야 한다.

4 고압펌프의 일반적인 압력특성

엔진이 회전하기 전에 커먼레일의 압력은 거의 0bar 부근에 위치하게 된다. 엔진의 시동이 걸려 엔진이 회전하게 되면 타이밍 체인(또는 벨트)에 의해 구동되는 고압펌프도 함께 회전을 시작하고 이때부터 커먼레일 내부의 압력은 고압이 형성되기 시작한다. 엔진의 시동을 걸어 엔진회전수가 약 250RPM 이상 상승되면 정상 차량인 경우 분사에 필요한 연료 압력이 고압펌프에 의해 커먼레일에 형성되게 된다.

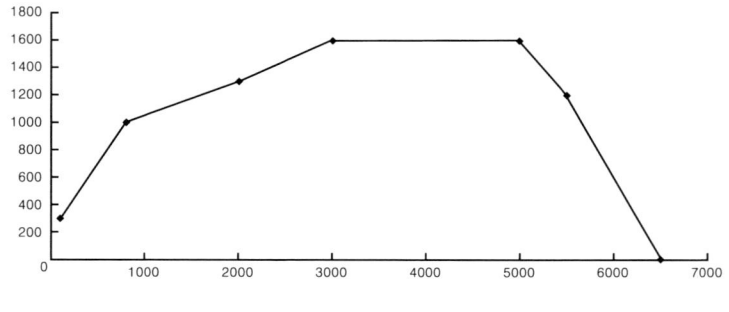

그림 엔진회전수와 고압형성

연료의 압력은 엔진 회전수에 비례하여 상승하는데, 보통의 경우 아이들 시 250bar 부근에 있고 엔진회전수가 상승함과 동시에 연료의 압력도 상승하여 최고 1,600bar이내에서 엔진 ECU에 의해 조절된다.

04 커먼레일(Common Rail)

1 커먼레일의 기능

커먼레일은 고압 연료펌프로부터 이송된 연료가 축압, 저장되는 곳으로 모든 인젝터에 같은 압력으로 연료가 공급될 수 있도록 해주는 일종의 저장소와 같은 역할을 한다.

고압펌프의 연료 이송과 연료 분사 때문에 발생되는 압력변동은 레일의 체적에 의해 완화된다. 따라서 연료분사 시 레일에서 연료가 소모되어도 저장 축압의 효과에 의해 레일압력은 실제적으로 일정하게 유지된다. 이러한 커먼레일의 축압 기능에 의해 인젝터가 ECU의 구동에 따라 순간적인 고압 분사를 실시한다 해도 커먼레일의 체적은 가압된 연료로 다시 채워진다. 물론 분사 후 발생할 수 있는 압력 변동은 ECU의 기능으로 보완하도록 설계되어 분사에 따른 실제적인 압력변동은 거의 발생되지 않는다.

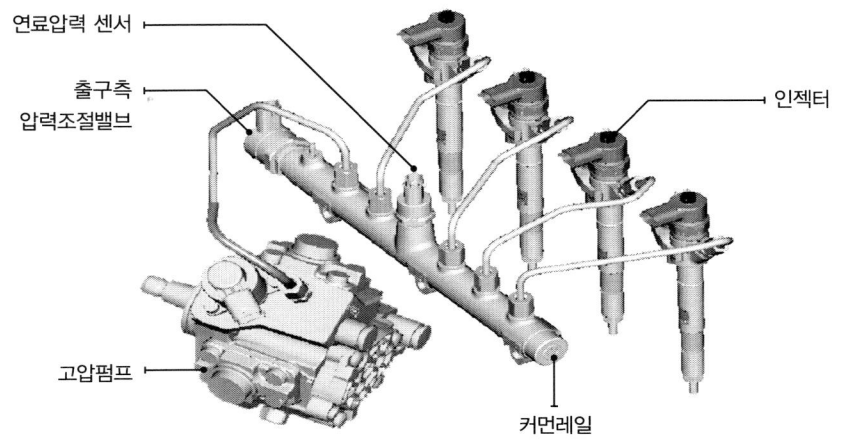

그림 A-엔진의 커먼레일

2 연료압력 제한 밸브(Euro-Ⅲ에만 해당)

압력 제한 밸브는 연료공급을 입구 제어하는(A/J-엔진) 방식에 적용되며 안전밸브와 같은 역할을 한다. 커먼레일 내에 과도한 압력이 발생된 경우, 연료압력 제한 밸브는 비상통로를 열어 레일의 압력을 제한한다.

D-Engine	없음	
A-Engine	제한밸브	• 장착위치 : 커먼레일 끝단부 • 제한압력 : 1,750bar • 방　　식 : 리턴라인으로 연료 리턴
J-Engine	제한밸브	• 장착위치 : 고압펌프 • 제한압력 : 2,000bar • 방　　식 : 대기 배출

05 연료압력 조절밸브

커먼레일 엔진에서 연료압력 조절밸브의 역할은 ECU에서 목표로 하는 설정 압력으로 고압의 연료를 분사하기 위해서는 커먼레일에 축압된 연료가 언제나 일정하게 유지, 제어될 수 있어야 하는데 이러한 압력제어를 가능하게 만드는 장치가 바로 연료압력 조절밸브인 것이다.

1 연료압력 조절밸브의 종류 및 명칭

항　목	형상 및 장착위치	연료 제어 방식
u-1.5 (Euro-Ⅳ)	레일측 조절밸브　　펌프측 조절밸브	입/출구 동시제어 (조절밸브 2개)

Section 2 • 연료장치 구성품

항 목	형상 및 장착위치	연료 제어 방식
D-2.0 (Euro-III)	레일측 조절밸브	출구제어
D-2.0 (Euro-IV) / D-2.2 (Euro-IV)	레일측 조절밸브 / 펌프측 조절밸브	입/출구 동시제어 (조절밸브 2개)
A-2.5 (Euro-III)	펌프측 조절밸브 (레일 압력 레귤레이터 (MPROP))	입구제어
A-2.5 (Euro-IV)	레일측 조절밸브 / 펌프측 조절밸브	입/출구 동시제어 (조절밸브 2개)

Chapter 2 • CRDI 엔진의 연료장치

항 목	형상 및 장착위치	연료 제어 방식
J-2.9 (Euro-III)	펌프측 조절밸브	입구제어
S-3.0 (Euro-IV)	레일측 조절밸브 / 펌프측 조절밸브	입/출구 동시제어 (조절밸브 2개)

2 출구제어 방식의 연료압력 조절밸브(D-2.0엔진)

D-엔진의 압력조절 방식을 출구제어 방식이라고 한다. 다시 설명하면 커먼레일 끝부분 즉, 고압펌프를 거친 후의 고압의 연료를 연료라인 끝부분인 커먼레일에서 제어한다고 해서 쓰여지는 표현이다. 출구제어 방식은 아래 그림에서처럼 목표압력이 높을 경우에는 커먼레일의 리턴라인을 막아서 압력을 상승시키고(좌), 목표압력이 낮을 때에는 출구를 열어두어 압력을 낮추는 방법으로 제어된다(우).

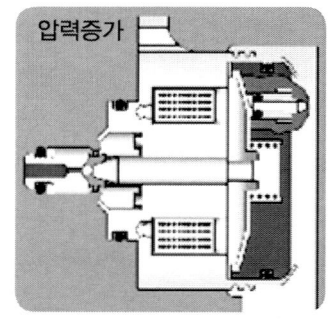
- 4000RPM (무부하시)
- Duty : 약 30%
- 연료압력 : 803bar

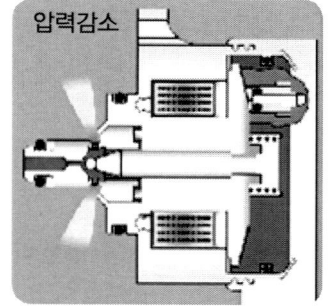
- 750RPM (공전시)
- Duty : 약 16%
- 연료압력 : 260bar

그림 D-엔진의 조절밸브와 듀티

Section 2 • 연료장치 구성품

여기에서 중요한 점은 ECU에서 제어하는 조절밸브의 듀티와 압력과의 관계인데 듀티가 높을수록 솔레노이드 코일에 흐르는 자력이 강해져 리턴라인을 많이 막게 되며 많이 막는 만큼 레일압력은 높아지게 된다. 반대로 듀티가 낮을수록 리턴라인은 개방되고 커먼레일에 저장된 연료압력에 의해 연료가 리턴되면서 레일압력은 낮아진다. 그래서 시동 시 또는 요구압력이 높을 경우에는 듀티가 증가하여 리턴라인을 많이 막아 압력을 상승시키고 엔진 정지 시 또는 목표압력이 낮을 경우에는 낮은 듀티로 제어하여 압력을 낮춘다. 참고할 사항은 만약 솔레노이드 코일에 전류가 전혀 흐르지 않는 상태, 예를 들면 단선과 같은 경우에는 리턴라인이 최대로 열리게 되며 이 때에는 커먼레일에 압력형성이 되지 않아 시동이 꺼지게 된다는 점이다.

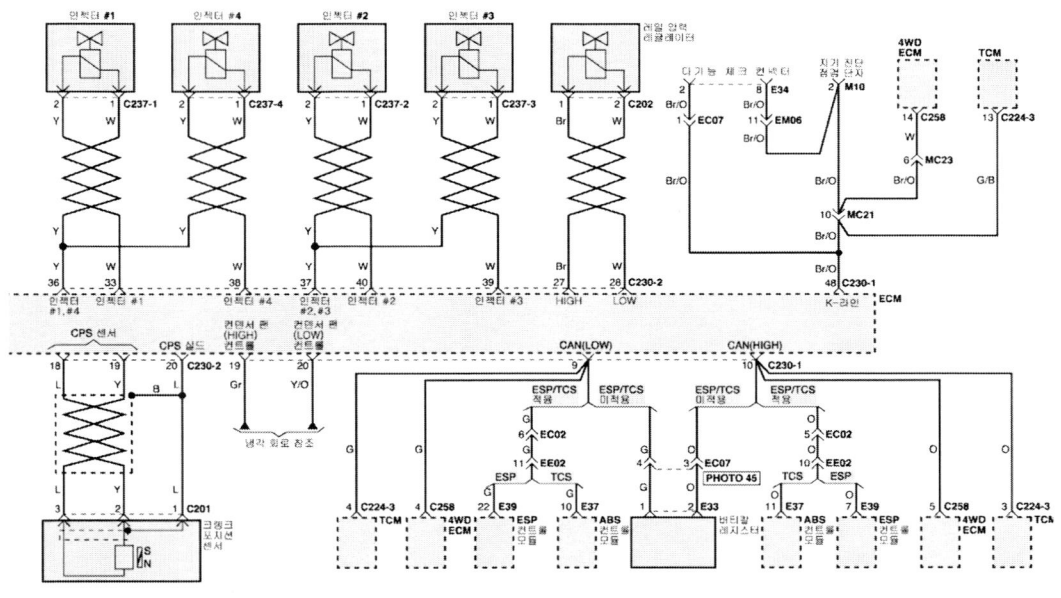

그림 D-엔진 회로도(레일압력 레귤레이터)

3 입구제어 방식의 연료압력 조절밸브(A-2.5 / J-2.9엔진)

입구제어 방식의 연료압력 조절밸브는 D-엔진과는 반대의 개념이 적용된다. 출구제어 방식인 D-엔진의 경우 조절밸브를 통해 높은 전류(높은 듀티)를 공급하면 연료탱크로 리턴되는 연료량이 줄어들어 커먼레일의 압력은 상승된다. 그러나 입구제어 방식은

Chapter 2 • CRDI 엔진의 연료장치

ECU에서 연료압력 조절밸브에 높은 전류를 공급하게 되면 저압펌프에서 고압펌프 쪽으로 공급되는 유량이 적어지며 연료압력 또한 낮아지는 특성을 지니고 있다. 두가지 엔진 모두 ECU에서 높은 전류를 공급하면 연료가 통과하는 통로가 좁아진다는 점은 같다. 하지만 여기에서 중요한 점은 조절밸브가 장착된 위치에 따라서 그 결과가 달라진다는 것이다. 출구제어 방식의 경우 커먼레일 끝부분에 조절밸브가 장착되어 ECU에서 높은 전류를 공급하면 통로가 좁아지면서 방출되는 연료가 적어지고 당연히 압력이 상승하게 되지만 입구제어 방식은 ECU에서 높은 전류를 공급했을 때 통로가 좁아지는 만큼 고압펌프 입구로 유입되는 연료량이 적어져 압력은 낮아지게 되는 것이다. 즉, 제어하는 전류(듀티)에 따라 조절밸브의 작동은 같지만 그 결과는 반대라는 것이다.

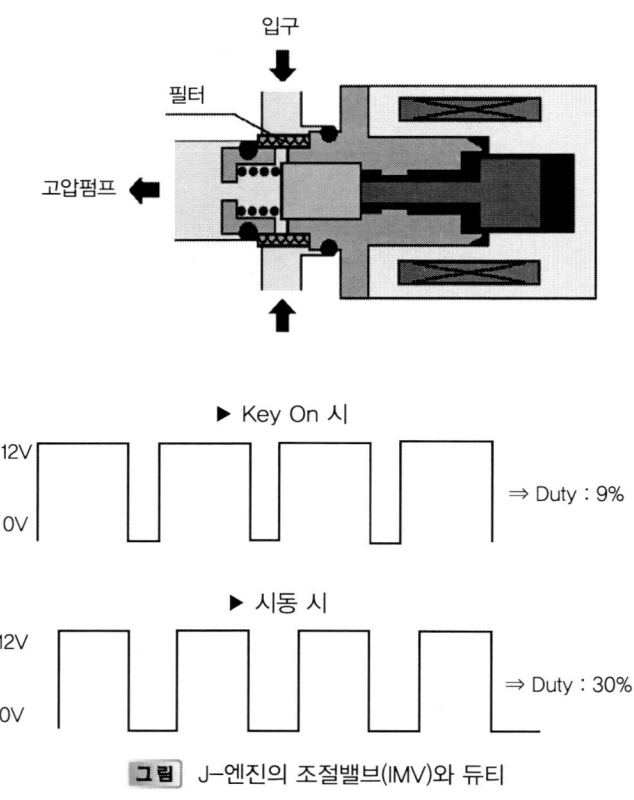

그림 J-엔진의 조절밸브(IMV)와 듀티

그래서 입구제어 방식의 경우 이러한 특징을 이용하여 연료장치를 점검하기도 한다. IG ON 상태에서 조절밸브의 컨넥터를 탈거해 놓고 크랭킹을 5초가량 실시하면 연료압력은 1,500bar 정도로 상승하게 된다. 이 때 압력상승이 정상적으로 일어나야만 저압라인에서 고압라인으로 연결되는 장치들을 정상이라고 판단할 수 있는 것이다. 여기에서 발견할 수 있는 사항은 조절밸브에 전류를 공급하지 않으면 통로가 최대로 넓어져 유량이 최대로 공급된다는 점이다. 그런데, 정상적인 운전 조건에서는 조절밸브의 통로가 최대로 넓어질 이유가 없겠지만 만약 고속도로 등을 주행 중 갑자기 조절밸브의 컨넥터가 이탈되기라도 한다면 급격하게 유량이 많아져 회전중이던 고압펌프나 커먼레일, 연료파이프 등에 손상을 줄 수 있게된다. 그래서 이러한 입구제어 방식의 경우에는 안전을 위해 연료압력 제한밸브를 설치하는 것이다.

4 입·출구 동시 제어 방식(Euro-Ⅳ 연료장치)

기존 Euro-Ⅲ CRDI 엔진은 한 개의 조절밸브로 연료라인의 입구를 제어하거나 출구를 제어하는 방식으로 연료압력을 제어하였다. 그러나 입구제어 방식은 빠른 연료압력 형성을 필요로 할 경우 저압펌프 → 조절밸브 → 고압펌프 → 커먼레일로 연결되는 시간이 길어 초기 시동 시나 급가속 등 빠른 연료압력 상승에 대응하기에 불리하다. 반면 출구제어 방식은 빠른 연료압력 형성에는 유리하나 엔진 구동 에너지를 소비하는 단점과 연료온도가 상승하는 단점을 가지고 있다. 따라서 Euro-Ⅳ CRDI 엔진은 고압펌프 입구 압력과 커먼레일 출구 압력을 동시에 제어하여 다양한 엔진 조건에 따라 정밀하고 신속한 연료 압력 제어가 가능한 듀얼압력제어 방식을 적용했다.

① 펌프측 조절밸브(MPROP 또는 IMV)

저압펌프와 고압펌프 사이(입구측)에 위치한 펌프측 조절밸브는 듀티 값이 상승하면 연료라인을 막아 연료공급이 차단된다. 반대로 듀티 값이 하강하면 연료의 공급통로가 넓어져 유량이 많아지는데, 이러한 원리에 의해 고압펌프의 압력을 점검할 때에는 이 펌프 측 조절밸브의 컨넥터를 탈거하여 최대 유량이 공급되도록 한 상태에서 점검하는 방법을 사용하게 되는 것이다.

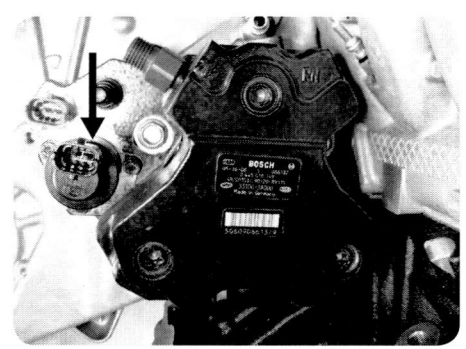

그림 S-엔진의 펌프측 조절밸브

② 레일 측 조절밸브(PRV 또는 DRV)

PRV는 레일압력이 급상승하는 초기 시동시나 레일압이 신속히 해제되어야 하는 급감속시 커먼레일에 공급된 연료 리턴량을 제어하여 보다 원활하고 신속하게 레일압력을 제어한다. 공급되는 전류가 증가할수록 리턴라인의 통로가 좁아져 압력이 상승되며, 반대로 듀티를 낮추면 전류가 감소하고 이 때에는 연료의 리턴량이 증가하여 압력이 낮아지게 된다.

그림 레일측 조절밸브

압력 조절밸브란?

커먼레일 연료장치에서 레일압력 조절밸브를 부르는 말은 다양하지만 실제 기능상의 차이는 없으며 모두가 다 연료압력을 조절하는 커먼레일의 구성품이라는 점에서는 같은 부품이라고 말할 수 있다. 다만 편의를 위해 입구측 조절밸브를 MPROP, 또는 IMV라고 부르고 출구측 조절밸브를 PRV 또는 DRV라고 표현하는 것 뿐이다.

☞ DRV: 압력조절밸브를 영어로 표현하면 PRV(Pressure Regulating Valve)로 표기하면 되는데 처음 개발할 때 독일어의 Druck(압력)을 이용해 DRV라고 했던 것이 그대로 전해진 용어

③ 조절밸브 듀티

듀얼 압력조절밸브가 적용된 방식에서는 하나의 조절밸브 듀티만으로 분석해서는 안 된다. ECU에서는 항상 두 개의 조절밸브를 동시에 제어하고 있기 때문에 어떤 조건에서든지 두 개의 조절밸브 듀티 값을 함께 분석해야 한다.

▶ 엔진 상태에 따른 듀티 변화(A-2.5 VGT 엔진)

공회전 — 주행데이터 21%

레일압력	28.4	MPa
목표레일압력	28.4	MPa
레일압력조절기(레일)	15.7	%
레일압력조절기(펌프)	27.5	%
엑셀페달센서	0.0	%
엔진회전수	800	RPM
연료분사량	11.0	mm3

- 레일압력 : 28.4MPa(284bar)
- 레일측 조절밸브 : 15.7%
- 펌프측 조절밸브 : 27.5%
- 엔진회전수 : 800RPM

☞ 공회전 상태에서 레일압력과 조절밸브 듀티를 파악한 후 스톨 시와 고장 시의 값들을 분석한다.

스톨 테스트 — 주행데이터 65%

레일압력	134.3	MPa
목표레일압력	133.3	MPa
레일압력조절기(레일)	39.2	%
레일압력조절기(펌프)	23.1	%
엑셀페달센서	100.0	%
엔진회전수	2197	RPM
연료분사량	59.6	mm3

- 레일압력 : 134.3MPa(1,343bar)
- 레일측 조절밸브 : 39.2%
- 펌프측 조절밸브 : 23.1%
- 엔진회전수 : 2,197RPM

☞ 스톨 시의 레일압력이 1,343bar이며 이때 레일측 조절밸브 듀티는 39.2%로 리턴라인을 좁게 한 상태이며 펌프측 조절밸브 듀티는 23.1%로 입구의 연료 통로를 넓혀 놓은 상태임을 알 수 있다.

▶ 엔진 상태에 따른 듀티 변화(D-2.0 VGT / S-3.0 VGT 엔진)

공회전 — 주행데이터 21%

레일압력	26.5	MPa
목표레일압력	26.5	MPa
레일압력조절기(레일)	24.7	%
레일압력조절기(펌프)	37.3	%
엑셀페달센서	0.0	%
엔진회전수	744	RPM
연료분사량	8.6	mm3

스톨 테스트 — 주행데이터 82%

레일압력	150.0	MPa
목표레일압력	146.1	MPa
레일압력조절기(레일)	48.2	%
레일압력조절기(펌프)	33.7	%
엑셀페달센서	100.0	%
엔진회전수	2176	RPM
연료분사량	52.5	mm3

☞ D-엔진의 압력조절밸브는 A-엔진과 같은 원리가 적용된다. 즉, 듀티가 상승하면 연료의 통로가 좁아지는 것과 위치에 따른 압력 변화 등은 모두 같은 결과로 이어진다. 다만 엔진의 배기량과 제어 상태에 따라 기본적인 듀티값에 약간의 차이만 있을 뿐이다.

④ S-엔진의 레일측 조절밸브

🔎 S-엔진의 조절밸브는 다르다?

S-엔진에는 기존 인젝터와는 다른 새로운 개념의 인젝터가 적용되었다. 이 인젝터는 피에조 인젝터로 불리는데 이러한 피에조 인젝터를 사용할 경우에는 인젝터를 분사하고 리턴하는 방식이 다르기 때문에 이에 맞는 압력조절밸브를 사용해야만 한다.

그래서 S-엔진은 압력조절밸브에 스프링이 없는 타입이 적용되었다. 솔레노이드 인젝터 시스템의 경우, 시동 OFF 후 조절밸브 내부 스프링의 힘으로 밸브의 연료통로를 밀폐하여 커먼레일의 내부 압력(100bar)을 유지하도록 되어있다. 이 때 커먼레일 내부의 잔압은 솔레노이드 인젝터의 기계 구조에 의한 미세한 누설로 인해 시간이 지날수록 감소한다.

그림 레일측 조절밸브(Euro-Ⅳ)

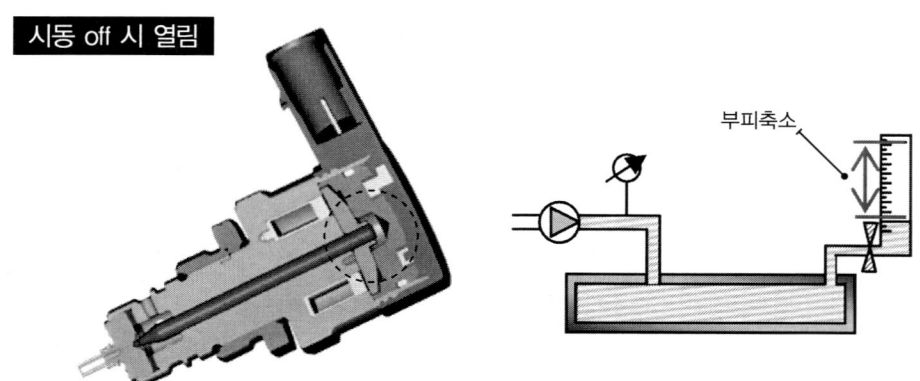

그림 S-엔진의 레일측 조절밸브(피에조 인젝터용)

Section 2 • 연료장치 구성품

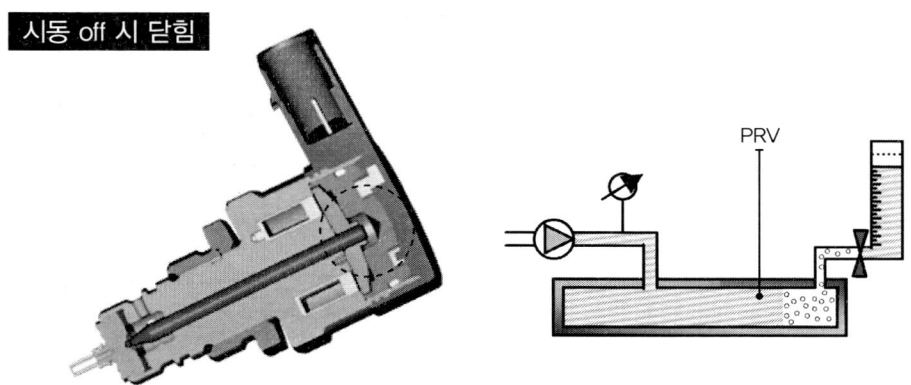

그림 기존의 레일측 조절밸브(솔레노이드 인젝터용)

그러나 S-엔진의 피에조 인젝터는 이러한 누설이 전혀 발생하지 않는다. 다시 말해 백-리크가 전혀 없다고 말할수도 있는데 이렇게 인젝터를 통한 기계적 누설이 없는 피에조 인젝터 시스템에 솔레노이드 인젝터 시스템과 동일한 방식의 조절밸브를 적용하면 적지 않은 문제가 발생할 수 있다. 시동 OFF 후 밀폐된 커먼레일 안에 남아 있는 연료는 시간이 지남에 따라 온도가 낮아지고 자연히 밀도가 증가하게 되는데 이렇게 되면 결국 연료의 부피가 축소되어 커먼레일 내부에 기포를 만들어낸다. 이렇게 생성된 기포는 시동 초기에 압력 형성을 어렵게 하여 시동을 지연시키는 원인이 될 수 있다.

이같은 이유로 S-엔진에 적용된 조절밸브는 내부에 스프링이 없고, 시동 OFF 시에는 조절밸브의 연료통로를 개방하여 남아있는 연료를 모두 리턴시키게 된다. 그래서 냉간 시에 연료 밀도 증가에 의한 기포 생성을 방지할 수 있어 냉 시동성을 향상시켰다.

06 인젝터

커먼레일 엔진의 인젝터는 고압 연료펌프로부터 송출된 연료가 레일을 통해 인젝터까지 공급되고 공급된 연료를 연소실에 직접 분사하는 DI(Direct Injection) 방식이다.

작동원리는 ECU에서 코일에 전류을 공급하면 밸브가 연료의 압력으로 들어올려진

후 콘트롤 챔버를 통해 연료를 배출하고 그와 동시에 니들과 노즐이 상승되면서 고압의 연료가 연소실로 분사되는 원리이다. 인젝터의 제어는 ECU 내부 구동 드라이브에서 높은 전압 및 전류로 제어된다.

1 인젝터 구조

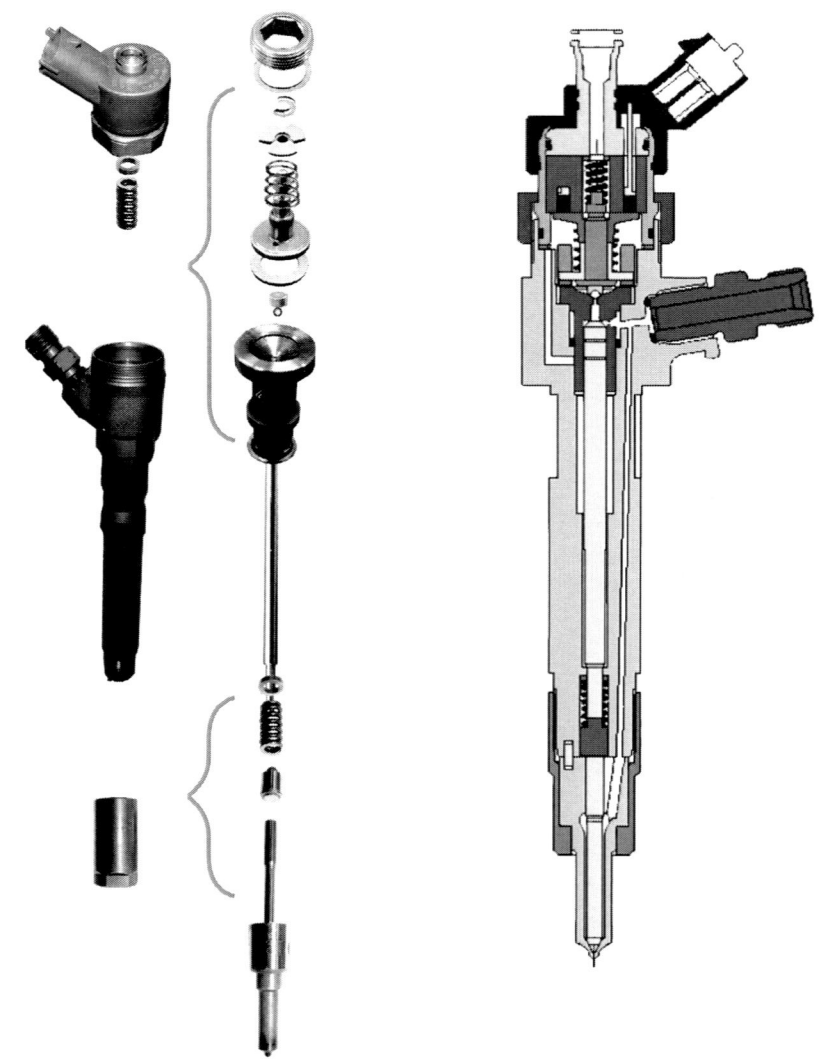

2 인젝터 작동 전류

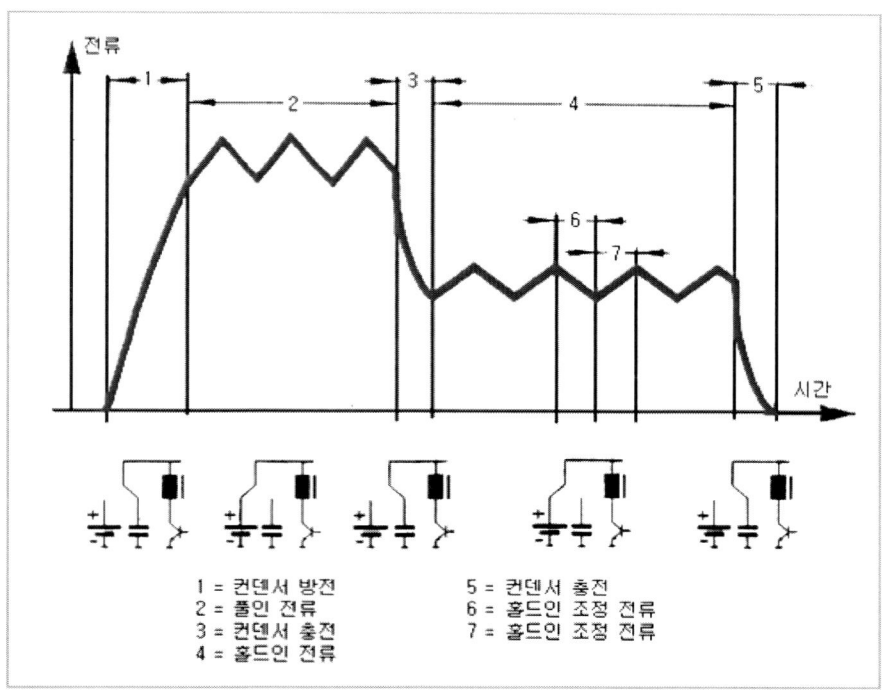

그림 인젝터 전류

- ▶ 초기 작동 시에는 약 20A의 전류가 발생되고 이것을 풀-인 전류라고 함
- ▶ 초기 작동 후 분사구간에는 12A정도 비교적 적은 전류로 제어하며 이것을 홀드인 전류라고 함
- ▶ 인젝터 저항 : 0.365 ± 0.055Ω(20℃ - 70℃ 기준)

3 인젝터 작동 전류

연료 분사는 기존 인젝션 펌프 차량의 분사와는 다르게 3단계 분사를 실시한다.
- ▶ 1단계 : 예비 분사(Pilot Injection)
- ▶ 2단계 : 주 분사(Main Injection)
- ▶ 3단계 : 사후 분사(Post Injection)

상기 3단계 연료 분사는 연료의 압력과 연료 온도에 따라 연료 분사량과 분사 시기를 보정하게 된다(사후 분사는 Euro-Ⅳ 시스템에서만 적용된다).

① **예비 분사(Pilot Injection)**

예비 분사란 주 분사가 이루어지기 전 미세한 연료를 연소실에 분사하여 연소가 잘 이루어지게 한다. 이러한 예비 분사를 실시하는 이유는 엔진의 소음과 진동을 줄이기 위한 목적을 두고 있다. 연소 시에 발생하는 급격한 압력 상승은 노킹으로 이어지며 이 때 연소실 내에서는 심한 타음이 발생하여 소음과 진동을 동반한 충격파가 전달된다. 이러한 급격한 압력상승을 억제하기 위해서는 연소압력을 완만하게 상승시키는 방법이 좋은데 커먼레일 엔진에서는 주분사 전 예비분사를 실시하여 이러한 압력상승 곡선의 변화를 가져오도록 하였다.

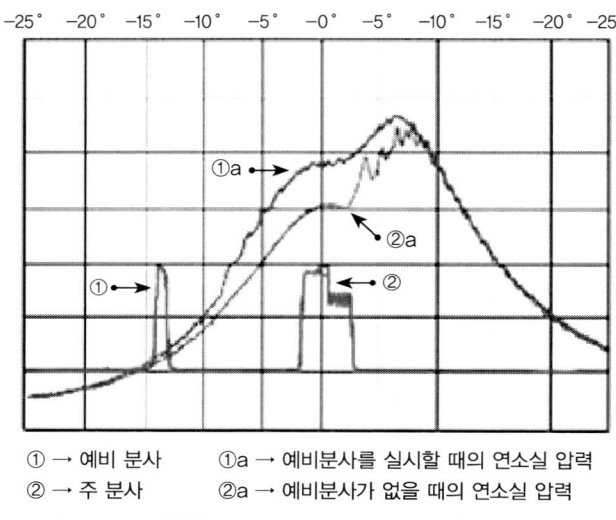

① → 예비 분사　　①a → 예비분사를 실시할 때의 연소실 압력
② → 주 분사　　　②a → 예비분사가 없을 때의 연소실 압력

그림 예비분사와 연소압력 특성

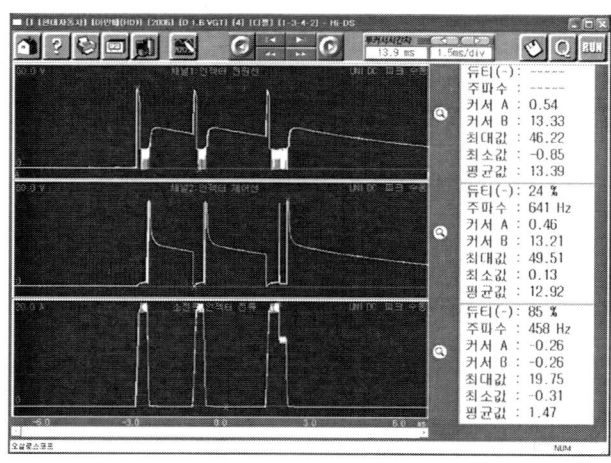

그림 Euro-Ⅳ 연료장치의 다단분사

> Euro-Ⅲ 시스템에서는 한 번의 예비분사를 실시해 진동과 소음을 줄인 반면 Euro-Ⅳ 시스템에서부터는 2번의 예비분사를 실시한다. 이 또한 엔진의 진동·소음을 저감할 목적으로 추가된 분사방식이다. 이러한 예비분사는 수온과 흡입공기량에 따라 조정되는데 엔진의 운전조건에 따라서 중단되기도 한다.

▶ 예비분사를 실시하지 않는 경우
- 예비분사가 주분사를 너무 앞지르는 경우
- 엔진회전수 3,200RPM 이상인 경우
- 분사량이 너무 적은 경우
- 주분사 시 연료량이 충분하지 않은 경우
- 연료 압력이 최소값(100bar) 이하인 경우

② 주 분사(Main Injection)
엔진의 출력에 직접 관계되는 에너지는 주 분사로부터 나온다. 주 분사는 예비분사가 실행되었는지를 고려하여 연료 분사량을 계산한다.

▶ 주 분사량(분사시간)을 결정짓는 요소들
- 엔진 토크값(가속페달 센서값)
- 엔진회전수
- 냉각수 온도
- 흡입 공기량과 흡기 온도
- 대기압

4 인젝터의 작동

인젝터의 작동은 4단계의 동작으로 분리될 수 있다.
- 인젝터 닫힘(고압 대기)
- 인젝터 닫힘(분사 준비)
- 인젝터 열림(분사 개시)
- 인젝터 열림(분사 말기)

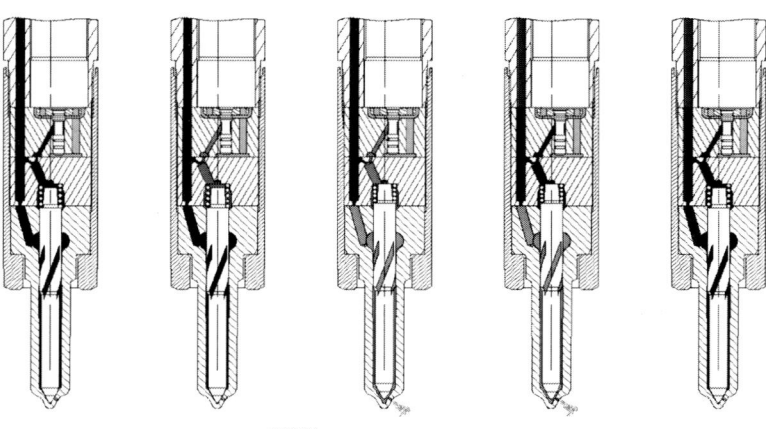

그림 인젝터 분사 과정

인젝터에서 연료가 분사되기까지는 앞의 4가지 단계를 항상 거치게 된다. 이러한 분사 과정에서 약간의 연료가 분사와 동시에 리턴되는데 중요한 점은 이 리턴량이 분사하고 남은 연료가 탱크로 돌아가는 것은 아니라는 점이다. 일반적인 상식으로는 인젝터에서 분사하게 되면 필요한 양 만큼의 연료만 실린더로 유입되고 남은 연료가 리턴된다고 생각하기 쉽지만 커먼레일 엔진의 인젝터는 절대 그렇지 않다. 그것은 인젝터의 작동 단계를 정확하게 이해하고 있다면 그리 어렵지 않은 문제이다.

① 인젝터 닫힘(고압 대기) : 밸브 및 노즐 닫힘 상태

솔레노이드 밸브에 전원이 인가되지 않은 고압 대기상태이다. 이 때 컨트롤 밸브는 닫힌 상태이고 노즐 스프링은 노즐 밸브를 누르고 있어 커먼레일에서 공급된 고압의 연료는 노즐 팁의 홀 끝부분까지 대기하고 있는 상태이다. 커먼레일에 생성된 고압은 콘트롤 챔버와 노즐의 바로 윗부분까지 동일하게 존재하게 된다. 또한 인젝터의 윗부분에 설치된 볼밸브가 닫혀있는 상태에서는 연료의 압력에 의해 콘트롤 플런져를 누르기 때문에 노즐에 의한 분사는 일어나지 않는다.

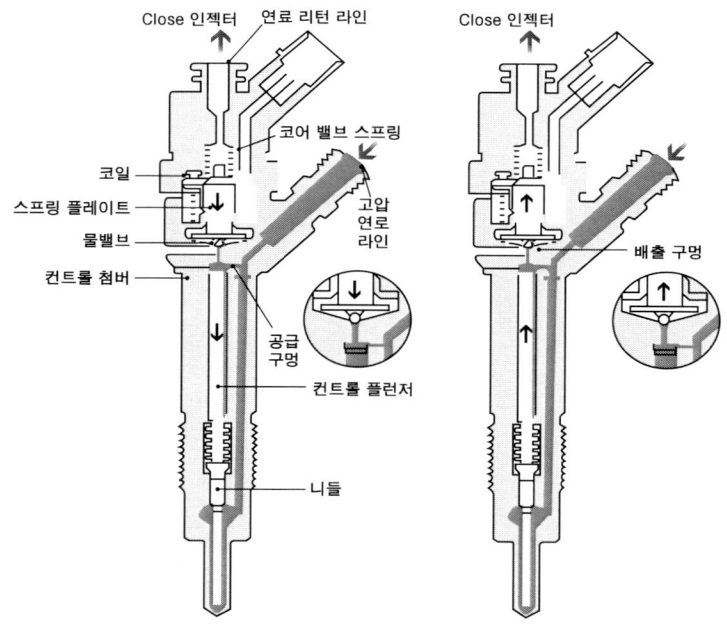

② 인젝터 닫힘(분사 준비) : 밸브 열림, 노즐 닫힘 상태

ECU에서 솔레노이드 코일에 전류를 인가하면 솔레노이드 코일의 자력으로 인해 콘트롤 밸브가 들어올려지고 이 때 볼 밸브의 오리피스가 열리게 된다. 하지만 아직은 고압의

연료에 의해 콘트롤 플런져가 눌려져 있기 때문에 노즐을 통한 분사는 일어나지 않는다.

중요한 점은 볼 밸브가 열리는 순간 위로 올라가는 연료가 바로 리턴되어 돌아가는 연료이며 이 리턴량은 콘트롤 밸브에 전류가 인가되는 시간과 볼 밸브의 마모 정도와 비례한다는 사실이다.

③ 인젝터 열림(분사 개시) : 밸브 및 노즐 열림 상태

솔레노이드 코일에 지속적으로 전류가 가해지면 공급된 연료는 계속 인젝터 내부로 흘러서 유입된다. 그러면 노즐 밸브를 위에서 누르는 압력이 점차 낮아지게 되고 그 결과 아랫부분의 콘트롤 플런져가 들어올려지면서 노즐 팁 끝에 대기중이던 고압의 연료가 분사를 시작한다.

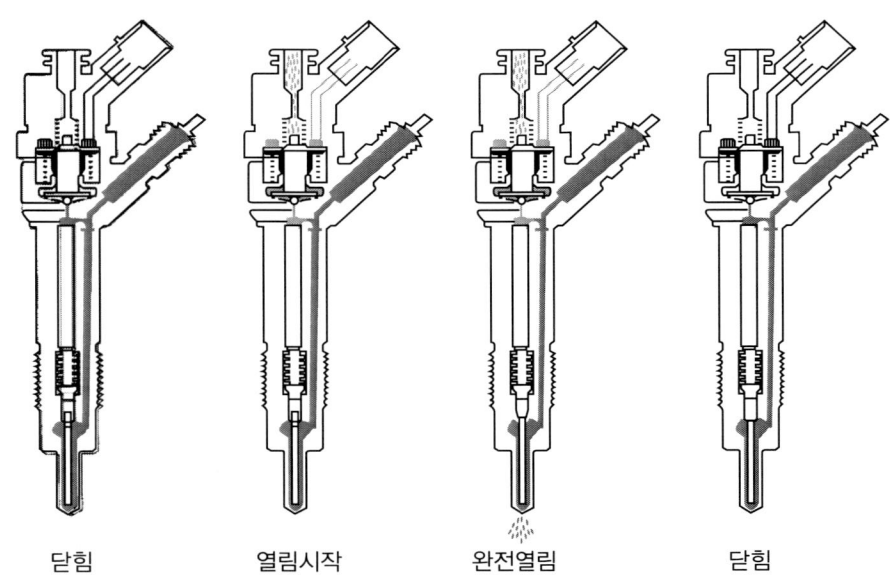

닫힘　　　열림시작　　　완전열림　　　닫힘

④ 인젝터 열림(분사 말기) : 밸브 닫힘, 노즐 닫힘 상태

ECU에서 공급했던 전류를 차단하면 솔레노이드 코일의 자력이 사라지고 콘트롤 밸브는 스프링의 힘에 의해 다시 아래로 내려가 오리피스를 막는다. 이 때 리턴 라인으로 빠져나가던 연료의 흐름은 중단되는 것이다. 하지만 인젝터 내부에는 아직까지 압력이 남아있기 때문에 컨트롤 밸브가 닫힌 상태에서도 노즐 스프링의 힘을 이기고 노즐 밸브는 열린 상태가 된다. 그리고, 인젝터 내부의 연료가 전부 분사되면 압력이 떨어지므로 콘트롤 플런져에 의해 노즐 밸브는 닫히게 된다.

5 파형 분석

ECU는 인젝터의 구동 전원과 접지측 제어를 동시에 실시한다. 파형을 분석하기 위해서는 전압과 전류파형을 함께 보아야 하는데 아래 그림은 D-2.0 엔진의 인젝터 구동 파형을 분석한 것이다.

▶ 설명

①구간 : 인젝터 구동 콘덴서 충전전압(23V)
②지점 : 인젝터 써지전압(약 58.04V)
③지점 : 예비 분사(20.31A)
④지점 : 주 분사 - 풀인 전류(20.78A)
⑤지점 : 주 분사 - 홀드인 전류(12.18A)

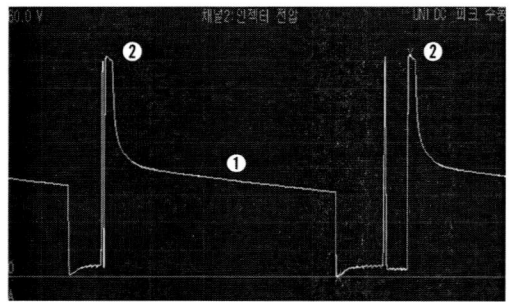 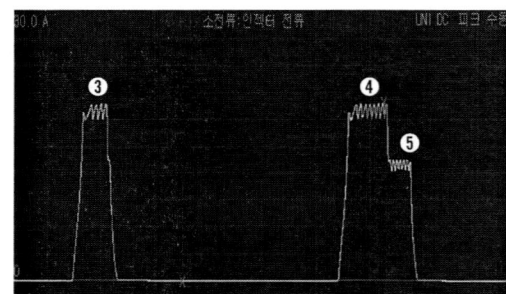

[그림] D-엔진의 인젝터 파형

6 인젝터의 종류

인젝터는 크게 제조사에 따라 Bosch와 Delphi의 인젝터로 나눌 수 있지만 차량 및 배기량 등의 특징과 인젝터 개발 당시 유량 편차를 보정하기 위해 적용된 등급 기준에 따라 다양한 종류가 현재 적용되고 있다.

제조사	종류	적용 엔진	분사량 편차 보정	인젝터 교환 시
Bosch	일반 인젝터	D-2.0 A-2.5	ECU에서 분사 보정	스캐너 입력 안함
	그레이드 인젝터	D-2.0 A-2.5	X, Y, Z	조합표에 따라 조합해서 조립

Section 2 • 연료장치 구성품

제조사	종류	적용 엔진	분사량 편차 보정	인젝터 교환 시
Bosch	클래스화 인젝터	A-2.5	C1, C2, C3	동일 인젝터 조립 후 ECU에 입력
	IQA 인젝터 (Euro-Ⅳ)	u-1.5 D-2.0 D-2.2	각 인젝터에 IQA Code 부여	각 인젝터 Code를 ECU에 입력
	IQA+IVA 인젝터 (Euro-Ⅳ)	S-3.0	각 인젝터에 IQA 및 IVA Code 부여	각 인젝터 Code를 ECU에 입력
Delphi	C2I 인젝터	J-2.9	각 인젝터에 C2I Code 부여	각 인젝터 Code를 ECU에 입력

인젝터 종류와 분사량 편차 보정

① 일반 인젝터

인젝터 제조 당시의 분사량 편차를 보정하기 위해 등급을 나누지 않은 초기 생산 인젝터를 말한다. 이러한 인젝터는 분사량 편차를 보정하기 위해 ECU에서 실린더 별 회전수를 파악한 후 각각의 인젝터에 분사 보정을 실시한다.

② 그레이드 인젝터

인젝터 유량 편차를 보정하기 위해 X, Y, Z의 3등급으로 분류한 인젝터로 인젝터 교환 시 조합표에 맞추어서 조립해야 한다.

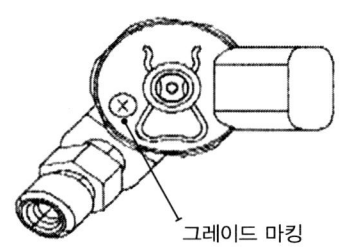

그레이드 마킹

	X(상)	Y(중)	Z(하)	비고
조합1	0	4	0	각기통 사이의 조립구분 없음
조합2	1	3	0	
조합3	0	3	1	
조합4	1	2	1	

	X(상)	Y(중)	Z(하)	비고
조합5	2	2	0	각기통 사이의 조립구분 없음
조합6	0	2	2	

그레이드 인젝터 조합표

③ 클래스화 인젝터

클래스화 인젝터는 '02MY A-2.5 엔진부터 적용된 인젝터로 분사량 편차를 보정하기 위해 한 엔진에 같은 클래스의 인젝터를 조립한 후 ECU에 해당 클래스를 입력하는 방식의 인젝터이다. 그러므로 인젝터 교환 시에도 반드시 같은 종류를 사용해야 하며 교환 후에는 스캐너를 이용해 교환된 인젝터의 클래스를 ECU에 입력해야 한다.

▶ A1/SR/BL차량 적용품번
33800 - 4A100 - C1
33800 - 4A110 - C2
33800 - 4A120 - C3

▶ HR차량 적용품번
33800 - 4A300 - C1
33800 - 4A310 - C2
33800 - 4A320 - C3

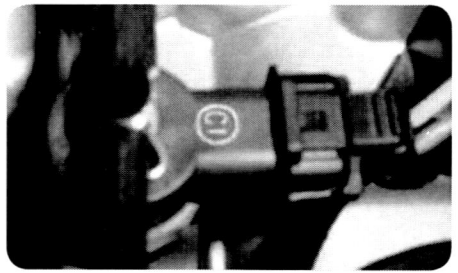

그림 클래스화 인젝터 - C1

④ IQA 인젝터

강화된 배기가스 규제에 만족하기 위해 Euro-Ⅳ 엔진에는 IQA(Injector Quantity Adjustment) 인젝터가 적용된다. IQA 인젝터는 엔진의 전 운전영역에서 분사량 편차를 보정할 수 있도록 변경된 ECU와 함께 적용되어 보다 정밀한 연료제어를 실현하였다.

IQA 인젝터는 인젝터를 생산한 후 분사량을 테스트하여 모든 인젝터에 고유 Code를 부여하고 그 Code를 ECU에 입력하면 ECU에서는 이에 맞는 분사 보정량을 설정하여 전 운전영역에서 보정하도록 하였다. 기존 Delphi사의 C2I-인젝터와 같은 방식으로 영문과 숫자로 구성된 7자리의 고유 Code를 입력하여야 한다.

	클래스화 인젝터	IQA 인젝터
인젝터 표시	C1, C2, C3	7자리 고유 Code(영문+숫자)
조립 구분	동일 클래스 사용	조립 구분 없음
ECU 입력	해당 클래스 입력	각 인젝터의 고유 Code를 모두 입력
보정 방법	동일한 클래스 적용으로 ECU에서 일괄 보정	IQA 보정량이 각 기통별로 상이하므로 실린더 별 보정
보정 영역	Low Idle 영역	전 운전 영역

IQA 인젝터와 클래스 인젝터 비교

▶ Euro-Ⅳ 엔진에 적용된 IQA 인젝터

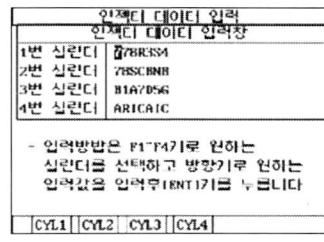 

그림 IQA 인젝터 입력(左), 인젝터 형상(右)

▶ Euro-Ⅳ 엔진에 적용된 IQA+IVA 인젝터(S-3.0)

그림 IQA+IVA 인젝터 입력(左), 인젝터 형상(右)

⑤ C2I 인젝터(Individual Injector Correction)

Delphi 사에서는 인젝터의 분사량 편차를 보정하기 위해 제작 초기부터 현재까지 인젝터 각각의 고유 코드를 부여해 ECU에서 보정하도록 하는 방법을 사용하고 있다. Bosch 사의 IQA와 같은 방식으로 각각의 코드를 입력하지만 Delphi사는 16자리의 고유 코드를 사용한다.

⑥ S-엔진의 피에조 인젝터

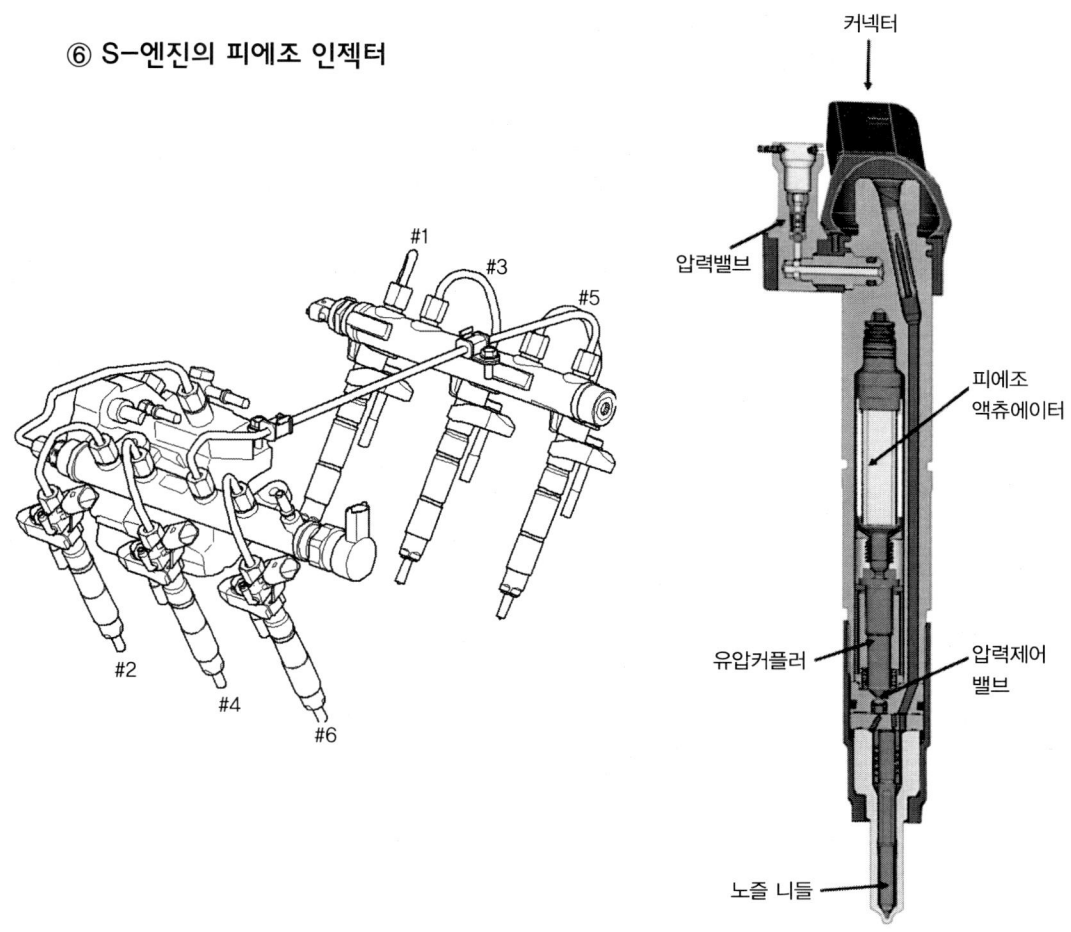

피에조 인젝터는 기존의 솔레노이드 타입의 인젝터가 높아가는 배기가스 규제 및 고출력, 고 정밀성을 따라가지 못해 이것을 만족하기 위해 피에조 인젝터를 적용하였다.

하지만 피에조 액츄에이터로 변화되면서 피에조 소자의 작동 움직임이 너무 적어 그 양을 증폭시키는 유압커플러가 있고 그 유압커플러가 정상 작동할 수 있도록 압력을 일정하게 하는 장치가 있어 구조가 복잡하다.

그러나 피에조 소자를 사용함으로써 분사 응답성이 빨라 다중분사 및 극소량의 프리 인젝션이 가능해졌고 인젝터 자체중량도 솔레노이드 인젝터 대비 490g에서 270g으로 줄었다. 이러한 신기술로 인해 연료소비는 약 3%저감, 매연 약 20%저감으로 출력이 약 7% 향상되었다. 주의사항으로는 구동전압이(200V)까지 상승하여 감전 위험이 있으므로 정비시 주의해야 하며 인젝터 점검시 항상 시동 OFF 상태에서 측정장비를 설치한 후에 측정해야 한다.

▶ 피에조 소자의 원리

피에조 소자는 특정 방향으로 힘을 가하게 되면 전압을 발생시킨다. 예를들어 노킹센서의 충격이나 공기의 압력, 연료의 압력등 압력센서 외부의 힘을받으면 응력에 대응하여 한편에 +, 다른 편에 -전압이 발생된다. 이것을 압전효과라 한다.

반대로, 피에조 인젝터는 피에조 소자에 외부로부터 전압을 걸어주면 부피가 늘어나게 되며, 이것은 압전역효과라 한다.

즉, 기계적인 힘(응력)을 전기적 신호(전압)로, 또는 전기적 신호를 기계적인 변형으로 변환시키는 것으로 이와 같은 성질의 물질을 압전체(piezoelectrics)라 한다.

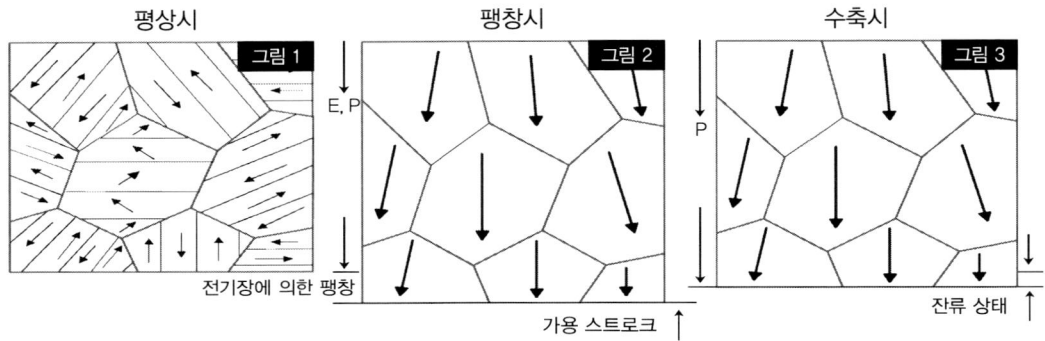

그림1은 평상시에 피에조 소자의 모습을 보여주고 있다.

그림2는 피에조에 전압을 가했을때 팽창하는 모습으로서 팽창 시의 가용 즉, 사용할 수 있는 스트로크가 표시되어 있다. 그러나 길이의 팽창이 너무 짧기때문에 가용 스트로크 하단에는 확장할 수 있는 유압커플러가 있다. Y축의 E.P에서 E는 Electric(전기 통전 상태), P는 Polarisation[1](분극 상태)를 의미하고 있으며 전기가 공급되어 분극 된 상태를 나타내고 있다.

그림3은 피에조를 방전 시켰을때 수축하는 모습을 보여주고 있으며 그림내의 화살표는 극성을 의미한다.

인젝터 액츄에이터의 피에조 적층에 최대 전압 200V를 가하면 90um 단위로 이루어진 피에조 적층이 전기장에 의해 팽창되어 액츄에이터 길이가 1.5~2% 이내에서 증대된다. 전류는 일반적으로 20A 이하, 최소인가시간 125us 정도이다. 반대로 공급된 전원을 단락하게 되면 피에조 적층이 수축되어 액츄에이터 길이가 감소된다.

---

1 Polarisation (분극 상태) : 유전체(誘電體)를 전기 마당 속에 놓을 때, 그 물체 양 끝에 양전기와 음전기가 나타나는 현상

Section 2 • 연료장치 구성품

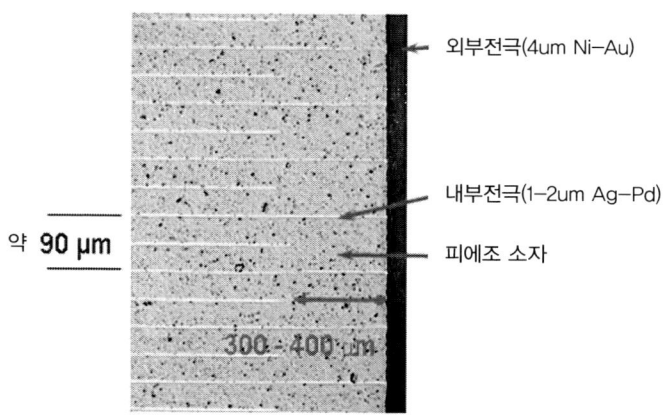

그림 인젝터 액츄에이터의 피에조

▶ 피에조 인젝터의 유압커플러 작동 원리

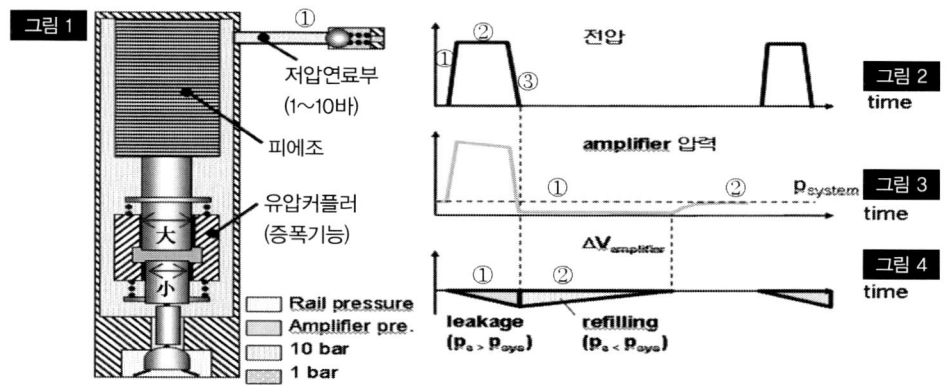

　그림1은 유압커플러가 정상 작동을 하려면 우선 유압커플러 내부에 유압용 연료가 있어야 하며 이 유압용 연료는 리턴하는 연료를 적당한 압력으로 가두어서 사용해야 한다. 따라서 커먼레일에서 공급된 고압의 연료가 니들밸브가 열려 저압으로 압력이 떨어지면 저압으로 바뀌어 연료가 유압커플러에 채워지고 리턴라인 ①을 거쳐 빠져나간다. 하지만 연료필터를 거친 4bar정도의 저압연료가 들어오고 있기 때문에 만나게 된다. 이때 만나는 ①지점의 체크밸브에서 스프링은 좌측으로 밀고있어 인젝터 유압커플러의 압력을 1~2bar정도 높게 유지해준다. 즉 유체커플러에 연료휠터를 거친 저압보다 높게 설정하여 유체커플러의 저압을 일정하게 유지해주는 역할이 체크밸브이다.

유압커플러는 피에조 소자 쪽 피스톤의 직경(大)이 아래쪽 니들 직경(小)이 더 작으며 윗 쪽과 아래 쪽의 직경비가 유압커플러의 증폭량이 된다(예, 직경비가 1:2라고 하면 아래 쪽 피스톤의 스트로크가 20% 더 길게 작동).

그림2는 최고 200V의 전압으로 ①은 피에조 소자의 충전구간이고 ②는 유지구간이며 ③은 방전구간이다.

그림3은 피에조 소자에 전기가 가해지고 충전이 되면 피에조 소자는 팽창하며 이로 인해서 유압커플러 내부에 있는 연료에는 압력이 가해지고 ①은 방전이 이루어지면 피에조 소자는 수축하게 된다. 그러나 커플러 내부 압력은 초기 압력(인젝터 내부압력)보다 더 저하되면서 ②는 인젝터 내부의 압력에 의해서 초기압력(인젝터 내부압력)으로 상승한다.

그림4는 피에조 소자가 팽창하면서 커플러 내부에는 초기압력보다 높은 압력이 형성되나 ①은 커플러 내부의 틈새로 유압이 빠져나가면서 서서히 커플러 내부 압력은 떨어지게 된다. 그러면 방전으로 피에조 소자가 수축하면 커플러 내부 압력은 오히려 초기압력보다 낮아진다. 이때 ②는 커플러의 틈새를 통해 유압이 역으로 작용하여 커플러 내부 압력을 초기 압력으로 다시 상승시킨다.

▶ 압력제어 밸브의 작동 원리

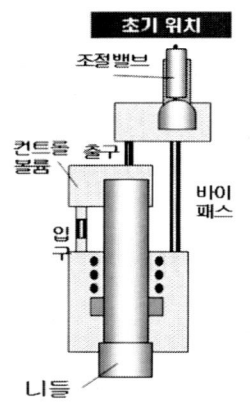
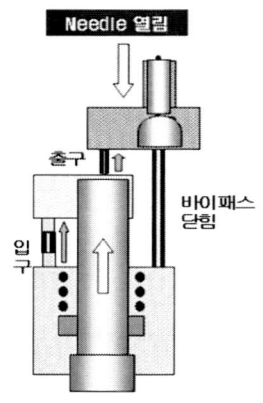
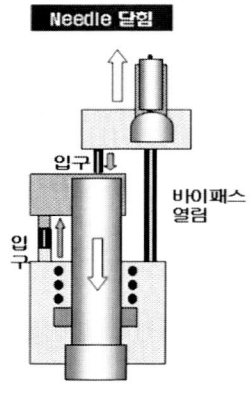
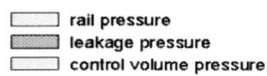

● 초기위치

　조절밸브(유압커플러의 출력 피스톤에 연결된 조절밸브 핀)가 닫힌 상태이며 이때 인젝터 내부, 컨트롤 볼륨, 유압커플러내부 등 모든 부분의 압력이 동일(평형상태)하며 니들(노즐니들)은 닫혀 있으므로 연료는 분사되지 않는다.

● 니들(노즐니들) 열림

　피에조 소자에 충전이 되어 팽창하면 유압커플러가 작동하게 된다. 그러면 유압커플러의 출력 피스톤에 의해 조절밸브가 눌려서 밸브가 열리고 바이패스는 닫힌 상태가 되며 컨트롤 볼륨 내부의 압력이 급격히 하강하여 니들(노즐니들)의 상, 하의 압력차이로 인하여 니들이 들리면서 연료가 분사된다.

● 니들(노즐니들) 닫힘

　피에조 소자가 방전되면 수축하며 유압커플러를 통하여 조절밸브 핀을 누르고 있던 힘이 없어지면서 조절밸브가 초기 상태로 되고 컨트롤 볼륨은 닫히게 된다. 그러면 바이패스가 열리면서 컨트롤 볼륨의 압력이 급격히 상승하고 니들의 상, 하 압력은 초기 상태(평형상태)로 돌아가 열려있던 니들이 닫히면서 연료 분사가 끝나고 초기의 평형상태로 된다.

바이패스 밸브의 필요성

　니들(유압커플러 니들)이 닫히면 니들 밸브 자리에 연료가 채워져야 노즐 니들이 닫히고 분사가 끝나게 되며 노즐 니들의 작동 속도에 따라서 분사량의 차이 및 노즐 마모 등에 영향을 주게 되는데 이 속도를 설계대로 작동하게 해 주는 역할을 한다(예 : 바이패스 밸브 홀의 직경이 크면 빨리 기름이 채워져서 노즐이 빨리 닫히며 노즐 니들의 움직임 속도도 빨라진다).

입구 오리피스 밸브의 필요성

　노즐 니들부와 컨트롤 볼륨으로 들어가는 연료 비율을 정해주는 역할을 한다(예 : 오리리스 구멍이 크면 컨트롤 볼륨에 기름이 충전되는 시간이 짧으며 노즐 니들이 빨리 닫히게 된다)이것은 노즐 개발 단계에서 정해지는 상수이므로 임의 조정은 불가능하다.

　※ 결론적으로 바이패스 홀의 직경과 입구 오리피스의 직경에 따라서 노즐 니들의 작동 가속도와 니들 표면 속도가 정해지며 이것은 분사량 및 노즐 수명에 영향을 준다.

03 Chapter

전자제어 시스템

전자제어 시스템은 차량의 상태와 운전자의 의지를 감지하는 센서로 구성된 입력부, 입력부로부터 검출한 상태에 따라 적절한 제어를 하는 엔진 ECU로 구성된 제어부 및 엔진 ECU에 의해 제어되는 출력부로 구성되어 있다. 본 장에서는 전자제어 시스템의 각 구성 요소와 그 구성요소들의 기능, 제어 원리, 간단한 고장진단 방법 등을 살펴본다.

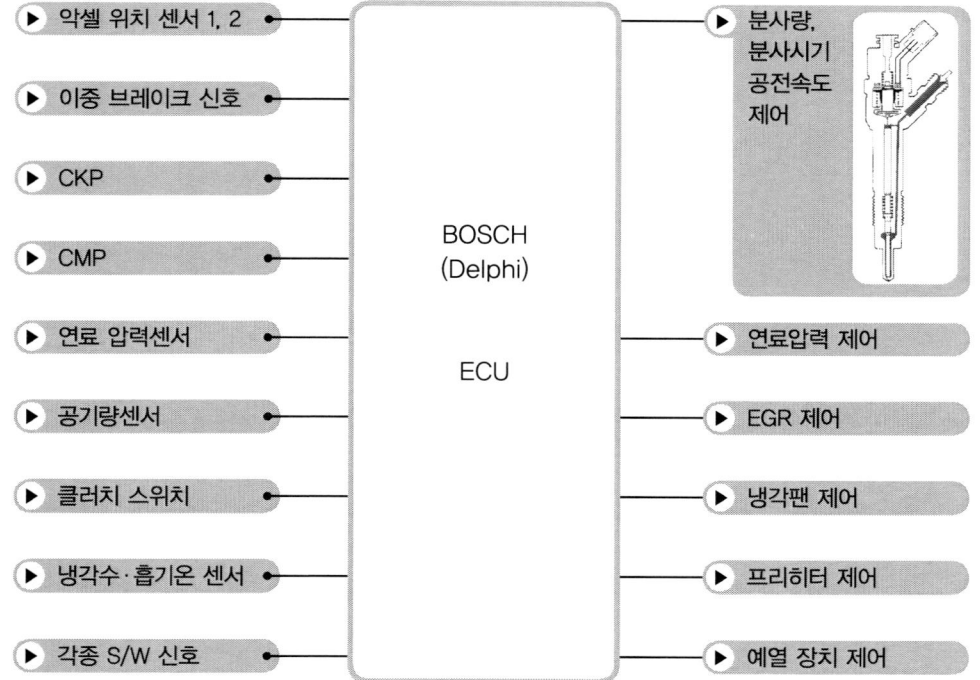

- 악셀 위치 센서 1, 2
- 이중 브레이크 신호
- CKP
- CMP
- 연료 압력센서
- 공기량센서
- 클러치 스위치
- 냉각수·흡기온 센서
- 각종 S/W 신호

BOSCH (Delphi) ECU

- 분사량, 분사시기 공전속도 제어
- 연료압력 제어
- EGR 제어
- 냉각팬 제어
- 프리히터 제어
- 예열 장치 제어

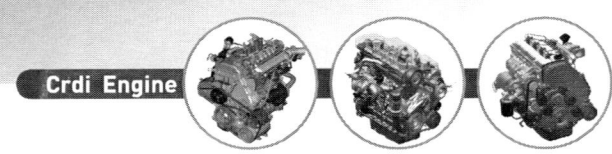

Section 01 입력장치

01 악셀러레이션 포지션 센서(APS-Acceleration Position Sensor)

APS는 가속 페달의 밟힌 양을 감지하는 센서로서 엑셀러레이터와 일체로 구성되어 있다. 엔진 ECU는 이 신호를 기본으로 연료 분사량 및 분사시기를 결정한다. 2개의 센서가 조합된 더블 포텐시오 미터 형식으로 센서-1과 센서-2가 일체로 되어있어 상호 보완 기능을 가지고 있다. 센서-1은 연료 분사량 및 분사시기를 결정하는 주된 역할을 하며 센서-2는 센서-1의 이상 신호를 감지하는 역할을 한다.

▶ 기능
- 센서 1 : 연료량과 분사시기 결정(토크 요구 신호로 사용)
- 센서 2 : 센서 1을 검사 감지하여 차량의 급출발을 방지하기 위한 센서
- 고장 시 : 1,200RPM 고정

▶ 검출 방식
- 저항값이 변화하는 포텐션메터 방식

02 이중 브레이크 스위치

브레이크 스위치는 페달과 연동되어 페달의 작동상태를 ECU에 전달한다. 주행 중 엑셀 포지션 센서의 고장을 감지하기 위해 APS 신호가 입력된 후 브레이크 신호가 입력되면 APS 고장이라고 판정하고 엔진 회전수를 1,000RPM으로 제한한다.

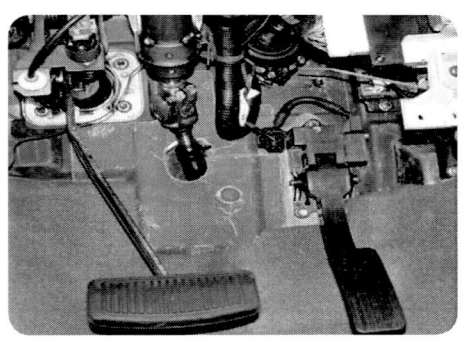

- 브레이크 스위치-1, 2를 조합하여 브레이크 스위치 고장 검출
- 브레이크 스위치와 악셀페달 센서가 연계해서 악셀페달 센서 고장 검출
- 악셀 페달이 밟힌 상태에서 나중에 브레이크 스위치 신호가 들어오면 연료 감량 (회전수 제한)

03 연료 압력센서(Rail Pressure Sensor)

연료압력 센서는 커먼레일 내의 연료 압력을 측정하여 엔진 ECU로 출력한다. ECU는 이 신호를 받아 연료량, 분사시기를 조정하는 신호로 사용한다. 장착위치는 커먼레일 중앙부에 설치되며 순간적인 연료압력 변화를 감지해서 전압신호로 바꾸어 엔진 ECU로 보내는데 고압펌프에서 공급된 고압의 연료는 연료압력 조절밸브에서 조절되어 연료압력 센서로부터 그 값이 얻어진다. 전압의 출력범위는 0.5~5V이다.

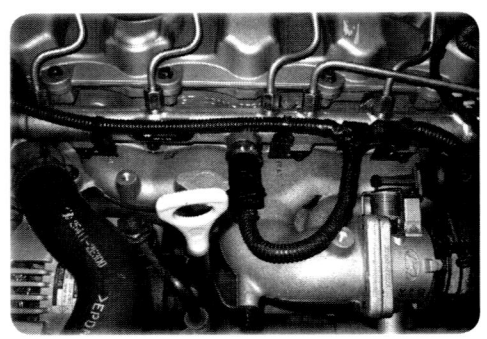
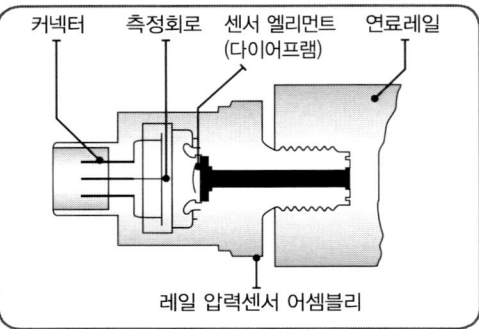

▶ 기능
- 커먼레일의 연료 압력을 측정하여 ECU로 입력, 연료량, 분사시기를 조정하는 신호로 사용

▶ 센서 고장 시
- 목표 레일압력을 450bar로 유지시키며 ECU의 설정된 값을 대체하여 압력 상승
- 공회전 상태 안정적으로 유지, 가속 시 3,000RPM으로 제한

04 흡입공기량 센서 & 흡기온도 센서

커먼레일 엔진이 장착된 에어플로우센서는 핫필름(Hot Film)방식을 적용하고 있다. 흡입공기량 센서의 주 기능은 연료량 보정이며 디젤엔진에서 중요한 EGR 피드백 컨트롤 제어에도 사용된다. 또한 공기량센서와 함께 구성돼있는 흡기 온도센서는 기존에 사용되는 센서와 동일한 부특성 서미스터 방식이 사용되고 있으며, 각종 제어(연료량, 분사시기, 시동시 연료량 제어 등)의 보정신호로 사용된다. 공기량 센서의 고장이 판정되면 EGR 밸브는 작동되지 않으며 연료량이 제한된다.

▶ 정상차량의 아이들 시 공기량 측정값
- EGR 비작동 시 : 450 ~ 510 mg/st
- EGR 작동 시 : 280 ~ 360 mg/st

▶ 측정 전압
- 센서 전원 : 4.7 ~ 5V
- 출력 신호 : 1.7 ~ 2.4V(아이들 시)

05 연료 온도 센서(FTS-Fuel Temperature Sensor)

연료온도 센서는 고압펌프 입구의 연료온도를 감지하여 ECU로 전송한다. 커먼레일 디젤엔진은 리턴 연료의 온도가 많이 상승하는데 경유의 온도가 상승하면 윤활막이 파괴되고 이 경우 연료를 윤활제로 사용하는 고압펌프가 손상되기 쉽다. 이 같은 이유로 연료의 온도가 규정 이상 상승하게 되면 연료 분사량을 제한하여 엔진회전수가 3,000RPM 이상 상승하지 않는다.

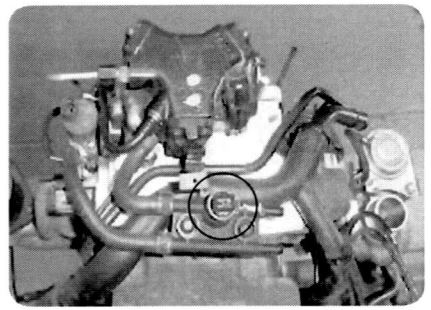

- FTS 80℃부터 엔진 회전수 제한
- D-엔진과 J-엔진은 연료온도 센서가 장착되어 있으나 A-엔진은 장착 안됨

06 냉각 수온 센서(WTS-Water Temperature Sensor)

인젝터를 통해 분사된 연료는 온도가 높을 경우 연소가 잘된다. 하지만 냉각된 상태에서는 연료를 무화 상태로 분사 하더라도 연료들간에 서로 뭉치는 현상이 발생하여 완전연소를 시킬 수 없으며 냉간 시동이 어렵다. 이러한 이유로 냉각 상태에서는 분사량을 늘려 연소를 원활하게 하고 시동성을 좋게 한다.

▶ 기능
- 냉각수 온도 검출, 분사시기, 분사량 보정
- 냉각수온에 따른 회전수 제어
- 온도 상승 시 연료 감량(최고 회전수 제한)
- 냉간 시동 시 연료량 보정, 열간 시 냉각팬 제어 신호
- 고장 시 냉각 팬 작동, A/C 작동 중지

07 CKP센서(Crankshaft Position Sensor)

크랭크샤프트 포지션 센서는 실린더 블록에 설치되며(D엔진) 크랭크축과 일체로 되어 있는 센서 휠의 돌기가 회전을 할 때, 즉 크랭크축이 회전시 교류 (AC)전압이 유도가 되는 마그네트 인덕티브 방식이 적용되었다. 이 교류 전압을 가지고 엔진 ECU는 엔진의 회전수를 계산한다. 센서 휠에는 총 60-2개의 돌기가 있는데 이 60개의 돌기 중 2개가 빠진 부분을 참조점이라고 한다. 이 참조점과 CMP의 신호를 비교하여 1번 실린더의 압축 상사점을 찾는다.

▶ 장착 위치 : D-엔진 - 실린더 블록, A/u/J-엔진 - 변속기 케이스

08 CMP센서(Camshaft Position Sensor)

캠샤프트는 크랭크샤프트 속도 절반의 회전을 하며 엔진의 흡기와 배기밸브를 구동한다. 캠 샤프트의 위치를 감지하기 위해 센서를 설치하여 피스톤이 TDC 방향으로 움직일 때, 캠 샤프트 위치로써 결국 특정 실린더의 행정이 압축단계에 있는지, 아니면 배기단계에 있는지를 알 수가 있다. 특히 초기시동 시 특정 실린더의 행정 판별은 크랭크샤프트 포지션 센서만으로는 연산이 어렵다. 따라서 CMP 신호는 초기 시동 시 정확한 실린더를 판별하는데 중요한 역할을 한다. 반면에 시동이 걸리면 CKP센서에 의해 생성된 정보는 엔진의 모든 기통을 학습한다. 다시 말해 시동 후, CMP센서 신호가 엔진 ECU에 입력되지 않아도 엔진의 구동에는 문제가 없다.

 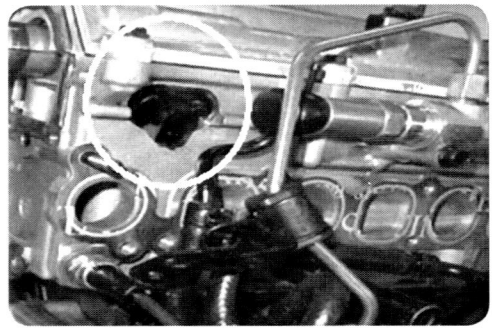

▶ CKP & CMP 파형 분석

CKP센서와 CMP센서의 이상 여부는 두 단품의 동기파형 측정을 통해서 정확히 진단할 수 있다. 아래 그림은 D-엔진과 A-엔진 차량에서 출력한 두 센서의 동기 파형이다. 출력된 파형에서 보아야 할 부분은 다음과 같다.

①지점 : 2.2V 이상 출력되어야 함
(센서 High 레벨 구간)
②지점 : 0.8V 이하 출력되어야 함
(센서 Low 레벨 구간)
③지점이 정확히 일치하여야 함

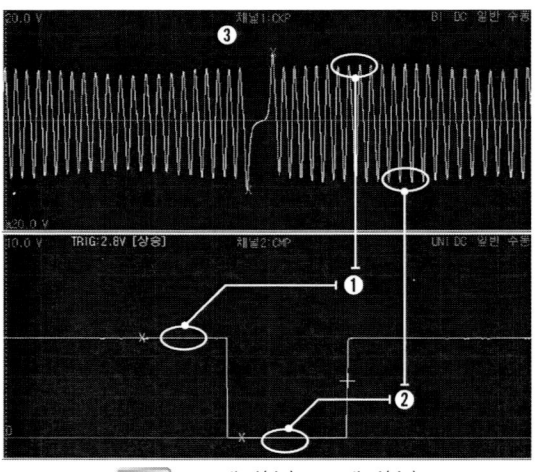

그림 D-엔진(左), A-엔진(右)

출력 장치 02
Section

01 예열 장치

　　예열장치는 냉간 시동 시 시동이 원활히 이루어지도록 하기 위한 장치이며 배기가스를 줄이는 것과 매우 밀접한 관계가 있다. 즉 워밍업 시간을 줄임으로써 배기가스를 줄일 수 있는 것이다. 예열장치는 냉각수온과 엔진 회전수 신호에 의해 제어된다.

▶ 목적
- 냉 시동시 원활한 시동
- 배출 가스 감소

▶ 예열 장치 제어
- 냉각수온 및 엔진 RPM신호로

▶ 예열 장치의 작동은 3단계로 작동
- 1 단계 : Pre-글로우
- 2 단계 : Start-글로우
- 3 단계 : Post-글로우

① **Pre-글로우** : IG ON과 동시에 작동을 시작하며 엔진회전수 45RPM 초과 시 작동 중지한다. 또한 냉각수온 센서값에 따라 Pre-글로우 시간이 변경된다.
② **Start-글로우** : 냉각수온 60℃ 이하의 경우 매번 실시하는데 엔진회전수가 45RPM을 초과하면 실시하며 또한 예열시작 후 15초가 경과하거나 냉각수온 60℃ 이상 상승했을 경우에도 중지된다.
③ **Post-글로우** : Post-글로우 시간 또한 냉각수온에 따라 결정되는데 엔진회전수 3,500RPM 이상이거나 연료 분사량이 75mm³ 초과 시 작동을 중지한다.

02 EGR 시스템

NOx 생성을 억제하기 위해 배기가스 재순환 장치가 장착되면 배기가스의 일부분이 엔진의 흡기포트로 유입되어 연소를 방해하기도 하지만, 어느 정도까지는 잔여의 배기가스 내용물의 증가한 부분이 에너지 전환과 배기가스에 좋은 영향을 미친다. EGR 가스량을 계산하기 위해 ECU는 엔진에 유입되는 신선한 공기의 질량을 공기량센서를 이용해 계산한다. 이 측정값은 엔진에 EGR가스를 얼마나 보낼 것인지 계산하여 EGR 솔레노이드 밸브를 제어하게 된다.

EGR 솔레노이드 밸브는 ECU에서 계산된 값을 PWM 방식으로 제어하는데 제어값에 따라 EGR 밸브 작동량이 결정된다. 각종 입력되는 센서의 값과 흡입공기량을 계산하여 실제 EGR 솔레노이드 밸브의 열림량을 출력하도록 되어 있다. EGR을 제어하는 동안 기타 서브시스템(연료량 제어등)의 경우 공기량의 실제값이 추가로 계산되도록 되어있다. 하지만 ECU에서 정확하게 EGR률을 파악할 수 없는 상황이거나 연소에 지장을 줄수 있는 조건일 경우에는 EGR을 중지한다.

▶ EGR 중지 명령
- 아이들 시(단 1,000RPM 이상 가속 직후에는 52초 동안 작동)
- AFS 고장 시
- EGR 밸브 고장 시
- 냉각수온 37℃ 이하 또는 100℃이상 시

- 배터리 전압이 8.99V 이하 시
- 연료량이 42mm 이상 분사 시(엔진 회전수에 따라 다름)
- 시동 시
- 대기압이 기준값 이하일 경우

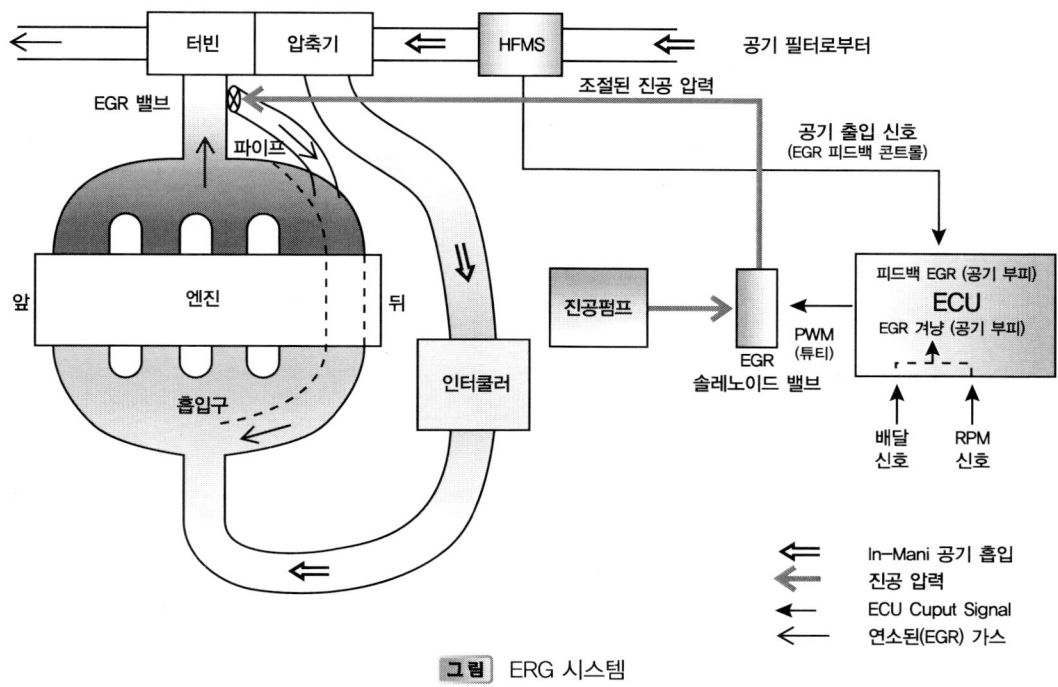

그림 ERG 시스템

03 쓰로틀 플랩(Trottle Flap)

쓰로틀 플랩은 디젤차량의 고유 특성인 후 연소과정에서 발생하는 엔진 진동을 방지하기 위해 시동 OFF시 흡기측으로 유입되는 공기를 막아주는 장치로서 흡기 매니폴드 입구에 설치되어 있다.

▶ **적용목적** : 디젤차량의 고유 특성인 연소과정에서 발생하는 엔진진동 방지
▶ **작동 원리** : IG KEY OFF 신호와 회전수(250RPM)만족시 스로틀 플랩 밸브를 작동시켜 연소실의 흡입공기를 차단하여 엔진의 관성력을 감쇄

Chapter 3 • 전자제어 시스템

▶ **점검방법** : 시동ON & 정상 주행시 밸브는 항시 열림상태(ECM제어). 엔진정지 시점에서 스로틀 플랩 밸브 1회 작동

04 가변용량제어 터보차저(VGT-Variable Geometry Turbocharger)

1 개요

CRDI 엔진의 기계식 터보차저(WGT)를 대체, 배기가스 유로를 효율적으로 정밀 제어할 수 있는 전자제어 방식의 가변용량 터보차저로 저속 및 고속 전 구간에서 최적의 동력성능을 발휘하는 터보차저의 한 종류이다. S-3.0에 적용되는 E-VGT는 기존의 부압식이 전자식으로 변경되었으며 ECU에서 전자식 모터 액츄에이터(PWM)를 작동시켜 더욱 정밀하게 제어된다.

그림 WGT

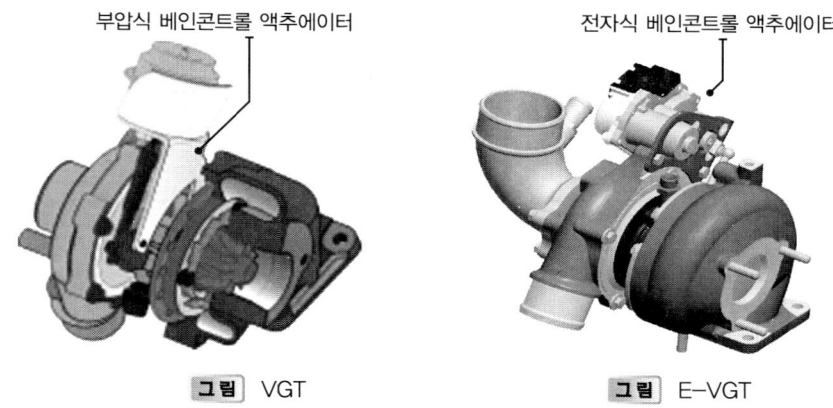

그림 VGT   그림 E-VGT

2 터보차저와 과급압력

터보차저는 엔진의 출력과 토크를 높이기 위해 공기를 강제적으로 압축해 넣는 일종의 과급기이다. VGT 엔진에서는 '부스트압력'이라는 서비스 데이터가 표출되고 '부스트압력센서'가 장착되어 있는데 여기서 부스트압력은 과급기에 의해 엔진에 공급되는 공기의 압력이다. 이 압력이 높아지면 실린더에 흡입되는 공기량이 많아지게 되고, 연소 가능한 연료량이 증가하여 출력이 높아지게 된다. 그렇다고 해서 부스트압을 끝없이 올릴 수 있는 것은 아니다. 부스트압을 올리면 실 압축비가 올라가고 일정 지점에서 노킹이 일어날 수 있기 때문이다. 실제로 실린더에 흡입된 공기가 과도하게 압축될 경우 혼합기의 온도가 올라간 만큼 연소실 벽의 온도가 올라가고 가스의 유동 또한 늦어져 노킹이 일어나기 쉽다.

그림 D-2.2 Engine VGT

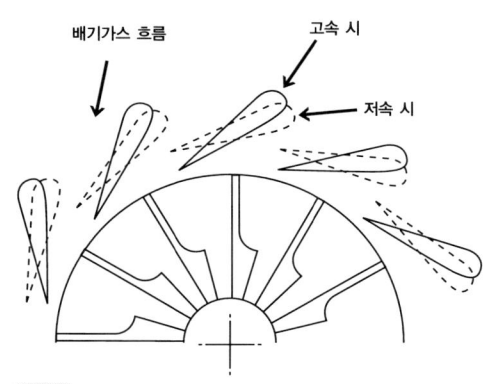

그림 VGT 작동에 따른 배기가스 유로

3 터보 래그

터보 래그는 악셀 페달을 밟아 가속할 때 실린더에 흡입되는 공기량이 단숨에 증가하지 않고, 터빈휠이 하나의 저항으로 작용해 엔진의 연소과정이 진행되면서 필요한 양의 공기가 실린더에 들어오기까지 시간이 걸리는 지연현상이다. 특히 급발진 가속 시 및 천천히 주행하고 있는 상태에서 가속 시에 나타나는 현상이다. 따라서 터보차저는 이 터보 래그를 작게 할 목적으로 여러 가지 연구를 하였는데 그 한 예로 터빈 휠에 불어 넣는 배기 속도를 올리는 것이 고려되었다. 배기가스가 지나가는 통로를 작게 하면 동일 배기량으로 가스는 빠르게 분출하므로 터보 래그는 작게 된다. 그러나 엔진회전수에 상관없이 배기 통로를 좁히면 최고 출력은 작아지는 문제점이 발생한다.

이러한 문제점을 개선하기 위해 개발된 것이 바로 VGT이다. VGT는 엔진이 저속구간에서는 배기가스의 통로를 좁혀 유속을 증가시키므로 터빈의 회전속도를 빠르게 하고, 고속구간에서는 통로를 넓혀 배기가스가 지닌 에너지를 이용하여 터빈을 구동하므로 흡입공기량을 증가시킨다. 즉 VGT는 엔진 운전의 전 구간에 걸쳐 성능을 향상시키는 장치이다.

> **Boost Pressure(부스트압력)** – 터보차저의 과급압력
> 보통 흡기관 내의 평균압력을 가리키며. 스로틀 밸브가 있을 때는 밸브 바로 뒤의 압력을 말한다.

> **Waste Gate Actuator(웨이스트 게이트 액추에이터)**
> 터빈 휠의 회전 한계 이상으로 배기가스가 들어왔을 때 과부하가 걸리지 않도록 일부를 빼내는 바이패스 장치

4 작동

VGT의 작동은 베인콘트롤 액추에이터에 의해서 이루어진다.

ECU에서 여러 가지 입력 요소(엔진회전수, APS, 부스트압력, 냉각수온, 차속 등)에 의해 목표로 하는 부스트압력이 결정되고 이 압력을 형성하기 위해 진공 솔레노이드 밸브를 작동시킨다. 진공압력이 형성되면 베인콘트롤 액추에이터가 당겨져 VGT 내부의 베인(날개)이 움직이고 유로가 변경된다.

▶ **고속 영역** : 배기 통로 확대 → 배기유량 최대화 & 배압감소
▶ **저속 영역** : 배기 통로 축소 → 속도에너지 최대화(Idle Boost 확보, Turbo-lag 제거)

Section 2 • 출력장치

엔진 상태	솔레노이드 밸브 듀티	컨트롤 액츄에이터	베인 통로
저속 저부하	75 %	당김 (진공 : 大)	통로 좁음 / 유속 증가
고속 고부하	5 %	풀림 (진공 : 小)	통로 넓음 / 유량 증가

엔진 부하에 따른 VGT 작동

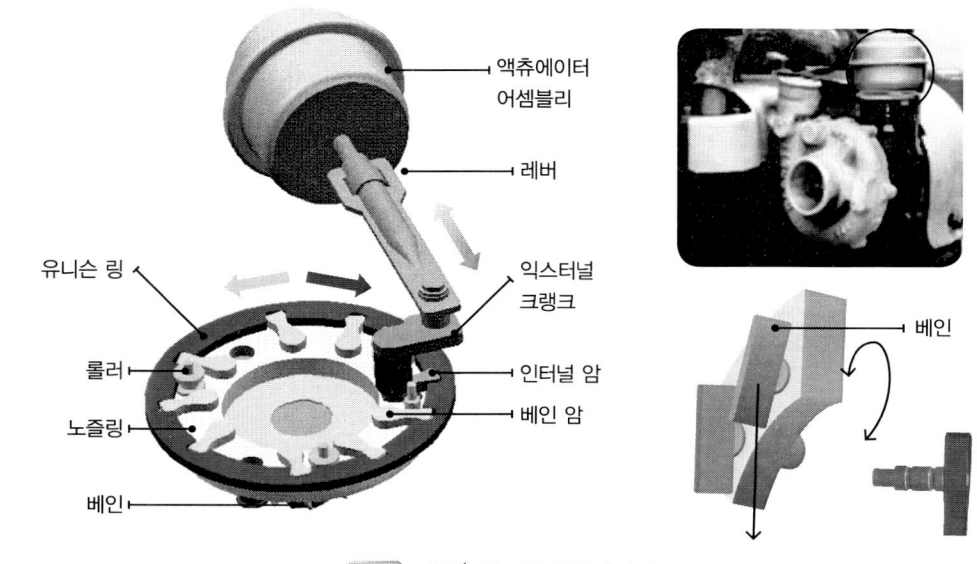

그림 베인[1] 콘트롤 액츄에이터

---

1 Vane(베인) : 바람개비, 날개

5 효과

▶ 엔진 흡입공기량 증대 → 효율적인 연소발생 유도 → 성능 향상 → 연비 향상 → 배기가스 개선

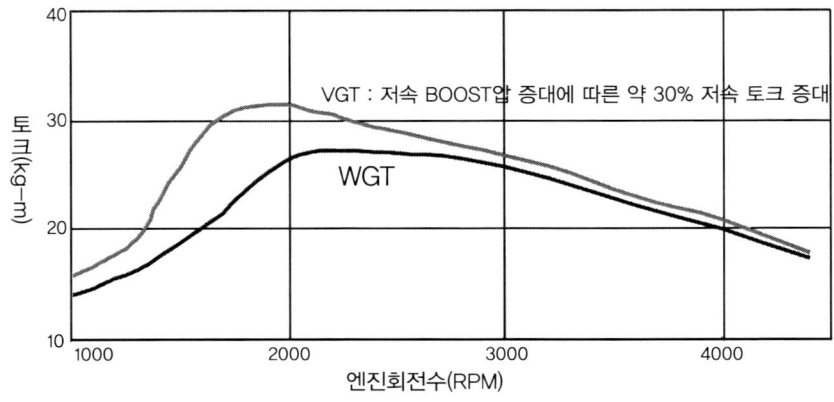

그림 회전수에 따른 토크 특성 비교

WGT[2]와 VGT의 토크를 비교해 볼 때 최대 약 30% 가량 VGT의 토크가 높은 것을 알 수 있다. 특히 저속영역에서 토크가 높은 것은 WGT 시스템과 VGT 시스템의 특징을 잘 나타내 준다고 할 수 있겠다.

WGT는 배기가스의 힘을 이용한 효과가 엔진 회전수에 비례하며 회전수가 빠를수록 그 효과가 배가되지만 저회전 영역에서는 토크의 증대를 크게 기대할 수 없는 반면 VGT는 유속과 유량을 모두 이용하는 가변방식이므로 저속 영역에서의 유속 증가로 토크가 높게 나타난다.

다음 그림의 성능곡선에서 나타내고 있는 것은 엔진의 성능을 비교한 것으로 출력, 토크, 연료소비율 부분에서 WGT와 VGT가 어떠한 차이를 나타내는지 알 수 있다.

출력 부분은 WGT가 111마력인데 반해 VGT는 125마력으로 최대 출력 부근에서 약 12.6% 가량 향상되었다.

토크는 위 그래프와는 다르지만 최대 토크점에서 25.5kg·m와 29kg·m로 약 14% 가량 향상된 것을 알 수 있다. 연료소비율 또한 약 8% 가량 향상되었으며 이 밖에도 VGT는 유해 배출가스 저감의 효과도 있어 개발중인 디젤엔진의 장착이 점차적으로 확대되고 있는 추세다.

---

2 WGT – Waste Gate Turbocharger : 터빈과 컴프레서 하우징으로 들어가는 배기가스와 공기의 양이 회전수에 따라 일정한 고정식 터보차저 (Fixed Geometry Turbocharger)

Section 2 • 출력장치

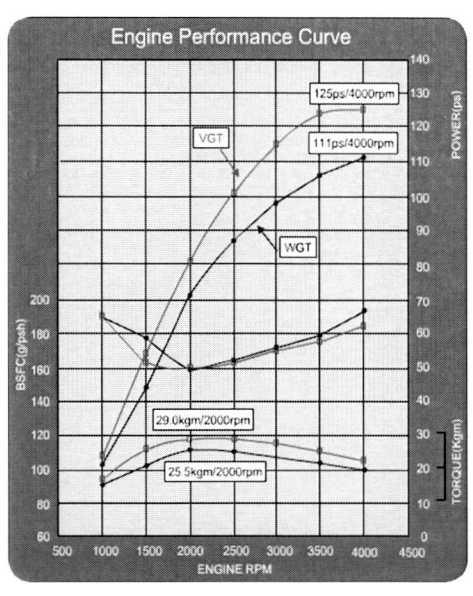

엔진 성능곡선-2003년 D-2.0 VGT

6 VGT 고장진단

공회전, 가속, 스톨 테스트 시의 서비스 데이터를 이용해 VGT의 작동상태를 알 수 있다.

상태	분석	서비스 데이터
정상 상태 공회전	• VGT 액추에이터 : 75% 듀티(액추에이터 작동에 의해 배기가스 유로가 좁아져 유속 증가) • 부스트 압력센서 : 947hPa (0.97bar)	
정상상태 가속 시	• VGT 액추에이터 : 40% 듀티(배기가스 유로가 넓어지고 유량을 이용하여 흡입효율 증가) • 부스트 압력센서 : 1317hP(1.3bar)	

91

상태	분석	서비스 데이터
액추에이터 단선 시	• VGT 액추에이터 : 4.7% 듀티(작동 중지상태로 VGT의 효과를 전혀 볼 수 없다) • 부스트 압력센서 : 947hPa(가속시 에도 부스트 압력 증가하지 않음) • 엔진회전수 : 최고회전수를, 2941RPM으로 제한	공회전 상태 데이터 액셀페달센서 100.0 / 99.6 % / 0.0 VGT 액츄에이터 100.0 / 4.7 % / 0.0 부스트압력센서 3499 / 947 hPa / 0 엔진회전수 7500 / 2941 RPM / 0
진공호스 탈거 시	• VGT 액추에이터 : 56.9% 듀티 (ECU에서는 액추에이터를 구동하고 있지만 진공호스가 탈거된 상태이기 때문에 실제로는 정지 상태임) • 부스트 압력센서 : 1,139hPa(1.1bar) 정상상태 가속 시와 비교해 볼 때 같은 회전수 영역에서 과급압력이 약 0.2bar 가량 낮은 것을 알 수 있다. 이것은 VGT에 의한 효과가 아닌 엔진회전수 상승에 따른 TC의 과급압이다.	공회전 상태 데이터 액셀페달센서 100.0 / 99.6 % / 0.0 VGT 액츄에이터 100.0 / 56.9 % / 0.0 부스트압력센서 3499 / 1139 hPa / 0 엔진회전수 7500 / 4705 RPM / 0

엔진 부하에 따른 VGT 작동

05 터보차저 이야기

1 터보차저(Turbocharger)의 사양

터보차저는 각종 터빈(Turbine) 및 콤프레샤(Compressor)등에 따라 여러 가지 파워 유닛에 적용하는 터보차저를 갖추고 있다.

2 수냉식 베어링 하우징(Bearing housing)

베어링 하우징(Bearing housing)의 터빈측에 워터재킷(Water Jacket)을 설치, 터빈하우징(Turbine housing)과 터빈휠(Turbine wheel)에서의 열 유입을 억제하여 저널 베어링부(Journal bearing part)를 열(熱)로부터 보호한다.

3 웨스트게이트 메카니즘(Waste gate mechanism)

저속 토크 부족을 보충하기 위해 노즐 면적이 좁은 터빈하우징(Turbine housing)을 선택한 경우, 고속시의 디젤엔진에서는 Pmax의 상승이 발생하여, 가솔린 엔진에서는 노킹을 일으키므로 이러한 문제를 피하기 위하여 터빈 입구에서 배기가스를 보내므로 터빈 회전을 억제하여 최적의 Boost 압력을 얻을 수 있도록 한 장치이다.

4 급기 By-pass 메카니즘(Suction by-pass mechanism)

엔진의 급감속으로 터보차저가 서징영역(Surging area)에 들어가거나, 웨스트게이트 메카니즘(Waste gate mechanism)의 고장으로 과(過, Over) Boost가 되는 등의 문제점에 대한 안전장치로서 과(過) Boost air를 보내 엔진을 보호하는 장치이다.

06 터보차저 고장 현상 분석

1 고장 현상과 터보차저시스템

터보차저에 고장이 일어난 상태로 엔진을 운전하면 현저하게 그 현상이 나타나므로 정확한 현상을 찾아, 사고가 일어나기 전에 수리하는 것이 필요하다.

① 엔진의 출력 부족

출력 부족의 주원인은 연료 또는 공기의 공급 부족으로, 연료의 공급부족은 분사계나 제어계의 불량에서 기인하는 일이 많다. 공기량 부족은 터보차저시스템의 불량이 원인인 것이 많다.

터보차저시스템에 대한 원인으로는 에어엘리먼트(Air element)등의 막힘으로 흡입 손실의 증가, 에어인테이크(Air Intake)등의 흡기계에서의 Air 누설, 인터쿨러(Inter cooler)의 압력 손실증대 트로틀밸브(Throttle valve)의 고장으로 급기 압력 손실의 증대 등의 공기 공급에 관련된 고장과 머플러(Muffler), 촉매의 막힘 등의 배기손실의 증대, 배기 매니폴더의 플랜지면(Flange surface)에서의 가스누설, 특히 웨스트게이트 불량으로 저속 토크부족 등의 배기에 관련된 고장이 있다.

기타 에어플로우센서, 녹센서(Knock sensor)등의 제어계 불량도 고려할 필요가 있다. 터보차저 자체가 고장나서 회전이 되지 않아도 특히 흡·배기(Suctin and exhaust) 저항이 높아져, 큰 폭으로 출력이 저하되어 운전 불능이 되는 일도 있다.

② 배기 가스색이 나빠짐

배기 가스 색의 불량은 Oil up 상태 또는 제어계 조정불량으로 분사나 착화 타이밍의 차이, 분사노즐, 점화 플러그의 카본 부착 등의 불완전 연소,흡·배기계의 이상 등이 원인이기도 하다.

▶ 배기색 – 흡·배기에 의한 원인
- 흑색매연 : 공기량 부족에 의한 불완전 연소
- 청백색매연 : 급기계(Suction system)의 Blow-by 증가, 오일의 혼입
- 흰색매연 : 배기계(Exhaust system)의 오일 혼입

③ 배기 가스 온도상승과 Boost 압력저하

배기 가스 온도의 상승은 인젝션 펌프의 랙(Rack) 위치나 타이밍의 설정치가 높아, O2 센서 등의 제어계 고장으로 인한 연료의 공급 과다나 후연소(後煙燒, Post burning)를 생각할 수 있다. 역으로 흡·배기계의 불량에 의한 공기 공급부족으로도 생각할 수 있다.

그 다음 터보차저 탑재 엔진에서는 배기계의 저항도 고려해야 한다. 특히, 터보차저 자체의 고장이 발생하면 배기저항이 일어나고, 공기량의 부족이 발생하여 대단히 높은 배기온도를 나타난다.

④ 이상음과 이상 진동

흡기계(Intake)나 배기계(Exhaust manifold) 및 머플러 관(Tube)등은 충분히 튜닝되고 하여 터보차저 자체도 완전하게 균형이 잡혀있다. 따라서, 이상음이나 이상진동은 흡기계의 클램프(Clamp) 불량이나 배기계의 체결불량 등의 정비불량으로 인한 것이 많지만 터보차저에 이물질의 흡입으로 터빈 휠이나 콤프레샤 휠의 파손 및 변형으로 회전계의Balance 붕괴도 생각 할 수 있다. 로터 어셈블리(Rotor assembly)의 불량은 큰 사고로 연결될 가능성이 높아 재빠른 대처가 필요하다.

⑤ 오일 소비량의 증가

오일 소비가 특히 많을 경우는, 피스톤링(Piston ring)의 Scuff 상태를 생각 할 수 있다. 가벼운 Scuffing은 Blow-by량의 증가로 나타나고, 터보차저의 콤프레샤측에서의 오일누설과 대단히 유사한 현상으로도 나타나므로 구분이 어렵지만 에어엘리먼트 등의

흡기계나 터보차저의 콤프레샤 입구나 날개에 Blow-by의 흔적이 있다. 그 흔적이 없을 때에는 대개 터보차저의 콤프레샤 측의 실링부에서 오일 누설을 일으킨다. 오일 소비량의 증가와 백색의 배기색를 수반한 터빈측 실링부에서의 오일 누설이 있다.

2 터보차저의 고장 원인

① 윤활 불량

터보차저에서의 윤활유는 습동부(Sliding part)의 윤활및 냉각과 청소를 하며, 터보차저의 수명에 극히 중대한 역할을 한다. 순간적인 단절에서도 파괴 등의 큰 사고를 일으킬 수 있다.

② 유압 및 유량 부족과 과다

유압, 유량부족은 습동면(Sliding surface)의 충분한 유막(Oil flim) 형성이 되지않아 실링, 베어링 등에 마모를 일으킨다. 또한, 충분한 냉각과 청소가 되지 않으면 베어링하우징내에 카본이 축적되거나 오일코킹층(Oily caulk like layer)이 형성되어 마모를 조장한다. 심할 때는 습동부에서 파괴를 일으키는 것이 있다. 또한, 유량이 많아도 오일드레인(Oil drain) 내에 오일이 충만하여(오일드레인은 중력에의한 자연 낙하) 터빈 및 콤프레샤의 실링부에서 오일누설을 유발하게 된다.

콤프레샤 휠이 접촉한 상태로 운전을 계속하여 현저히 파손된 콤프레샤 휠과 디퓨저

③ 윤활유의 오염 및 유질의 부적합

오일의 오염은 금속 마모 분이나 카본 분으로 터보차저의 습동부, 특히 저널베어링과 스러스트베어링에 마찰손상을 일으킨다. 오일의 오염도에 따라 다르지만 조금씩 래핑(Lapping) 되어 장시간 동안에 튜닝되어 있는 풀플로우트베어링(Full-float bearing)의 클리어런스비(Clearance ratio)를 변화시켜 로터샤프트의 진동을 증대시키는 결과로 된다.

지정된 오일 Grade보다 낮은 품질의 오일을 사용하여도 고(高) 배기온도로 인한 점도 부족으로 유막 형성이 되지않아, 특히 터빈측의 저널베어링과 실링에 마모를일으킨다. 또 오일의 휘발성분이 없어져 충분한 냉각효과가 없게되면 터어빈측 실부에서 카본화가 일어난다. 실링의 마모나 교착을 초래하는 것은 물론 오일 코킹층도 형성이 쉽게 되어 퇴적물이 발생되게 된다.

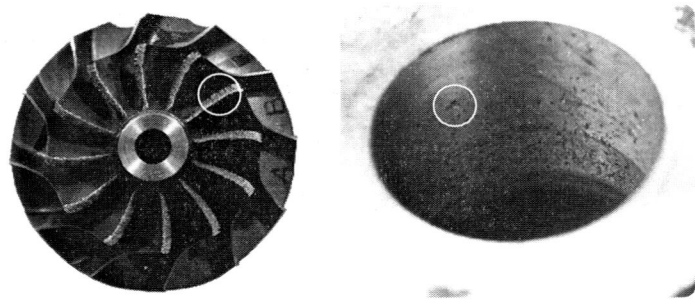

이물질이 혼입되어 손상된 콤프레샤 휠과 커버. 금속 분말이나 모래등의 이물을 흡입하여 콤프레샤 휠의 흡입부 선단이 절삭된다. 이때는 콤프레샤 커버(Compressor cover)의 날개 흡입입구 근처에 많은 수의 미세한 상흔도 있게된다.

Chapter 04

Euro-IV 디젤엔진

나날로 심각해지는 환경오염에 대응하기 위해 환경부와 환경단체 그리고 자동차 제조 회사에서는 여러 가지 노력을 기울이고 있는데 우리나라에서도 2005년부터 유럽연합에 적용하고 있는 배기가스 규제인 Euro-IV 규제를 2006년부터 적용하여 규제치를 만족시킬 수 있는 새로운 엔진을 개발, 선보이고 있다. 강화된 배기가스 규제(Euro-IV)에서는 PM과 NOx 성분에 대한 규제치가 Euro-III 대비 절반 가까이 낮아졌기 때문에 이에 대응하기 위한 여러 가지 새로운 시스템이 추가 적용되었고 이러한 엔진을 Euro-IV 엔진이라 한다.

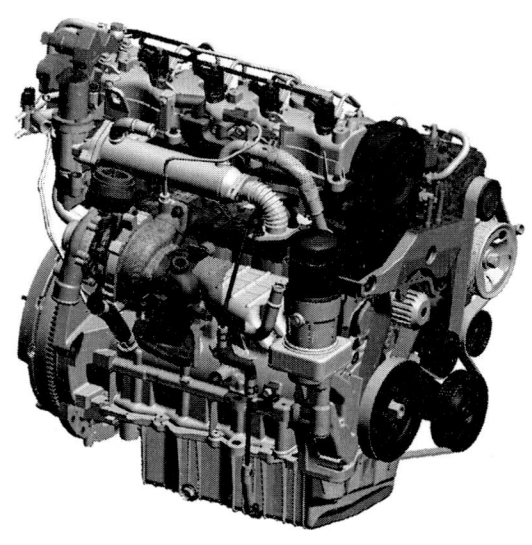

Section 01 Euro-IV 배기가스 규제

01 배기가스 규제와 경유승용차

고압 연료분사장치(Common Rail), 전자제어장치 등을 적용하고 경유승용차의 엔진 제작기술이 급속히 발전됨에 따라 경유승용차에서도 매연을 거의 볼 수 없는 수준(10년 전과 비교 시 거의 1/10 수준)으로 기술이 개발되었다. 하지만, 휘발유 차량과 비교해 볼 때 CO/ HC의 배출량은 적으나 PM/NOx 등의 유해물질은 여전히 많이 배출되기 때문에 아직까지도 환경오염의 주범으로 인식되고 있는 실정이다.

- ▶ CO/ HC : 휘발유 차량 대비 1/2 ~ 1/5 수준
- ▶ NOx : 휘발유 차량 대비 6 ~ 8배 배출(Euro-Ⅳ 만족차량은 3 ~ 4배)

이에 경유차 환경위원회에서는 경유승용차 허용으로 인한 추가적인 대기오염물질의 증가가 없도록 보완적 대책을 수립하여 추진하기로 하였다. 그 가운데 하나가 하이브리드차, 매연 여과장치(CPF) 부착 경유차, CNG, LPG 등 저공해 연료를 사용하는 차량에 대해 세제감면, 보조금 지급 등을 통한 매연저감장치의 보급 확대이다. 이러한 대책이 추진된다는 전제 하에 환경위원회에서는 2006년 매연 여과장치(CPF)를 50% 이상 부착되도록 하여 Euro-Ⅲ와 Euro-Ⅳ 차량을 50 : 50 비율로 판매(또는 CPF 부착한 차량 100% 판매)하고, 2007년 이후에는 Euro-Ⅳ 차량만 판매하도록 하는 안을 검토하고 있다.

Section 1 • Euro-IV 배기가스 규제

국가	적용년도	CO	HC	NOx	PM(매연)
한국	98.1.1	1.5	0.25	0.62	0.08(30%)
	2000.1.1	1.2	0.25	0.62	0.05(20%)
	2001.1.1	0.5	0.02	0.01	0.01(15%)
	2004.7.1(Euro-Ⅲ)	0.64	0.56	0.50	0.05(15%)
	2006.1.1(Euro-Ⅳ)	0.5	0.30(HC+NOx)	0.25	0.025(10%)
EU	1996.1(Euro-Ⅱ)	1.0	0.90(HC+NOx)		0.10
	2000.1(Euro-Ⅲ)	0.64	0.56(HC+NOx)	0.50	0.05
	2005.1(Euro-Ⅳ)	0.50	0.30(HC+NOx)	0.25	0.025
미국 (캘리포니아)	LEV(LEV-1)	2.61	0.056(NMOG)	0.19	0.05
	ULEV(LEV-1)	1.31	0.034(NMOG)	0.19	0.025
	ULEV(LEV-2)	1.31	0.034(NMOG)	0.04	0.006

경유승용차 배출허용기준(g/km)

LEV-Low Emission Vehicle : 저공해 자동차
ULEV-Ultra Low Emission Vehicle : 저공해 자동차
NMOG-Non Methane Organic Gas : 비 메탄계 유기가스

02 Euro-Ⅳ 대응 기술

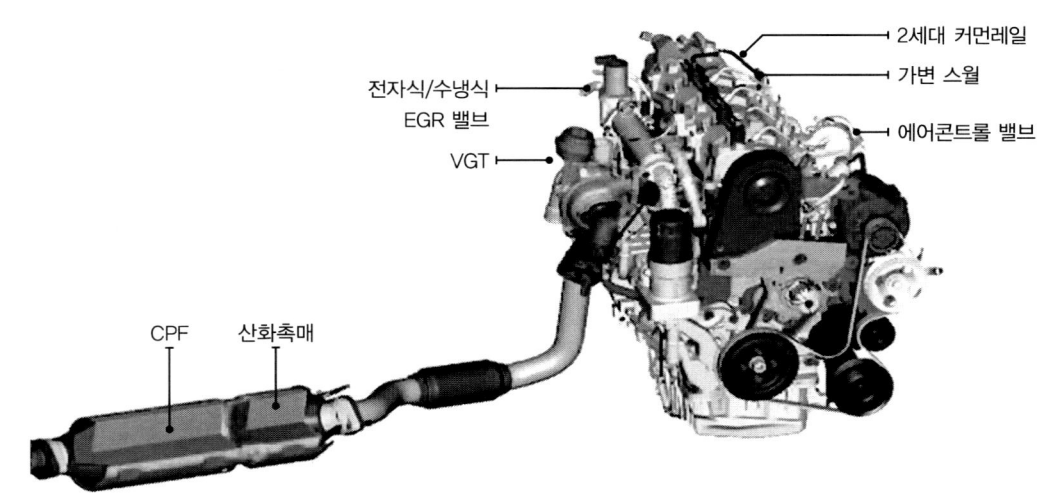

그림 Euro-Ⅳ 엔진 적용 시스템

환경부는 '06년부터 적용되는 자동차 배출가스 허용기준을 휘발유자동차는 미국 캘리포니아, 경유자동차는 유럽연합 수준으로 대폭 강화하는 내용을 주요골자로 하는 대기환경보전법시행규칙을 '04년 12월10일자로 개정, 공포하였다.

이 가운데 경유승용차 규제는 이미 '05년부터 유럽연합에 적용하고 있는 Euro-Ⅳ 배출가스규제로 현 기준 대비 일산화탄소(CO)는 21 ~ 47%, 질소산화물(NOx)은 30 ~ 67%, 미세먼지는 40~80% 강화되었다. 다만, 경유승용차는 현행 기준이 유럽보다 강하여(미세먼지는 5배, 질소산화물은 25배) 통상마찰을 야기하고 있는 점을 고려하여 '05년 1년간 Euro-Ⅲ 기준(유럽연합국가에서 '00~'04년 적용)을 한시적으로 도입하고, '06년부터 Euro-Ⅳ 수준으로 강화하기로 했다.

이에 발맞춰 (주)HMC에서는 디젤차량의 배출가스에서 가장 문제가 되는 질소산화물(NOx)과 입자상물질(PM)의 배출량을 현저히 낮춘 새로운 엔진 및 제어시스템을 도입하였다. CO/HC 등은 디젤 산화촉매(DOC[1])를 이용해 배출량을 낮출 수 있지만 질소산화물이나 입자상 물질은 촉매에서 변환되지 않고 그대로 배출되기 때문에 대기오염의 주범이 된다. 따라서, 질소산화물을 저감하기 위해 EGR 밸브를 정밀 제어하고 PM을 일정기간 필터에 쌓이게 한 후 고온의 배기가스를 이용해 태워 없애는 기술인 CPF(배기가스 후처리장치)를 적용하게 되었다.

03 대응기술 비교(Euro-Ⅲ 대비)

		Euro-Ⅲ	Euro-Ⅳ	변경 내용
ECU	CPU 사양	16 비트 CPU	32 비트 CPU	• 성능 향상
	핀 수	121개	154개	
	장착 위치	실내	엔진 룸	• 정비성 향상
인젝터	다중 분사	1 Pilot, 1Main	2Pilot, 1Main, 2Post	• u Eng' : 1-Post • A/D Eng' : 2-Post
	작동 압력	250 ~ 1,350bar	250 ~ 1,600bar	• 분사압 상승
	사양 구분	Class (C1, C2, C3)	7자리 코드화	• 정밀 보정

---

1 DOC-Diesel Oxidation Catalyst: 디젤 산화촉매

		Euro-III	Euro-IV	변경 내용
에어콘트롤 밸브 (쓰로틀 플랩)	작동영역	Key Off 시 (진동 감소)	• Key Off 시(진동 감소) • 전 운전 영역(EGR 보조)	• CPF 재생시 공기량 제어 • 쓰로틀 플랩 기능
	방식	ON/Off	PWM	
고압펌프		CP 3.2	CP1H(Euro-IV 사양)	• 압력조절 밸브 장착
커먼레일		연료압력센서 + 압력조절밸브	연료압력센서 + 압력조절밸브(PCV)	• 입/출구 동시제어
람다콘트롤 센서		×	◎	• 연료량 보정 • EGR 정밀제어
가변 흡기 제어		×	◎	• 저중속 성능 향상

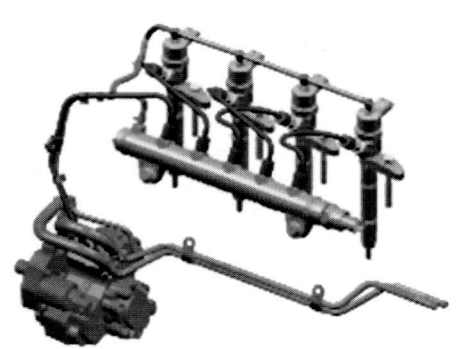

그림 Euro-III 연료장치

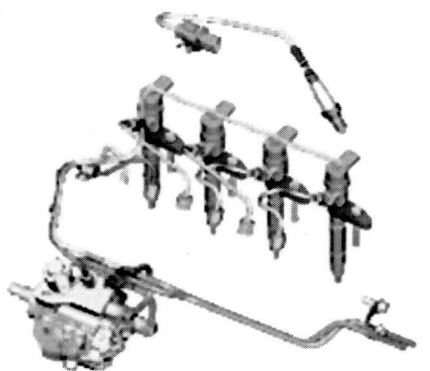

그림 Euro-IV 연료장치

Section 02 주요 적용 시스템

01 에어콘트롤 밸브(ACV-Air Control Valve)

1 개요

Euro-Ⅵ 시스템에서는 에어콘트롤 밸브를 장착해 흡입공기량을 제어할 수 있도록 하였다. 에어콘트롤 밸브의 기능은 다음의 3가지로 압축된다.

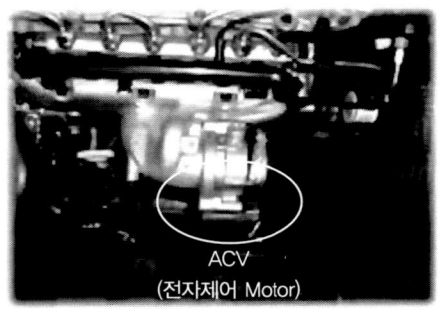

그림 ACV 장착위치와 단품 이미지

2 기능

첫번째 기능은 기존의 CRDI 엔진에 장착된 쓰로틀 플랩의 기능으로 시동 OFF 시 흡입공기를 차단해 디젤링 현상을 방지하기 위한 것이다.

그림 IG OFF 시 쓰로틀 플랩 기능

두번째 기능은 정확한 EGR 제어를 위한 것으로 배기가스가 재순환될 때 에어콘트롤 밸브를 작동시켜 흡입공기량을 제어한다. 강화된 NOx 규제에 만족하기 위하여 EGR 율을 흡입공기량 전체의 50%에 가깝도록 제어하고 있다. EGR 가스의 재순환은 배기와 흡기의 압력차에 의하여 연소실로 유입되는데 만약 배기측의 압력이 흡기측과 같거나 낮을 경우 목표한 양의 EGR 가스가 흡기 매니폴드로 유입되지 못한다. 가령 VGT 또는 가변스월 액추에이터가 장착된 경우 낮은 회전수 영역에서도 과급압이 높기 때문에 EGR 가스가 흡기 매니폴드로 유입되는 것이 어렵다. 이 경우 ECU에서 에어콘트롤 밸브를 작동시켜 흡입 공기량을 강제로 줄여주면 배기와 흡기의 압력차가 발생하면서 그 압력차에 의해 EGR 가스가 흡기 매니폴드로 유입되게 된다. 이러한 제어를 통해 ECU에서 목표한 양의 EGR 가스를 정확하게 연소실로 재 유입시키기 위한 기능이다. 물론 정확한 EGR 양의 피드백은 새로이 적용된 λ-센서와 흡입 공기량 측정센서를 이용한다.

셋째는 CPF 재생 시 배기온도 상승을 위해 작동된다. CPF 재생 모드에서 배기온도를 상승시키기 위한 방법은 두 가지로서 그 중 하나는 흡입공기량을 낮춰 공연비를 농후하게 하는 것이다. 공연비가 농후해 지면 배기온도가 상승하며 이 상승된 온도에 의해 필터(CPF) 내에 쌓여 있는 PM과 숯덩어리를 태우는 것이다. 이 세번째 기능은 추 후 CPF가 적용되면 필요한 기능으로 CPF가 적용되기 전까지는 쓰로틀 플랩과 EGR 제어를 위한 기능만 제어된다.

Chapter 4 • Euro-IV 디젤엔진

3 작동

- 엔진정지 시 : Key off → 쓰로틀밸브 닫힘 → 흡기부압 증가 → 엔진 펌핑손실 유도→ 안정된 엔진정지
- EGR 밸브 작동 시 : ECU의 제어에 따라 모터의 열림량을 조절하여 정밀한 EGR 가스 비율 조정
- CPF 재생 시 : 농후한 혼합비로 연료분사를 실시하기 위해 흡입공기량 제어 (300Hz, PWM)

4 회로도

- ACV 고장 시 : 밸브 열림 상태 유지

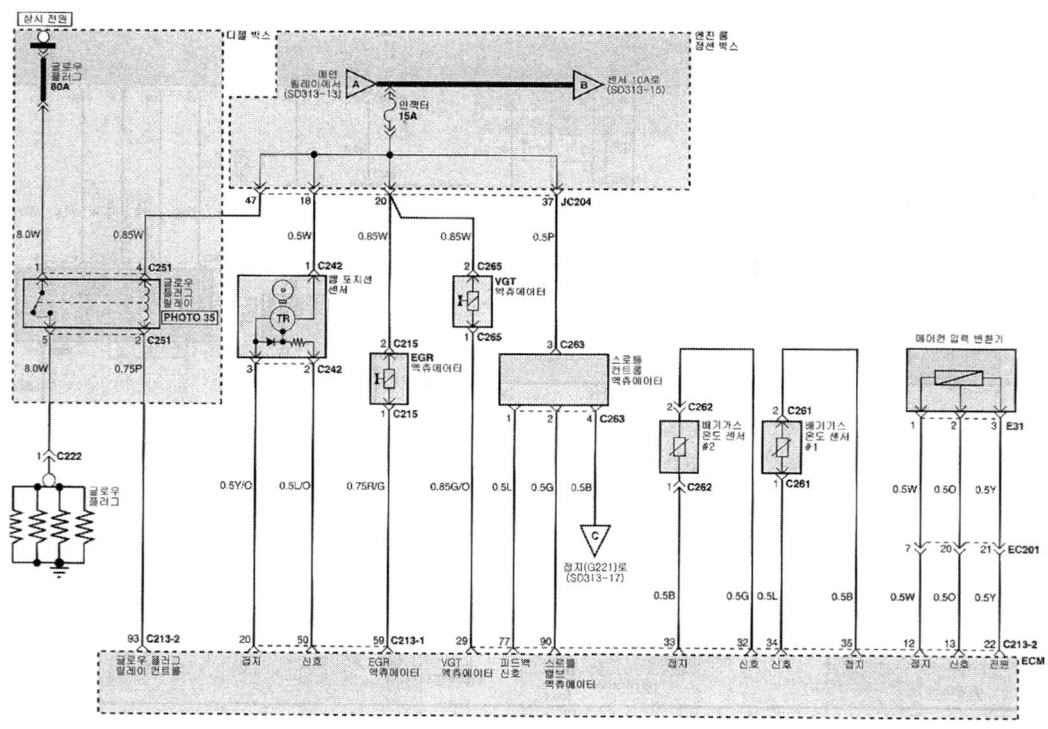

그림 Euro-Ⅳ D-2.0 엔진의 회로도(ACV→스로틀플랩 액추에이터)

02 스월 제어 밸브(SCV-Swirl Control Valve)

1 개요

혼합기의 흐름이 문제가 되는 것은 엔진의 회전이 낮을 때이다. 엔진이 고속으로 회전하고 있을 때에는 흡입공기가 빠르게 흐르고 있으므로 혼합기는 충분히 섞이고 화염 속도도 빠르다. 그러나 저속으로부터 중속에 걸쳐서는 피스톤이 하강하는 속도가 늦으므로 흡기 포트를 통하는 혼합기의 통과 속도도 늦다. 그래서, 엔진의 회전이 늦어도 실린더에 들어가는 혼합기가 충분히 뒤섞여 지도록 흡기 포트의 취부 각도를 연구한다든지 작은 흡기 파이프로부터 실린더에 공기를 불어 넣도록 스월 제어 밸브는 흡기포트를 둘로 나눠 한 개의 통로를 여닫아 스월을 증가시키도록 한 것이다.

흡기 포트를 둘로 나누어 저속 시에는 한쪽을 닫고 흡입 속도를 올려 실린더 중에 와류가 생기기 쉽도록 한다.

2 효과

▶ **저속/저부하** : 밸브 닫힘 → 스월 증가 → 연료/공기 혼합 증가 → SMOKE 저감→ EGR 확대적용 가능
▶ 부분 부하, 소형 엔진에서 효과가 크다.

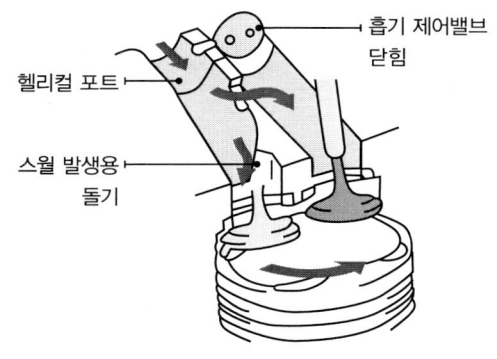

그림 중·저부하 영역-SCV 닫힐 때

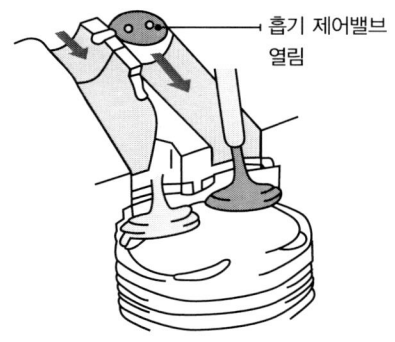

그림 고부하 영역-SCV 열릴 때

Chapter 4 • Euro-IV 디젤엔진

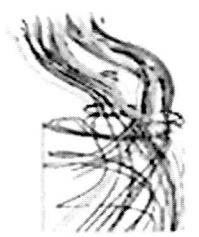

그림 흡입 공기 흐름

3 제어 방식(포지션 센서를 통한 DC MOTOR 위치 제어, PWM 1000Hz)

▶ 운전영역 3000RPM 이하에서 SCV 닫힘
▶ 상기 외 영역에서는 SCV 효과가 미미하여 열림
▶ 에러 발생 시 최대로 열림
▶ 플레이트 이물질 부착에 의한 모터 손상을 방지하기 위해 KEY OFF 시 액추에이터를 약 2 ~ 3회 FULL OPEN ↔ CLOSE 반복하여 최대·최소 위치를 학습 (KEY OFF 시 미세한 작동음 발생)

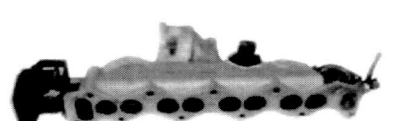 

그림 SCV와 흡기 매니폴드

4 작동

가변 스웰 액추에이터는 ECU의 제어에 의해 공회전 및 저속구간에서는 밸브를 닫아 흡입공기의 스웰을 일으키고 엔진회전수가 3,000RPM 이상에서 열어준다. 밸브가 작동할 때에는 내부 DC 모터에 의해 90° 회전을 하며 열린 양을 모니터링하기 위해 내부에 센서가 장착되어 있다.

항목	작동 범위	항목	작동 범위
작동 온도	-40 ~ 130℃	구동 주파수	1,000Hz
유지 전류	최대 0.7A	제어 듀티 범위	3 ~ 97%
리턴 스프링 토크	27 ~ 34N·cm / 0 ~ 90°	응답 시간(90 ↔ 10)	최대 2초
회전 각도	90°	정밀도	±3°

그림 SCV 제원

Section 2 · 주요 적용 시스템

그림 장착 위치

▶ 아래 그림과 같이 공회전 상태에서는 74% 가량 작동하여 밸브를 닫고 있다가 가속 시 엔진회전수가 3,000RPM 이상이 될 경우 밸브를 열어준다.
▶ 정비 시에는 듀티 값과 엔진 회전수를 비교하여 RPM 상승 시 가변스월액추에이터 듀티율이 감소 하는지를 확인하면 된다. 또한 엔진 룸에서 육안으로 SCV의 작동을 확인할 수도 있다.
▶ 듀티 감소 : 밸브 열림

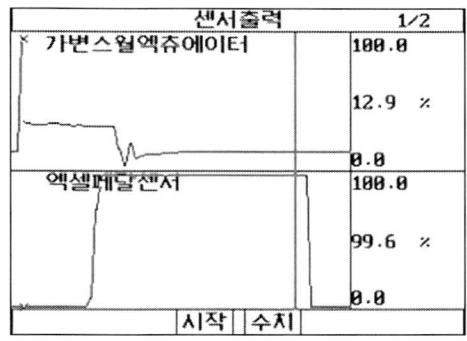

그림 가속 시 SCV 열림

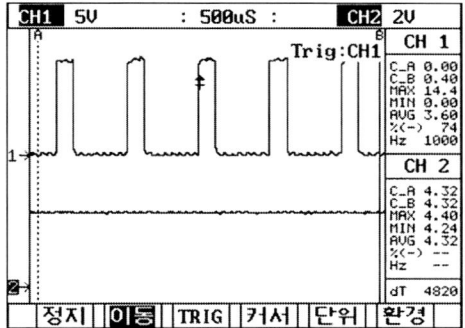

그림 공회전 상태의 파형-1번 제어, 2번 전원

03 연료압력 조절장치(듀얼 압력조절밸브)

1 개요

기존의 CRDI 엔진은 연료압력을 제어하기 위해 한 개의 조절밸브를 사용하고 있다. 입구제어 방식의 엔진인 A-2.5와 J-2.9 엔진은 유량을 제어하여 압력을 조절했고 출구제어 방식인 D-2.0 엔진은 커먼레일 끝부분의 통로를 막아 압력을 상승시켜주는 방식을 사용했다.

하지만 이러한 방식은 몇 가지 단점을 안고 있다. 입구제어 방식은 빠른 연료압력 형성을 필요로 할 경우 저압펌프 → 조절밸브 → 고압펌프 → 커먼레일로 연결되는 시간이 길어 초기 시동 시, 또는 급가속 등 빠른 연료압력 상승에 대응하기가 불리하다.

반면 출구제어 방식은 빠른 연료압력 형성에는 유리하지만 불필요한 에너지를 소비하는 단점이 있다. 저압펌프 → 고압펌프 → 커먼레일 → 조절밸브로 연결되는 연료라인에서 고압펌프는 엔진의 회전에 따라 항상 고압을 형성하여 커먼레일로 축적시키며 이 축적된 연료압력이 높을 경우 조절밸브가 연료를 리턴시키는 방식이므로 요구압력 대비 고압펌프의 에너지 손실이 크다고 볼 수 있다.

2 기능

고압펌프 입구의 압력과 커먼레일 출구의 압력을 동시에 제어함으로 다양한 엔진의 조건에 따라 정밀하고 신속한 연료의 압력을 제어한다.

3 작동 영역

- ▶ **시동 시** : 빠른 압력상승을 위해 펌프측 조절밸브를 열고 레일측 조절밸브를 닫는다.
- ▶ **저회전 영역** : 펌프측 조절밸브가 열린 상태에서 레일측 조절밸브를 제어하여 연료 압력 조절
- ▶ **회전수 중속 이상, 연료 소량** : 펌프측 조절밸브와 레일측 조절밸브를 동시에 제어하여 정밀제어 실현

▶ 시동 OFF 시 : 펌프측 조절밸브를 닫고 레일측 조절밸브를 열어 연료라인의 잔압을 신속하게 제거

▶ 가속 시 : 가속 구간의 경우 입구에서 유량을 증가시켜 압력을 상승시키므로 빠르게 상승시킴

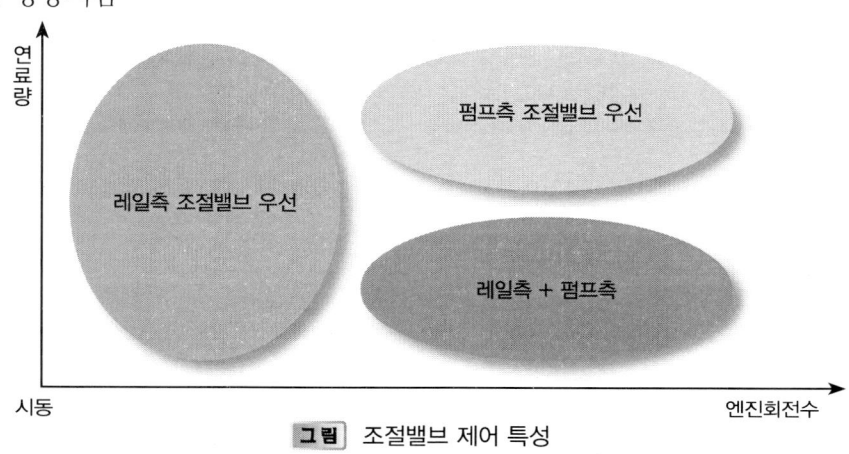

그림 조절밸브 제어 특성

4 출력 특성

출구측의 조절밸브(그림 좌)는 듀티 값이 상승하면 커먼레일의 출구를 막아 레일압력을 높여주는 방식으로 기존의 D-엔진과 같다. 그리고, 입구측 조절밸브는 A-엔진에 장착된 MPROP와 같은 방식으로 저압펌프와 고압펌프 사이에 장착되어 있어 듀티율이 상승하면 연료 라인을 막아 연료 공급을 차단해주기 때문에 압력을 높이고자 할 때에는 듀티율을 낮추는 제어 방식이다.

그림 커먼레일측 조절밸브-출구

그림 고압펌프 조절밸브-입구

5 작동

레일압력 조절밸브는 입구제어 방식이든 출구제어 방식이든지에 상관없이 작동원리가 같다. ECU의 듀티율에 따른 전류값 변화로 연료라인의 통로가 막히거나 열리는 방식인데 이러한 작동에 의해 실제 연료압력이 제어되는 것은 입·출구 방식은 정반대이다. 즉, 듀티율이 높아지면 조절밸브에 높은 전류가 흘러 연료라인을 막는 작동원리는 같으나 입구에서 막으면 유량이 적어지므로 압력이 낮아지고 출구에서 막으면 리턴되는 연료가 적어 커먼레일의 압력은 상승하게 된다. 이러한 두 가지 방식을 동시에 적용해 각각의 장점만을 살려 제어하는 것이 듀얼 압력조절 방식이다.

시동 시에는 빠른 레일압력 형성을 위해 레일측 조절밸브를 닫으며 급 가속 등 급격한 압력상승이 필요할 때에는 펌프의 조절밸브를 열어 많은 유량을 공급해주는 방법으로 엔진의 각 영역에 따라 두개의 밸브를 적절히 제어한다. 하지만 어느 한 개만의 조절밸브를 제어하는 것은 아니며 두개의 조절밸브를 언제나 동시에 제어하고 이 때 우선적으로 제어되는 밸브가 운전조건에 따라 다른 것이다.

다음의 데이터는 IG ON 후 시동 시의 데이터로 IG ON 상태에서는 23.5%로 제어하다가 ST' 신호가 입력된 후에는 압력을 상승시키기 위해 33.3%로 듀티가 상승하는 것을 볼 수 있다. 레일측 조절밸브의 듀티 상승은 출구를 막는 것으로 커먼레일의 압력을 빠르게 상승시켜 시동성을 좋게 하기 위한 것이다.

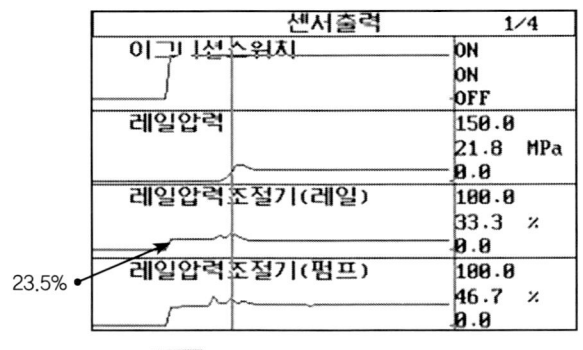

그림 시동 시 조절밸브 작동

6 서비스 데이터와 출력파형

스캔 툴 상의 서비스 데이터를 통해 조절밸브의 작동상태 및 고장유무를 판단할 수 있다.

상 태	분 석	서비스 데이터
공회전 시 데이터	• 레일측 압력조절밸브 듀티 : 20.0% • 펌프측 압력조절밸브 듀티 : 38.8% • 레일 압력 : 270bar (1bar = 100,000Pa)	
공회전 시 출력파형	• 레일측 조절밸브 주파수 : 1,000Hz • 펌프측 조절밸브 주파수 : 200Hz	
Key Off 시 데이터	• 레일측 조절밸브 : 스위치 Off와 동시에 조절밸브 열림(5.9%) • 펌프측 조절밸브 : 스위치 Off 시 듀티 상승, 입구 연료라인 차단	
스톨 테스트	• 레일측 조절밸브 듀티 : 31% • 펌프측 조절밸브 듀티 : 33%	

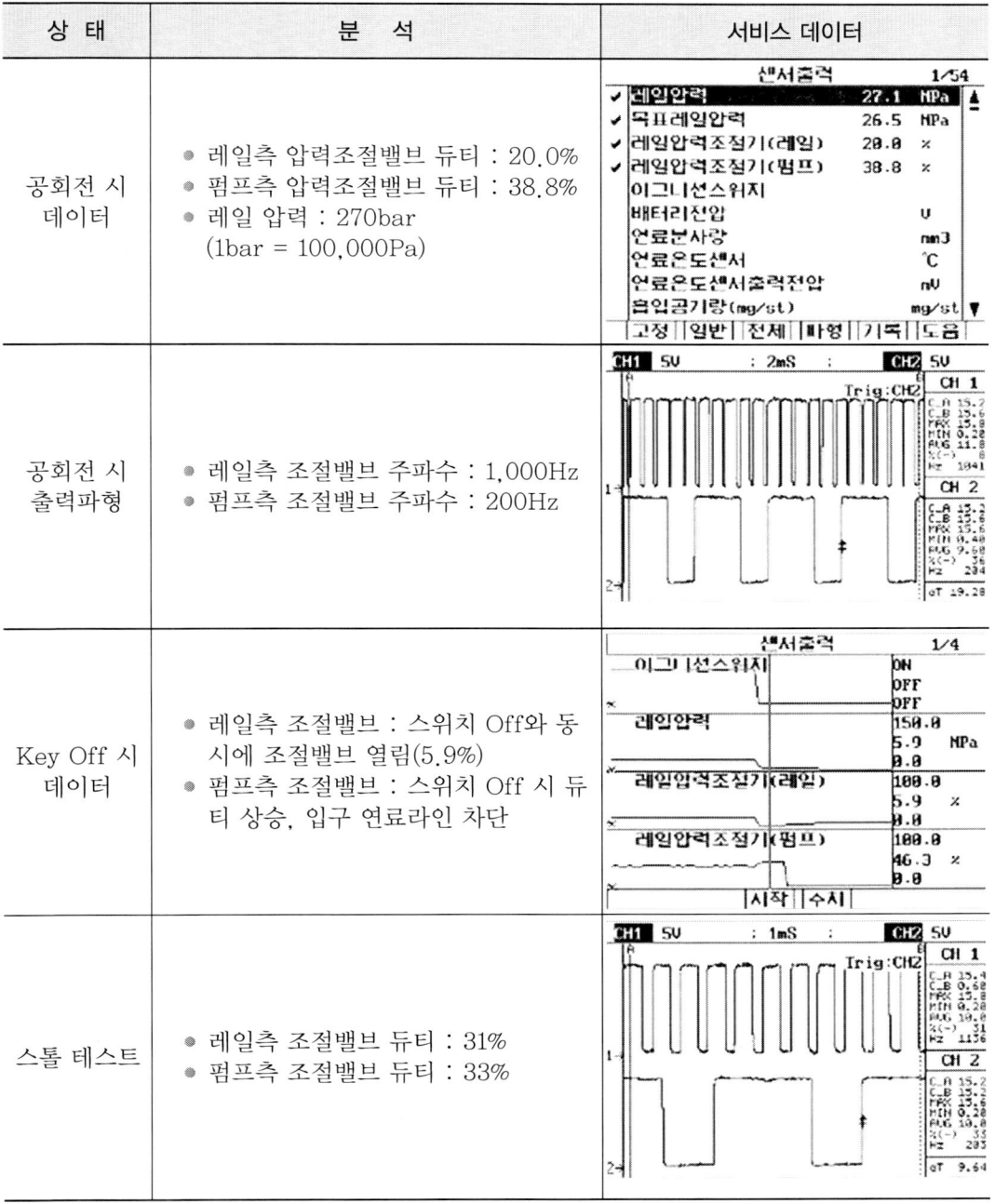

엔진 부하에 따른 VGT 작동

04 λ(람다)-센서

배기 매니폴드에 장착된 λ-센서는 일명 광역 산소센서로도 불리는데 EGR 정밀제어를 위해 배기가스 중의 산소 농도를 검출하여 ECU로 전송하는 일종의 산소센서이다. 또한 엔진 최대 부하 시 농후한 혼합비에 의해 연기가 발생하는데 이 경우 연료량을 적절히 제한하기 위한 기능도 있다.

λ-센서의 제어 원리는 연료량이 적어 λ(공기과잉률) 값이 1.0 이상일 시에는 ECU에서 펌핑 전류를 흘려주어 항상 λ값이 1.0이 되도록 한다. 그리고, 연료량이 많아 λ값이 1.0보다 적을 때에는 산소센서로부터 펌핑 전류를 흘려 받아 λ값을 일정하게 유지하는데 ECU에서는 이러한 전류변화를 이용해 배기가스중의 산소 농도를 분석한다. 센서 내부에는 빠른 활성화를 위해 히터가 장착되어 있다.

그림 λ-센서 장착 위치와 단품 형상

그림 센서출력 or 데이터

1 기능

▶ EGR 정밀 제어를 위해 배기가스 중의 산소 농도를 검출하여 ECU로 피드백
▶ 일정량의 전류를 센서에 흘려보낸 뒤 산소 농도에 따라 감소되는 전류량으로 환산
▶ NOx 배출량 10~20% 추가 저감
▶ 센서 고장 시 EGR 제어 중지, 엔진 최고회전수 제한(3,000RPM)

2 회로도

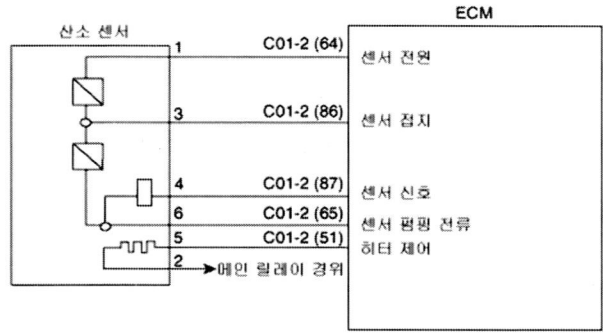

λ 값	0.65	0.70	0.80	0.90	1.01	1.18	1.43	1.70	2.42
펌핑 전류	−2.22	−1.82	−1.11	−0.50	0.00	0.33	0.67	0.94	1.38

λ값에 따른 펌핑 전류

05 다단 분사 시스템

디젤엔진은 연료 분사 시 급격한 연소압력 상승으로 인하여 노킹이나 진동이 발생하게 되는데 이러한 연소압력의 급상승을 막고 NVH를 향상시키기 위해 예비분사를 실시한다. Euro-Ⅳ 엔진에서는 이러한 예배분사를 2회 실시하여 기존의 예비분사보다 더 완만한 연소압력 상승을 유도한다.

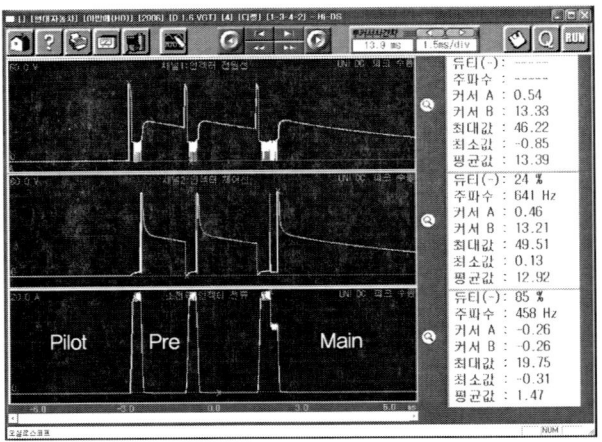

그림 인젝터 분사 파형

연료를 분할하여 분사하는 것은 연소과정에 유리하게 작용하나 1회 분사에 수회 작동시켜야 하는 전자밸브 구동 에너지와 연료소비율의 나빠지는 단점을 보완해야 하며, Main과 Pre, Pilot 분사의 시간 간격이 1.5ms 정도로 너무 근접되어 있어 분사량 제어가 어렵다. Pilot 분사는 Main 분사에 비해 약 BTDC 20°정도에서 BTDC 100°까지의 큰 범위에서 제어된다. 분사시간은 약 0.4ms이며 Pre 인젝션과 비슷한 양으로 분사가 진행된다.

CPF를 적용할 경우에는 아래 그림처럼 사후 분사를 실시하게 되는데 ATDC 40°~ 70°CA 범위에서 분사되는 Post 인젝션은 배기가스온도를 상승시켜 촉매필터의 PM을 태우는 기능을 한다. 또한, Post-1 인젝션은 연소되지 않은 HC가 디젤 산화촉매와 만나 발열작용을 하여 CPF 재생 시 이러한 연소 현상을 이용해 배기가스 온도를 상승시킨다.

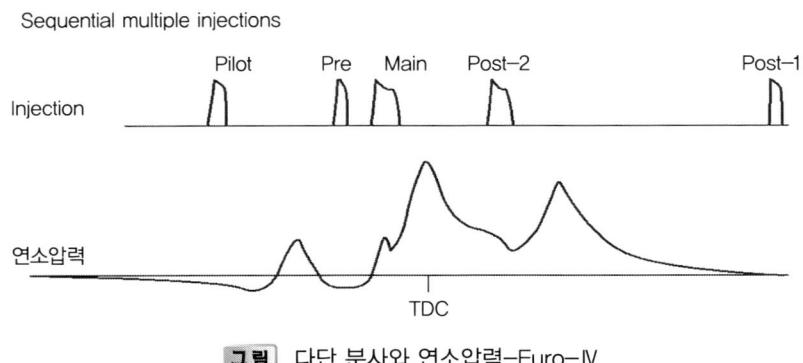

그림 다단 분사와 연소압력-Euro-IV

05 Chapter

CPF(배기가스 후처리장치)

CPF란 디젤엔진의 배기가스 중 PM(Particulate Matters)을 필터를 이용하여 물리적으로 포집하고, 일정거리 주행 후 PM의 발화 온도(550℃)이상으로 배기가스 온도를 상승시켜 연소시키는 장치이다.

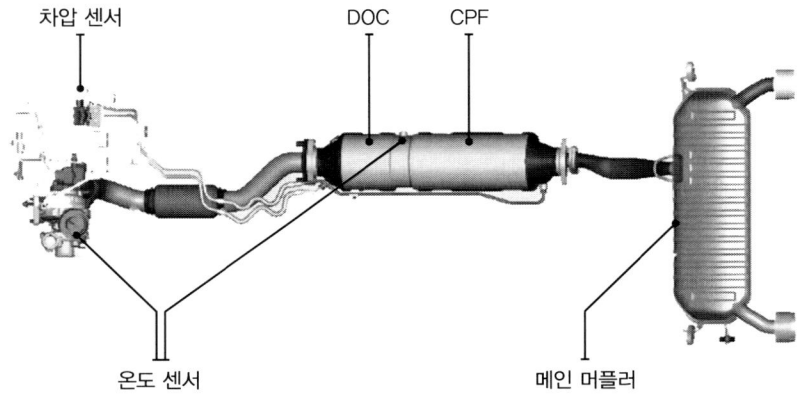

배기가스 후처리장치(CPF - Catalyed Particulate Fiter)

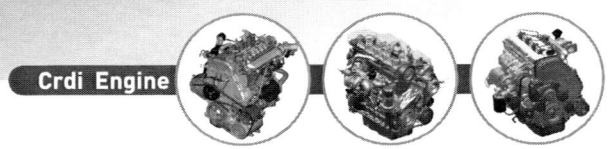

01 배기가스 후처리장치
Section

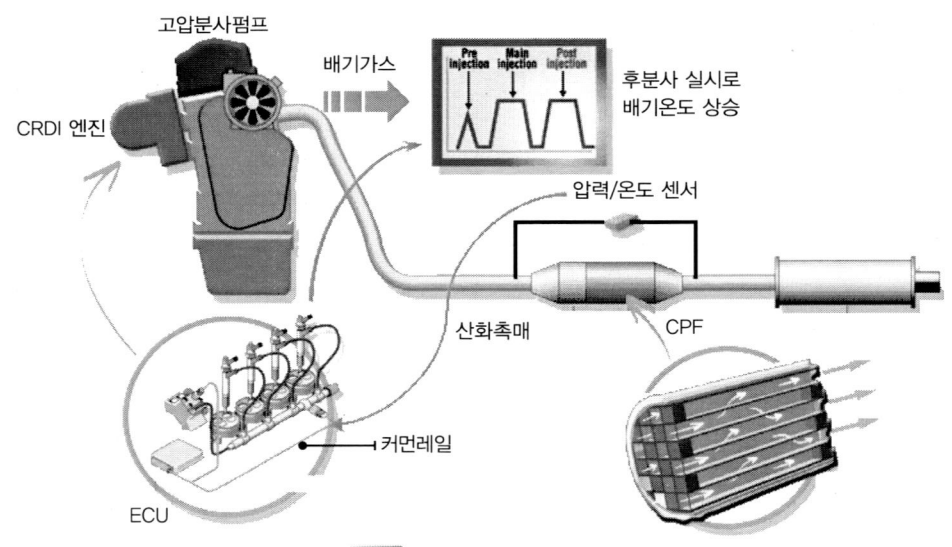

그림 배기가스 후처리장치

　　PM(입자상 물질) 제거를 위한 배기가스 후처리장치[1]는 DPF, CDPF, 또는 CPF로 불리는데 디젤 배기가스 후처리장차라는 같은 의미로 모두 CPF(Catalyzed Particulate Filter)로 통칭한다. CPF는 디젤엔진에서 배출되는 PM을 필터로 포집한 후 이것을 태우고(재생[2]) 다시 포집하기를 반복하는 기술로써 PM을 약 70% 이상 저감할 수 있는 장치이다. CPF는 매연 저감 성능 면에서는 우수하나 PM이 포집됨에 따라 엔진에 배압이 걸

1　배기가스 후처리장치 용어(CPF로 통칭)
　　DPF – Diesel Particulate Filter : 디젤 미립자형 필터
　　CDPF – Catalyzed Diesel Particulate Filter : 디젤 미립자형 촉매필터
　　CPF – Catalyzed Particulate Filter : 미립자형 촉매필터
2　재생 : 필터 내에 쌓여있는 PM을 고온의 배기가스를 이용해 태우는 기능

리며 이것에 의하여 출력과 연료소비율이 떨어지는 단점이 있어 제어기술의 이해가 중요하다.

CPF 기술은 크게 PM 포집(Trapping)기술과 재생(Regeneration)기술로 나누어지며 시스템은 기본적으로 필터, 재생장치, 제어장치의 3부분으로 구성되어 있다. 현재 적용중인 재생법은 스캐너를 이용한 수동재생 방법과 일정 주행거리를 운행한 후 ECU에서 수행하는 마일리지(운행거리)에 따른 재생, 운행 중 연소온도 상승 시 자동적으로 수행되는 CRT(Continuous Regeneration Trap) 촉매재생 등의 방법이 있다.

01 배기가스 후처리장치란?

1 정의

CPF란 디젤엔진의 배기가스 중 PM을 물리적으로 포집하고, 일정거리 주행 후 배기온도를 상승시켜 태워 없애는 필터를 얘기하는데 포괄적인 의미에서 배기가스 후처리장치를 CPF라고 말한다.

2 작동원리

▶ 배기가스중 PM(입자상 물질)의 물리적 포집
▶ 일정거리 주행후 포집된 PM 연소(PM 발화온도 550℃ 이상으로 배기온을 승온)

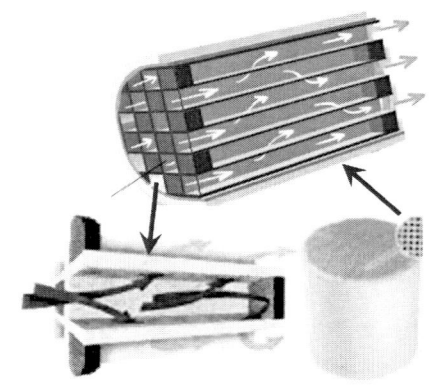

3 개발 배경

▶ Euro-Ⅳ 배기규제 대응 전략
▶ NOx의 발생은 전자식 EGR 밸브와 EGR 쿨러의 적용으로 저감시켰지만 PM의 발생량은 줄지 않기 때문에 산화촉매 및 필터를 이용하여 PM 발생량을 저감시킴

4 구성

▶ CPF(촉매 필터) : 사각기둥의 요소를 조합하여 입자 포집 및 연소(재생)
▶ DOC(산화촉매) : HC/CO 저감, PM 성분은 일부만 저감됨
▶ 차압센서 : CPF의 입·출구 압력을 비교하여 재생 필요 유무 판단
▶ 온도센서 : 재생에 필요한 발열 온도 Feed back

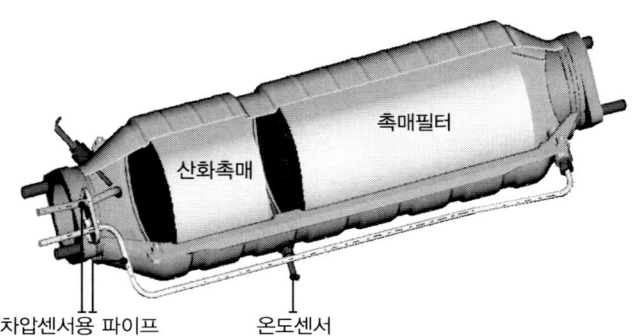

02 배기가스 후처리 과정

1 PM 포집 단계

① 입자 퇴적

운행 중 배출되는 입자상물질(PM)을 필터를 이용해 물리적으로 포집하는 단계로 배기가스 성분 중 탄소입자 또는 재 성분이 필터에 걸러지고 나머지는 통과하여 배출된다.

입자상물질은 배기가스온도 500℃ 이상에서는 그을음(Dry Soot) 상태이며 500℃ 이하에서 발생되는 물질이 PM에 흡착되는데 이것은 미연탄화수소, 산화탄화수소 등으로 구성되어 있어 이러한 요소들을 걸러내기 위해 필터에서 포집하게 된다.

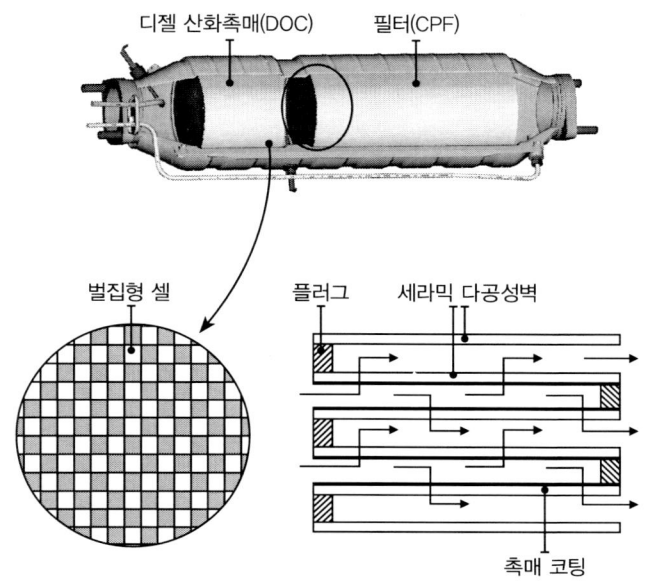

그림 필터 내부구조

② 필터

CPF는 세라믹 필터를 사용하며 내부에는 사각형 모양의 통로가 벌집모양으로 배열되어 있다. 채널 입구와 출구가 교대로 막히며, 채널 입구로 유입된 배출가스는 채널 출구가 막혀 있기 때문에 다공질벽을 통과하여 옆채널 출구로 빠져나가게 되며, 이 때 입자상 물질은 채널에 남아 포집된다.

필터는 포집효율이 높고, 고온에 견디며 공간 활용성이 우수하나, 단점으로는 불균일한 열응력에 의한 파손이 발생할 수 있으며, 배압이 걸려 엔진 성능에 나쁜 영향을 미칠 수 있으며, PM 저감율은 85% 이상으로 매우 우수하다.

Chapter 5 · CPF(배기가스 후처리 장치)

2 재생시기 판단

① CPF 차압을 이용한 PM 양 계측

필터 내 포집된 PM의 양이 많아지면 배압이 걸려 엔진 성능이 나빠진다. 따라서 일정량 이상의 PM이 포집되어 있을 경우 이를 연소시켜야만 하는데 PM이 쌓인 양을 직접 계측하기란 쉬운 일이 아니다. 그래서 사용되는 방법은 차압센서를 이용한 방법으로 필터 전·후방에 센서를 장착하고 발생한 압력차에 의해서 PM의 양을 확인하는 것이다. PM의 양이 많아질수록 입구와 출구의 압력 차가 커지기 때문에 ECU에서는 이에 따른 재생시기를 판단할 수 있다.

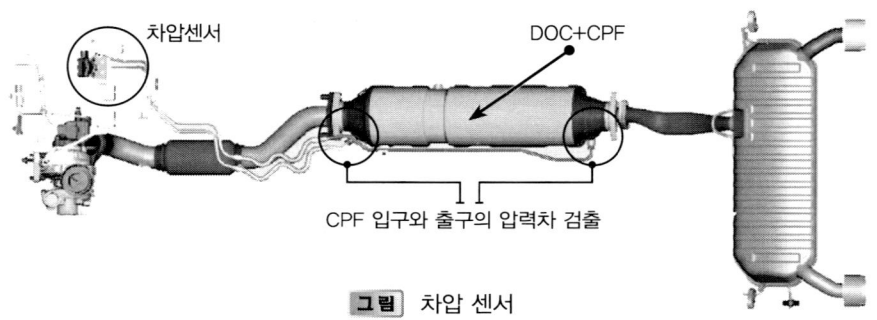

그림 차압 센서

② Mileage(주행거리)에 따른 재생시기

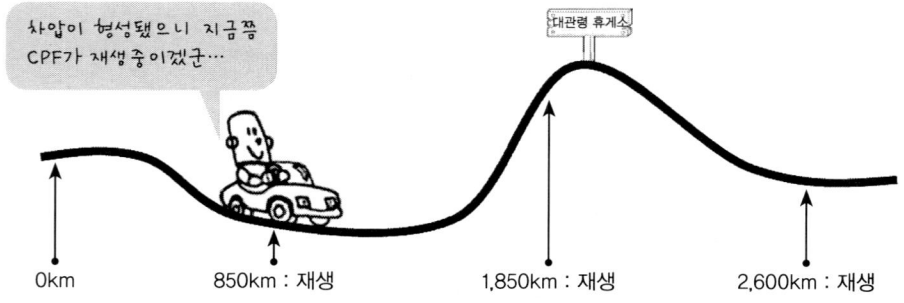

850km 재생 → 차압 기준 / 1,850km 재생 → 마일리지 기준 / 2,600km 재생 → 차압 기준

고속주행을 주로 하는 차량의 경우에는 배기가스 온도가 높기 때문에 PM 포집에 의한 엔진 성능 저하를 걱정하지 않아도 된다. 하지만 단거리나 저속운행을 주로 하는 차

량의 경우 배기가스 온도가 충분히 상승되지 않기 때문에 일정거리를 주행한 후에도 PM이 필터 내에 쌓여있어 엔진에 악영향을 미칠 수 있다. 따라서 운전조건에 상관없이 일정한 주행거리를 초과하면 재생을 하도록 하는 방법이 필요하다. 차압센서의 신호에 따라서 재생시기를 판단하고 재생을 결정하지만 만약 1,000km를 주행해도 차압이 형성되지 않으면 주행거리 기준에 따른 재생이 이루어지게 된다. 이는 차압 기준을 보완하기 위한 기능으로 아래 그림에서처럼 재생 후에는 다시 1,000km를 산정하게 된다.

③ 시뮬레이션을 통한 PM 포집량 예측

엔진이 저회전 영역에서는 PM의 발생량이 많지만 고속회전으로 장시간 운행할 경우에는 발생량이 적다. 또한 연료량, 배기가스 온도 등에 따라서도 PM의 발생량은 각각 다르다. 이렇게 여러 가지 엔진의 조건에 따라서 발생되는 PM의 양을 예측할 수 있는데 이것이 시뮬레이션[3]의 방법이다.

예를 들어 엔진회전수가 800RPM이며 공회전 상태로 한시간 가량 세워 놓은 차량에서 발생되는 PM의 양이 10g이었다고 하자. 같은 차량으로 고속도로를 정속주행 상태에서 한 시간 가량 운행했을 때에는 배기가스의 온도가 높기 때문에 태워지는 PM의 양이 많게 된다. 가령, 10g을 연소하는데 걸리는 시간이 30분이라면 필터에 남아있는 PM의 양은 0g이 된다.

이러한 방법을 이용해 엔진의 각 영역별로 발생된 PM의 양과 태워지는 PM의 양을 시뮬레이션 한 다음에 ECU에 그 데이터를 입력해 두면 ECU에서는 남아있는 PM이 얼마가 될 것이지를 계산할 수 있다. 이것이 바로 시뮬레이션의 개념인데 이 방법은 차압센서를 이용한 재생시기 판단을 보완하기 위해 사용된다.

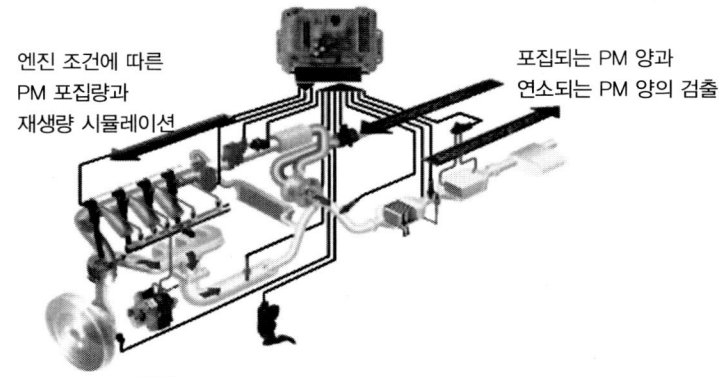

그림 시뮬레이션에 의한 재생시기 판단

---

3 Simulation : 복잡한 문제를 해석하기 위하여 모델에 의한 실험을 하고 실제와 비슷한 상태를 수식 등으로 만들어 모의적(模擬的)으로 연산(演算)을 되풀이하여 그 특성을 파악하는 일.

Chapter 5 • CPF(배기가스 후처리 장치)

PM의 재생시기를 정확히 판단하는 것은 CPF 장치의 내구에도 중요한 부분을 차지하지만 엔진의 성능에도 직접적인 영향을 미치기 때문에 위에서 언급한 세가지 방법 중 어느 하나라도 재생 조건을 만족하면 ECU는 재생 모드로 진입한다. 그 가운데 가장 기준이 되는 것은 차압을 이용한 방법이다. 주행거리 기준은 안전을 위한 조건으로 최소 1,000km 운행 후 ECU에서 재생모드로 진입하도록 되어 있으며 시뮬레이션을 통한 예측방법도 재생의 기준이 되는 차압모델을 보완하기 위한 것이다.

그림 재생 시기의 세 가지 기준

3 재생(Regeneration)

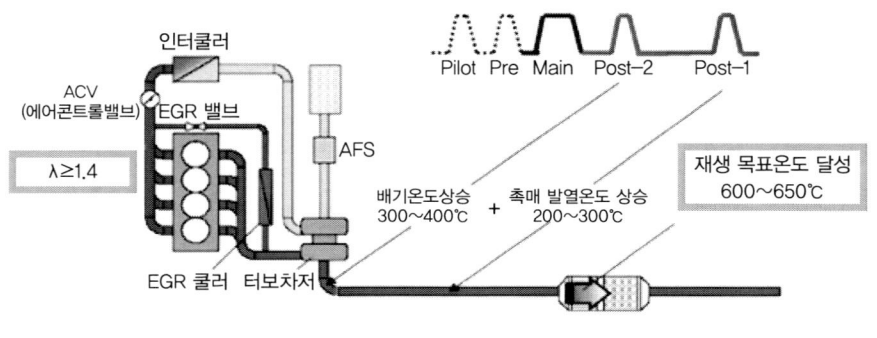

그림 재생 온도 달성 방법

포집된 PM은 가능하면 빠른 시간 내에 태워서 필터가 다시 PM을 포집할 수 있도록 하는 재생과정을 가지며 이 때 재생에 의해 필터가 과열되어 파손되지 않도록 하는 제어 기술이 중요하다. 재생과정은 촉매 활성화온도(Light-off[4]), 공급되는 산소농도, 산소유량,

---

4 Light-off : 촉매의 변환율이 50%가 될 때의 온도, 촉매 반응개시 온도를 나타냄. 일반적으로 Light-off 온도는 250~300℃ 이고 촉매는 약 550℃ 이상으로 가열되어야 정상적으로 반응한다.

PM의 포집량에 따라 적절하게 조절되어야 한다.

재생 방법은 PM을 그을음 점화 온도인 550℃ ~ 600℃까지 가열하여 태우는 것인데 이를 위해 엔진 관련 인자들을 제어하여 재생온도에 도달하도록 한다.

① Post-Injection을 통한 배기가스 온도 상승

CRDI 엔진의 분사장치는 진동, 소음 저감을 목적으로 예비분사(Pilot-Injection)를 실시하고 있다. 보통 인젝터에서 분사가 실시되는 시간이 주분사는 0.6 ~ 1ms 가량, 예비분사는 0.3~0.5ms 가량(공회전기준)인데 이러한 짧은 시간의 분사를 제어할 수 있는 것은 CRDI 엔진의 큰 특징 가운데 하나라고 할 수 있다. CPF가 적용되면서 기존에 실시하던 예비분사에서 사후분사로 분사영역을 확대해 배기온도를 상승시킬 수 있게 되었다. 포집된 PM의 양이 많아 재생모드에 진입하게 되면 배기온도를 상승시키기 위하여 후분사(그림의 Post-2)를 실시한다.

▶ Post-2(Attached Post Injection)

주분사에 가까운 Post-2 인젝션은 ATDC 10 ~ 50°에서 실시하게 되는데 이 때 배기가스 온도는 약300 ~ 400℃ 가량 상승하게 된다. Post-2 후분사를 실시할 때 분사시기와 분사량은 연료압력, EGR, 부스트압력, 공기량에 따라 달라진다. 하지만, PM의 재생에 필요한 목표온도는 600℃ 이상이므로 Post-2 후분사에 의해 상승된 배기온도 만으로는 필터에 포집된 PM을 연소시키기에 부족하다.

▶ Post-1(2nd Post Injection)

ATDC 70° 이상 구간에서 실시하는 두번째 후분사는 촉매(DOC)의 발열온도를 상승시킬 목적으로 실시한다. 엔진의 연소에 참여하지 않고 피스톤 하강 시 분사하는 Post-1은 연소되지 않은 상태의 HC를 그대로 배출하는데 이는 촉매(DOC)와 만나면서 산화발열반응으로 약 200 ~ 300℃ 가량의 온도상승을 가져온다. 이렇게 두 번의 후분사에 의해 목표온도인 600 ~ 650℃를 달성하는 것이 바로 재생 기술이다.

② 재생 조건

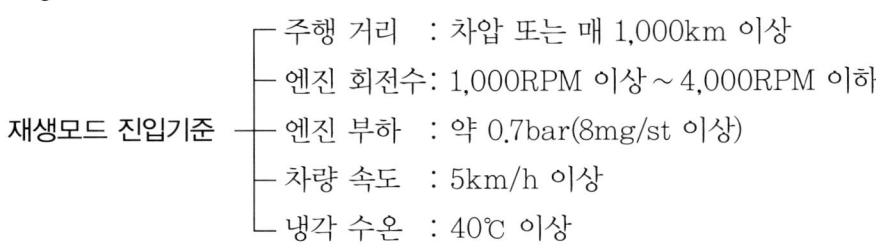

PM의 포집량이 많아 재생모드에 진입하게 될 때 ECU에서는 다음 조건이 만족해야만 재생을 시작한다.

재생 시 배기가스 온도 상승을 목적으로 후분사를 실시하고 흡입공기량과 과급 압력을 조절해 λ(공기과잉률) 값을 1.4 이상으로 가져가기 때문에 토크의 변화가 올 수 있는데 이러한 요소들은 ECU에서 적절하게 제어하여 운전자가 재생모드에 진입했음을 느끼지 못하도록 해 준다. 토크의 변화가 올 경우 충격이 발생할 수 있으며 연료 분사 패턴의 변경은 연소음을 발생시킬 수 있기 때문이다.

그러나, 이러한 재생 조건은 재생의 시작에 필요한 기준이며 재생을 시작한 후에는 다른 기준으로 재생을 유지한다. 또한 한번 재생을 시작하면 10분~15분 가량 계속되는데 운행중인 차량에서는 RPM 또는 차속의 변화와 상관없이 배기온도를 600℃ 이상으로 유지할 수 있도록 ECU에서 관련인자들을 제어한다.

만약 재생 도중 시동을 정지하게 될 경우에도 ECU에서는 잔여 시간을 기억해 두었다가 다음 운행 시 재실행 한다.

재생중 발생 가능한 현상
- 운전성 : 토크 변동에 의한 Shock(배압/제어)
- 연소음 : 연료 분사패턴 변경으로 발생 가능

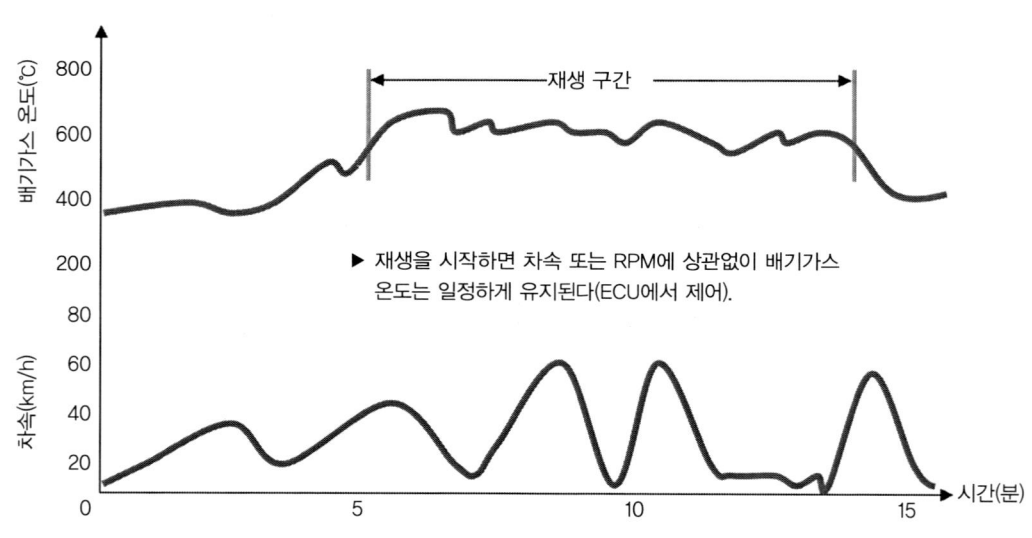

그림 차속에 따른 재생 온도

③ 재생 과정

CPF의 재생 과정은 PM 포집 → 배압증가 → 후분사 → 입자 재생 → 재 잔류의 단계로 이루어진다.

재생 과정	재생 과정 모습
● **입자 퇴적** : 배기가스 중 PM 성분이 산화촉매를 거쳐 필터에 포집	
● **배압증가 및 후분사** : 포집량이 많아지면 차압센서의 신호에 의해 재생모드 진입, 후분사 실시	
● **입자 재생** : 후분사된 HC의 발열작용으로 배기온도 상승, 고온의 배기가스에 의해 PM 연소	
● **재 잔류** : 타지 않은 연료/오일 찌꺼기 등으로 필터 내부에 재(ash) 축적	

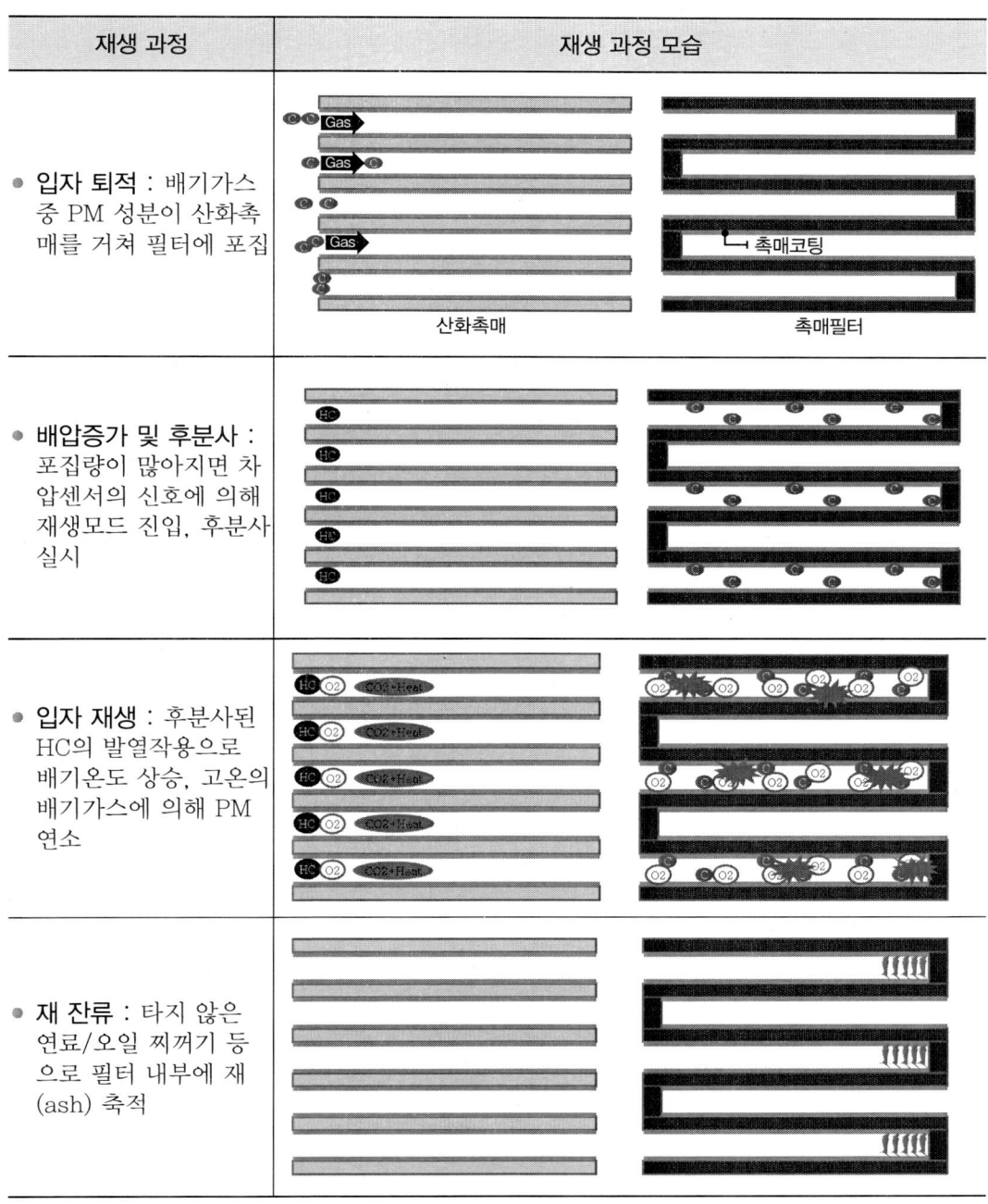

재생 과정

Chapter 5 • CPF(배기가스 후처리 장치)

03 구성 부품

1 차압 센서

차압센서는 CPF 재생 시기 판단을 위한 PM 포집량을 예측하기 위해 필터 전·후방 압력차를 검출한다. 필터 전·후방에 각각 한 개씩의 센서가 장착되는 것이 아니고 한 개의 센서를 이용해 두개의 파이프에서 발생하는 압력차를 검출해 ECU로 전송하는 방식을 사용한다. 입출구의 차압이 20~30kPa(200~300mbar) 이상 발생할 경우 재생모드에 진입한다.

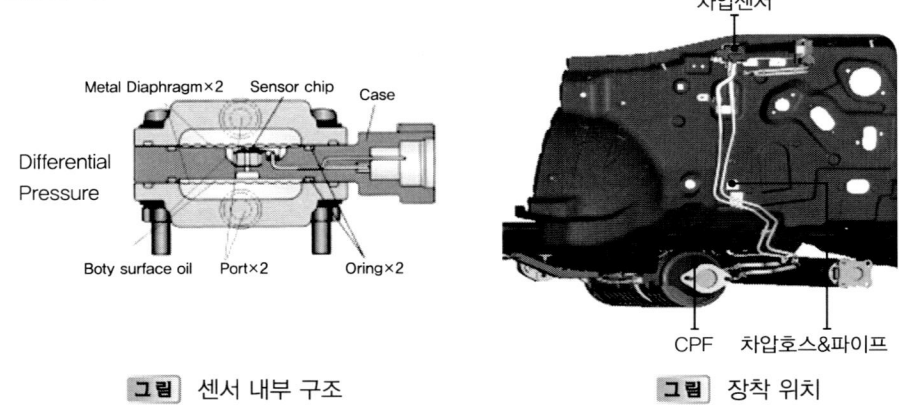

[그림] 센서 내부 구조   [그림] 장착 위치

▶ 출력 특성 : CPF 입구와 출구의 압력차에 따라 1V~4.5V 출력
▶ A/S 오조립 대책 : 입구측 라인에 흰색 원형 페인트 마킹이 되어 있슴

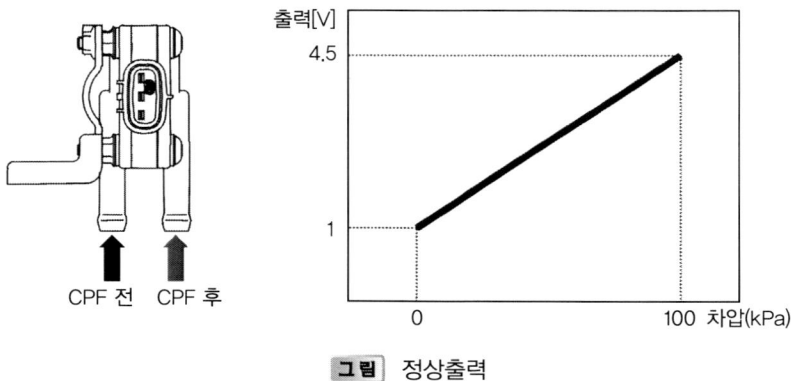

[그림] 정상출력

Section 1 • 배기가스 후처리장치

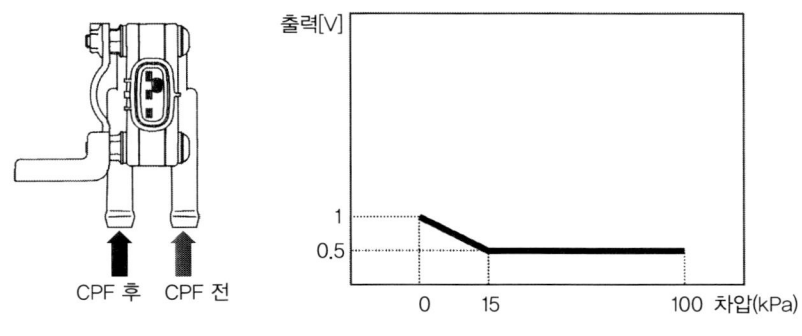

그림 이상출력 (호스 전·후 역전 오조립)

2 배기가스 온도 센서

배기가스 온도센서는 배기 매니폴드와 CPF에 각각 한 개씩 장착되어 있다. CPF 재생 시 촉매필터에 장착된 배기온도 센서를 이용해 재생에 필요한 온도를 모니터링 한다. 또한 재생에 의한 과도한 온도상승은 필터의 손상을 가져올 수 있기 때문에 재생 목표온도를 유지할 수 있도록 피드백 해주는 기능도 있다. 배기 매니폴드에 장착된 온도센서는 VGT를 보호하기 위한 것으로 VGT 내부 온도가 850℃ 이상 올라가게 되면 내구에 문제가 되기 때문에 이를 제한하기 위해 장착된다.

CPF는 엔진과 배기시스템, 촉매 등의 온도를 상승시켜 PM을 태우는 장치이므로 온도 상승에 따른 관련부품의 손상을 방지하고 정확한 온도를 검출하기 위해 두개의 온도 센서가 장착되는 것이다.

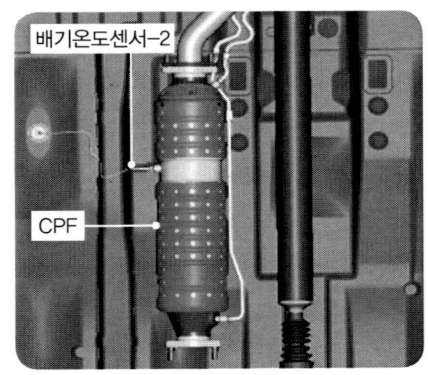

그림 배기온도센서-2

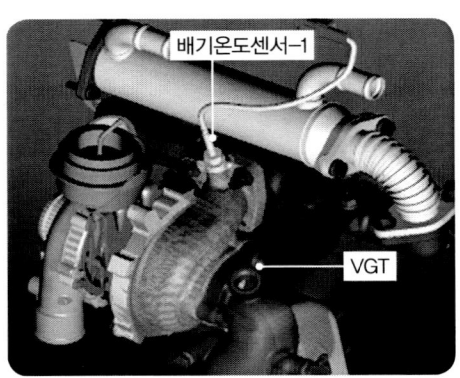

그림 배기온도센서-1

Chapter 5 • CPF(배기가스 후처리 장치)

▶ **장착위치**
- 센서 1 : 배기 매니폴드
- 센서 2 : 산화촉매와 CPF(필터) 사이

▶ **출력특성**
- 센서 1 : 배기온도 상승 시 전압 감소
- 센서 2 : 배기온도 상승 시 전압 감소

3 디젤 산화촉매(DOC-Diesel Oxidation Catalyst)

산화촉매는 백금(Pt), 파라디움(Pd) 등의 촉매효과로 배기중의 산소를 이용하여 CO, HC를 산화시켜 제거하는 기능을 한다. 그러나 디젤엔진에서는 CO, HC의 배출은 그다지 문제가 되지 않고, 다만 산화촉매에 의해 PM의 구성성분인 HC를 감소하면 PM을 10~20% 절감할 수 있다.

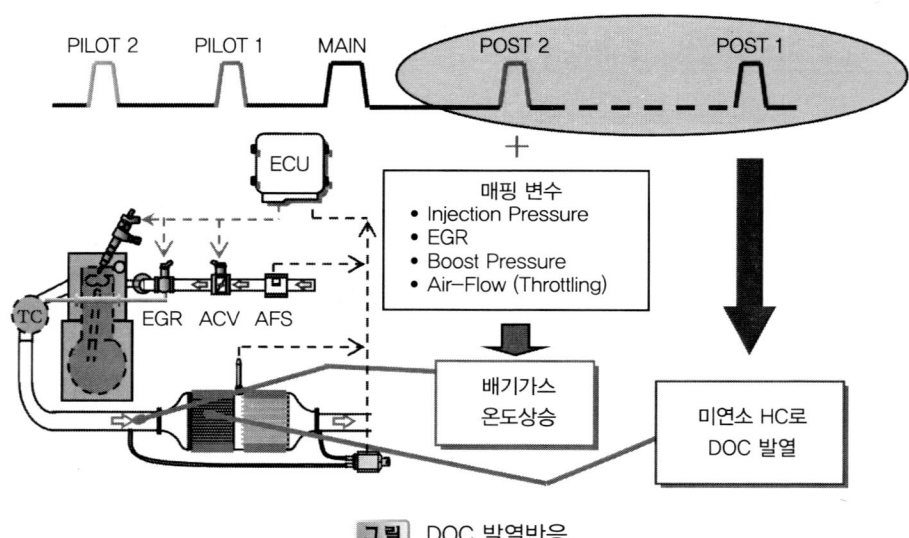

그림 DOC 발열반응

> **정비 시 주의할 점**
> ATDC 70도 부근에서 마지막 분사인 POST1을 분사하기 때문에 연소하지 않은 연료가 피스톤 링을 통해 미세하나마 엔진 오일과 희석될 수 있으므로 엔진오일 교환주기를 더욱 신경써야 한다.

Section 1 • 배기가스 후처리장치

　CPF 후처리장치에서 DOC의 기능은 중요하다. 재생모드에서 후분사를 실시하면 배기가스의 온도가 상승하게 되고 이 상승된 온도가 목표온도인 600℃ 이상일 경우 포집된 PM이 연소되는데 Post-2 후 분사 만으로는 목표온도에 도달할 수가 없다. 그래서 ATDC 70°이상 구간에서 실시하는 두번째 후분사가 촉매의 발열온도를 상승시키는 것이다.

4 필터(CPF)

▶ 촉매 필터 : PM 입자 포집 및 연소(재생)
▶ 온도 센서 : 재생에 필요한 배기가스 온도 검출
▶ 차압 센서 : 재생시기 판단(압력손실 감지)

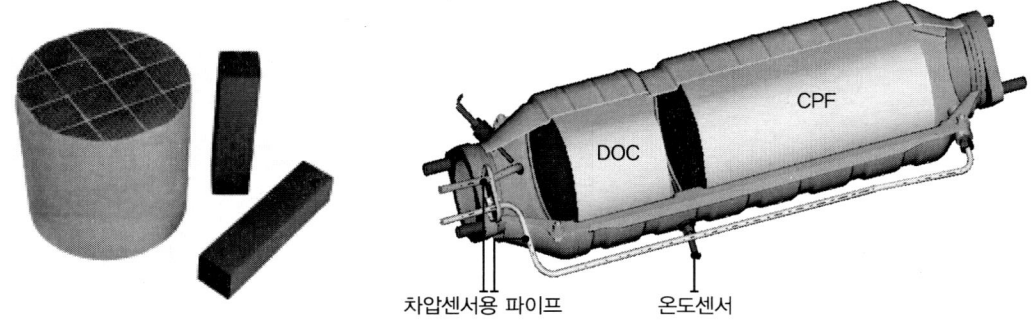

Chapter 5 • CPF(배기가스 후처리 장치)

MEMO

CRDI 엔진의 고장진단

CRDI 엔진에서 가장 많은 고장을 차지하는 것은 연료장치의 문제일 것이다. 지금까지 발생된 사례 가운데 대부분이 연료장치의 불량으로서 이 중에 인젝터, 연료압력 조절밸브, 고·저압펌프, 연료필터의 불량률이 가장 높은 것으로 집계되었다.

고장진단을 위한 방법으로는 기본적으로 스캐너를 이용한 자기진단, 센서출력 항목 분석, 압축압력 및 보정량 비교 테스트와 같은 진단기기를 이용한 분석방법이 있지만 연료장치를 진단하기 위해서는 압력게이지와 백-리크 테스트할 수 있는 장비의 사용이 필수적이다.

이에 본 장에서는 현장에서 다수 발생하는 사례를 중심으로 고장진단 절차를 이용하여 CRDI 엔진의 진단 전문가가 되기 위한 방법을 제시할 것이며, 아울러 교육을 위한 실습서가 될 것이다.

▶ CRDI 엔진의 고장 유형
1. 시동불량 현상
2. 엔진 부조 현상
3. 출력 부족 현상

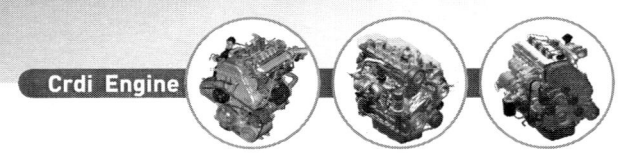

Section 01 시동불량 현상 진단

01 진단 절차

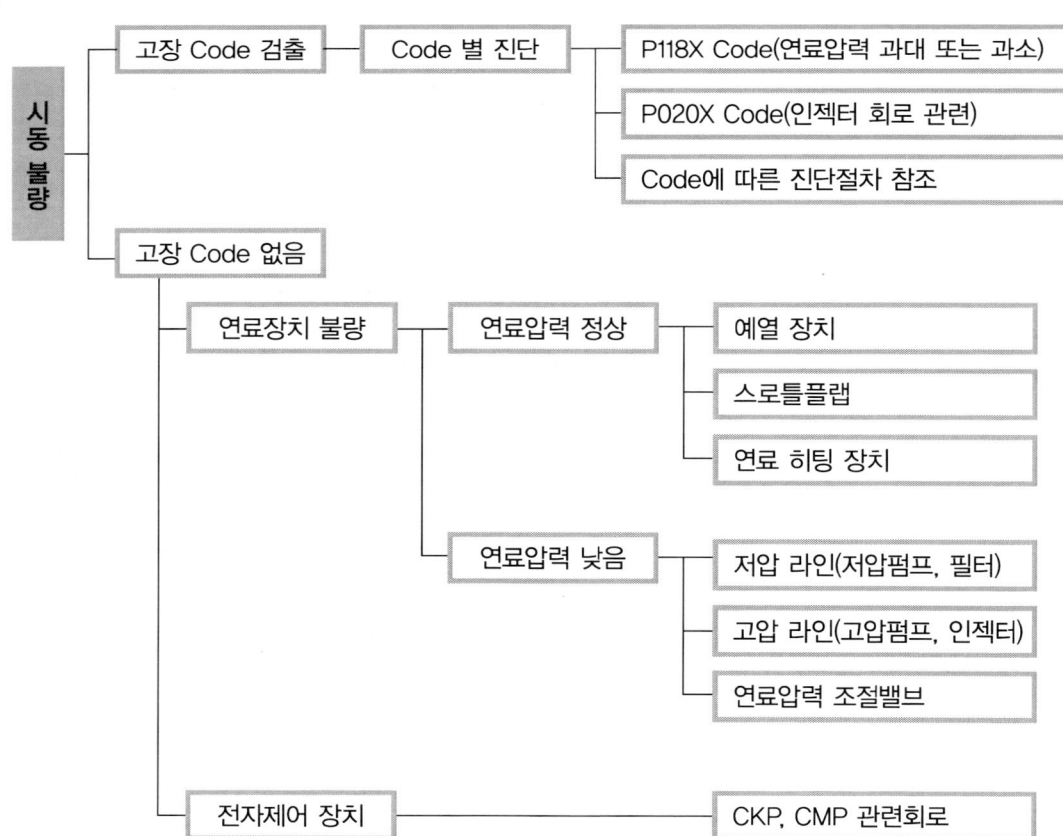

Section 1 • 시동불량 현상 진단

02 항목 별 점검방법 실습

시동 관련 현상에 대한 진단 항목들을 차례차례 진단한다.

1 예열 장치 점검

▶ 냉각수온센서의 커넥터를 탈거한다.
▶ IG ON 상태에서 예열플러그에 전원이 공급되는지를 확인한다(WTS 탈거 상태에서 20초간 예열 실시되면 정상).
▶ 예열 플러그를 탈거하여 단품의 저항을 점검한다(플러그의 표면에 이물질 제거 중요).
  • **규정값** : 0.2Ω ± 10%(20Ω 기준)
  • **측정값**(기록)

	1번	2번	3번	4번	5번	6번
저 항						

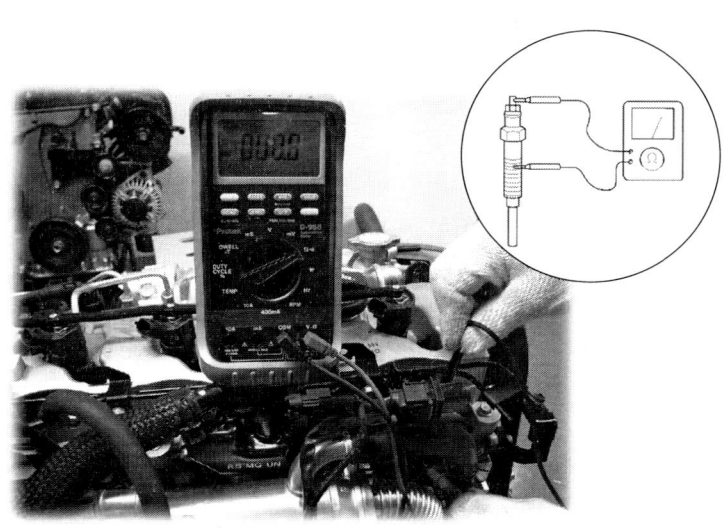

133

2 스로틀플랩 점검

▶ 시동이 걸린 상태에서 스로틀플랩이 열려 있는지 확인한다.
▶ 시동 OFF 시 스로틀플랩이 닫혔다가 곧바로 다시 열리는지를 확인한다.
▶ 스로틀플랩 솔레노이드 밸브가 막혔는지 확인한다(오리피스 청소 실시).
  • 실습 차량에서 스로틀플랩, EGR, VGT 솔레노이드 밸브의 진공라인을 완성하시오(진공식만 해당).

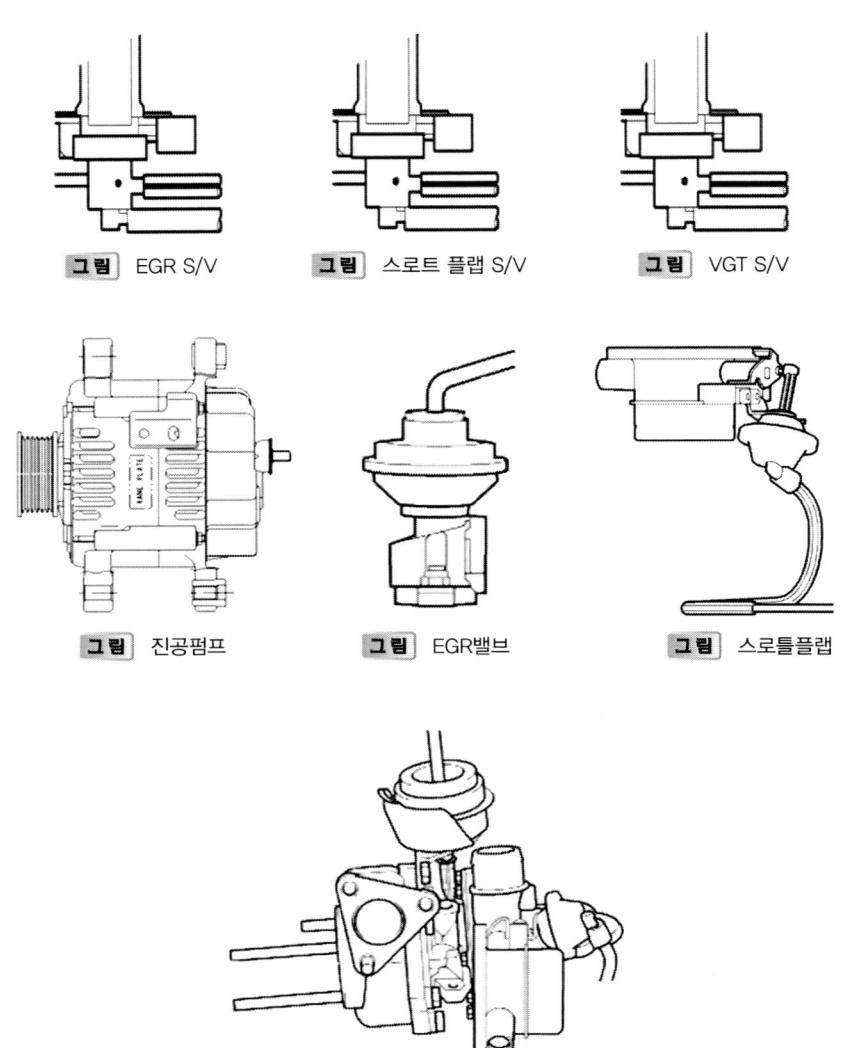

그림 EGR S/V   그림 스로트 플랩 S/V   그림 VGT S/V

그림 진공펌프   그림 EGR밸브   그림 스로틀플랩

그림 VGT 액추에이터

Section 1 • 시동불량 현상 진단

그림 EGR S/V와 스로틀플랩 S/V

그림 스로틀플랩

3 연료 히팅 장치 점검

▶ IG Key를 Off시킨 후 히터의 1, 2번 단자간 저항을 점검한다(단자의 이물질 제거).
　• 규정값 : 0.5Ω ± 10%(20℃ 기준)
▶ 연료온도 스위치의 커넥터를 탈거한 후 배선을 직접 연결한다.
▶ 연료필터 히터에 전원이 공급되는지를 확인한다(12V 전원 공급).
　• 측정값(기록)

저 항	전원 공급 여부

4 저압 펌프 점검-1(전기식 저압펌프)

▶ IG ON 상태에서 저압펌프의 작동음을 확인한다(IG ON 시 약 3초간 작동).
▶ 연료필터 입구에 압력게이지를 연결한 후 저압펌프의 토출압력을 점검한다.
- 정상 압력
  Euro-Ⅲ : 1.7~3bar 가량
  Euro-Ⅳ : 3~5bar 가량
- 측정값(기록)

저압펌프 작동 여부	작동( ), 비작동( )	
토출 압력	IG ON 시 : bar(kg/cm²)	시동 시 : bar(kg/cm²)
양부 판정	양호( ), 불량( )	

압력측정부위

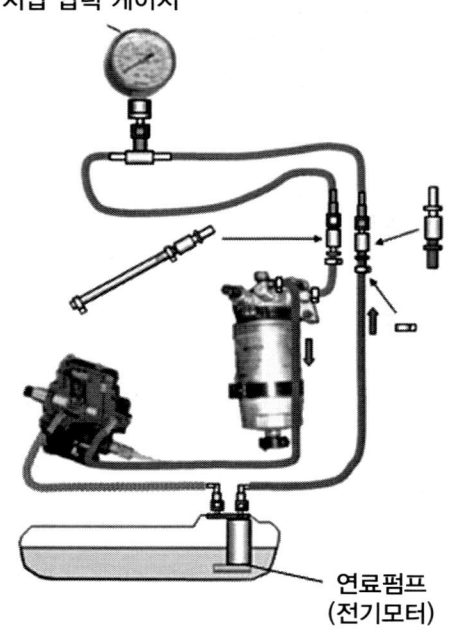

저압 압력 게이지

연료펌프
(전기모터)

Section 1 • 시동불량 현상 진단

5 저압 펌프 점검-2(기계식 저압펌프)

▶ 연료필터 입구에 진공게이지를 설치한다.
▶ 크랭킹을 하거나 시동을 걸어 진공게이지의 압력을 확인한다.
- **정상 압력** : 10~20cmHg 가량
- **측정값**(기록)

측정 압력(진공)	cmHg
양부 판정	양호( ), 불량( )

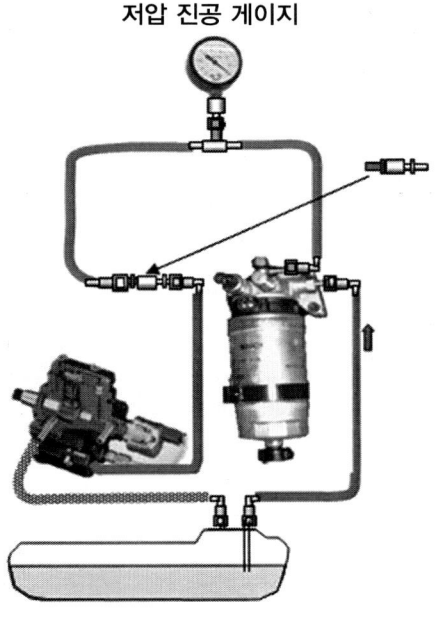

저압 진공 게이지

6 연료 필터 점검

▶ 연료 필터 내부의 막힘 정도를 확인하기 위해 필터 입·출구의 압력을 비교한다.
  • 측정값(기록)

저압펌프 종류	전기식( ), 기계식( )
필터 입구 압력	bar/cmHg
필터 출구 압력	bar/cmHg
입·출구 압력차이	bar/cmHg

※ 연료필터 입·출구의 압력차이를 이용해 필터의 막힘 정도를 확인할 수 있는데 CRDI 엔진의 연료필터는 입·출구의 압력차가 전기식은 약 0.8bar 이상, 기계식은 약 10cmHg 이상이면 막힘을 의심해야 한다(중요).

7 고압펌프 점검

▶ 고압펌프의 압력점검은 CRDI 엔진의 시동성과 성능에 영향을 미치는 중요한 항목이므로 정확한 절차에 의한 진단을 실시하도록 한다.
▶ 정상 압력: 5초간 크랭킹 시 1,000bar 이상이면 정상
  • 측정값(기록)

엔진 종류	
크랭킹 시간	초
측정 압력	bar
정상 압력	bar
양부 판정	양호( ), 불량( )

▶ **방법1**

① 고압펌프에서 커먼레일로 연결되는 파이프를 푼다.
② 레일압력센서를 탈거한다.
③ 레일압력센서를 그림과 같이 고압파이프에 직접 연결한다.
④ 진단장비를 연결한다.
⑤ 5초간 크랭킹을 하면서 레일압력센서의 출력값을 확인한다.

Section 1 • 시동불량 현상 진단

▶ 방법2

① 레일압력센서에 고압게이지를 연결한다.
② 인젝터 커넥터를 탈거한다.
③ 압력조절밸브 커넥터를 탈거한 후 배터리 +, − 전원을 인가한다(조절밸브에 전원을 공급하면 리턴라인이 차단되는데, 장시간 전원을 공급할 경우 조절밸브가 과열되므로 이 작업은 2분을 초과하지 않도록 한다).
④ 5초간 크랭킹을 하면서 고압게이지의 압력을 확인한다.

8 연료압력 조절밸브 점검(출구제어 방식의 조절밸브만 해당)

▶ 연료압력 조절밸브의 기밀유지 상태를 점검한다.

• 측정값(기록)

엔진 종류	
누설 연료량	cc
양부 판정	양호( ), 불량( )

※ Euro-Ⅳ 연료장치의 경우 펌프측 조절밸브 커넥터를 탈거한 상태에서 레일측 조절밸브의 기밀유지 상태를 점검한다.

① 인젝터 커넥터를 탈거한다.
② 고압게이지를 연결한다.
③ 조절밸브 상단에 위치한 고압펌프 리턴호스(ⓐ)를 탈거한 후 연료를 받을 수 있도록 한다(고압펌프 리턴 연료).
④ 조절밸브 하단에 위치한 리턴호스(ⓑ)를 탈거한다.
⑤ 압력조절밸브 커넥터를 탈거한 후 배터리 +, − 전원을 인가한다(조절밸브에 전원을 공급하면 리턴라인이 차단되는데, 장시간 전원을 공급할 경우 조절밸브가 과열되므로 이 작업은 2분을 초과하지 않도록 한다).
⑥ 5초간 크랭킹을 하면서 조절밸브 하단부에 연료가 새어나오는 양을 확인한다(이 때 고압게이지의 압력은 1,000bar를 넘어야 한다).
☞ 만약 1,000bar가 안될 경우에는 조절밸브의 불량 또는 인젝터의 리크량이 과다할 수 있다.

9 인젝터 Back leak 테스트-1(동적 테스트)

▶ 인젝터 Back leak 테스트를 실시한다(시동 가능 상태에서 실시).

• 측정값(기록)

	1차	2차	3차
1번 인젝터 leak량	cc	cc	cc
2번 인젝터 leak량	cc	cc	cc
3번 인젝터 leak량	cc	cc	cc
4번 인젝터 leak량	cc	cc	cc

• 불량 판정 기준 : 가장 많은 양과 가장 적은 양의 차이가 3배 이상일 경우 해당 인젝터를 정밀 점검한다.

▶ 방법

① 인젝터의 리턴호스를 탈거한다.
② 리턴호스에서 연료가 새어나오지 않도록 출구를 막는다.
③ 인젝터 상단에 호스와 플라스크(빈 병)를 연결한다.
④ 시동을 건다.
⑤ 공회전 상태를 1분간 유지한 후 3,000RPM 상태를 30초간 유지한다.
⑥ 플라스크에 받아진 연료량을 확인한다.

10 인젝터 Back leak 테스트-2(정적 테스트)

▶ 인젝터의 Back leak 과다 시 시동불량, 시동지연 등의 현상이 나타날 수 있다.
▶ 인젝터 Back leak 테스트를 실시한다(시동 불가 상태에서 3회 실시).

- **측정값**(5초간 크랭킹 실시 후 기록)

	1차	2차	3차
고압펌프 압력	bar	bar	bar
1번 인젝터 leak량	cm	cm	cm
2번 인젝터 leak량	cm	cm	cm
3번 인젝터 leak량	cm	cm	cm
4번 인젝터 leak량	cm	cm	cm

① 인젝터의 리턴라인을 탈거한 후 플라스크를 연결한다.
② 레일압력센서 커넥터를 탈거한 후 센서측에 고압게이지를 연결한다.
③ 인젝터 커넥터를 탈거한다.
④ 압력조절밸브 커넥터를 탈거한 후 배터리(+,-) 전원을 인가한다.
⑤ 5초간 크랭킹을 하면서 리턴호스를 통해 올라오는 연료의 길이를 측정한다.(플라스크에 받아지는 양이 아닌 호스를 타고 올라오는 길이만 확인)

- **불량 판정 기준**

결과	분석
압력이 1,000bar 이상이면서 리크량 20cm 미만	고압펌프, 인젝터 정상
압력이 1,000bar 미만이면서 리크량 20cm 초과	해당 인젝터 불량
압력이 1,000bar 미만이면서 리크량 없음	연료라인, 고압펌프 등 점검

Chapter 6 • CRDI 엔진의 고장진단

11 CKP, CMP센서의 파형 점검

▶ CKP센서와 CMP센서는 시동성에 직접적인 영향을 미치는 중요한 요소임과 동시에 CRDI 분사보정을 하기 위한 기본 데이터로 활용되기 때문에 정확한 파형 점검을 할 수 있어야 한다.

▶ 장비를 이용해 두 개의 파형을 동시에 측정하여 기록한다. 이 때 CKP센서의 참조점과 CMP센서가 만나는 지점에서 파형이 일치하는 위치를 정확하게 기록한다.

- 측정 파형(기록)

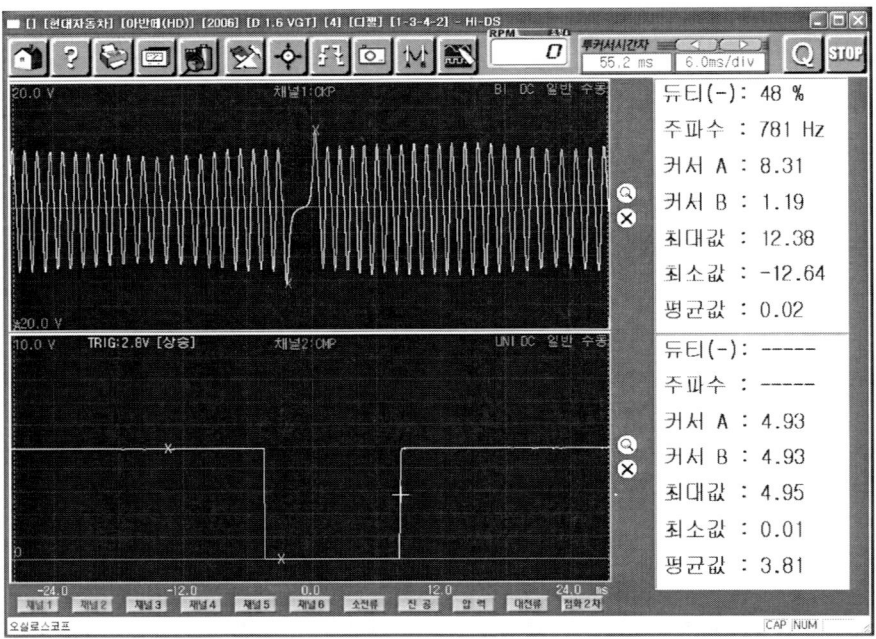

엔진 부조 현상 02
Section

01 진단 절차

- 엔진 부조
  - 고장 Code 검출
    - Code 별 진단
      - P020X Code (인젝터 회로 관련)
      - Code에 따른 진단절차 참조
  - 냉간 초기 부조
    - 예열 장치
    - 인젝터
    - 정상적인 부조(PTC 히터 작동)
    - 불량 연료
  - 지속적 부조
    - 인젝터
      - 아이들 속도 비교 테스트
      - 분사보정량 비교 테스트
      - 인젝터 장착성 불량 테스트
      - 인젝터 파형 점검
    - 압축압력 불량
      - 압축압력 비교 테스트

공회전 부조 시 DTC가 검출되는 경우에는 인젝터 회로 이상이 다발생되는데 이 고장코드는 P0201, 0202, 0203 등으로 표출되며 이 때에는 인젝터의 단선, 단락, 커넥터 접촉불량 등을 점검하면 된다. 고장코드가 검출되지 않거나 소거 후 재발생되지 않는 경우에는 진단장비를 이용한 압축압력 및 보정량 비교테스트를 실시하여 인젝터의 불량 등을 확인할 수 있다.

02 항목 별 점검방법 실습

엔진 부조 현상에 대한 진단 항목들을 차례차례 실습하며 측정된 값들을 기록하시오.

1 압축압력 테스트

기계적인 압축압력 부족 등으로 인해 각 실린더별 피스톤의 속도가 다르게 나타나는 것을 ECU에서는 CKP, CMP센서를 가지고 판단한다. 보쉬 커먼레일 시스템에서는 이 값을 이용해 압축압력을 간접적으로 비교할 수 있다.

- 03MY 이전 차량과 델파이 커먼레일 차량은 본 기능이 지원되지 않음(미 지원 차량은 인젝터 커넥터를 탈거하여 파워밸런스 테스트를 실시해야 함).

엔진 종류	
1번 실린더	RPM
2번 실린더	RPM
3번 실린더	RPM
4번 실린더	RPM

▶ 최대 RPM과 최저 RPM의 차이: RPM

2 아이들 속도 비교 테스트

비 정상적인 인젝터의 판단을 위해서 Bosch EMS에 적용된 기능을 이용해 실린더 별 정확한 아이들 RPM을 분석한다.

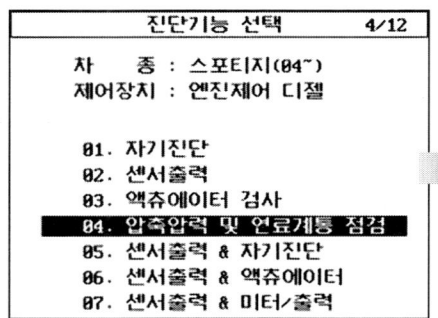
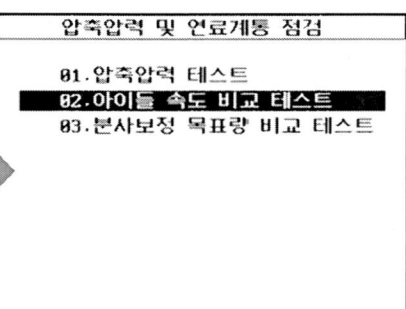

Chapter 6 • CRDI 엔진의 고장진단

CRDI 엔진은 각 실린더 별 회전수의 균형을 맞추기 위해 연료분사량을 보정하는 기능이 갖추어져 있다. 엔진의 노후로 인해 압축압력이 불량하거나 약간의 밸브시트 마모 등으로 연소실 내의 압축압력이 낮아져도 분사량을 보정하는 기능 때문에 실제 회전수는 비슷하게 나타난다. 이 경우 인젝터의 분사 보정을 하지 않은 상태에서 엔진의 기계적인 불균형을 확인하기 좋은 테스트가 '아이들 속도 비교 테스트'이다.

- 진단장비를 이용해 '아이들 속도 비교 테스트'를 실시하고 실린더 별 회전수를 기록한다.

엔진 종류	
1번 실린더(평균)	RPM
2번 실린더(평균)	RPM
3번 실린더(평균)	RPM
4번 실린더(평균)	RPM
▶ 최대 RPM과 최저 RPM의 차이:	RPM

Section 2 • 엔진 부조 현상

3 분사보정 목표량 비교 테스트

분사보정 목표량을 비교하여 실린더의 부조의 차이가 큰지 확인할 수 있다.

이 테스트는 각 실린더의 분사 보정량을 정확하게 확인할 수 있는 중요한 기능으로 연료장치를 진단하는 기초 데이터가 되는 중요한 정보이다. 여기에서 최종적으로 비교된 보정량의 평균값은 인젝터의 분사시간 가운데 주 분사시간을 늘려 연료를 보정한 값이며 이 값은 'mm³'로 나타나는데 'cc'와 같은 연료의 유량을 표시해준다.

즉 3개 실린더의 회전수가 750RPM으로 동일하며 한 개의 실린더만 700RPM의 회전수를 갖는다면 이 실린더에 분사량을 늘려 동일한 회전수를 만들어 주게 되는데 이 때 보정되는 분사량을 1~4mm³이내에서 표출되도록 하는 것이다.

이 값은 연료장치를 진단하는데 크게 활용되는데 인젝터의 불량을 선별하기 전 반드시 이 테스트를 거쳐야 하며 만약 보정량이 ±mm³이상일 경우 인젝터 단품 테스트를 하는 다음 단계로 진행하도록 한다(보정량은 최대가 ±4mm³임).

▶ 진단장비를 이용해 '분사보정 목표량 비교테스트'를 실시하고 실린더 별 보정량을 기록한다.
▶ 정상인 상태에서의 보정량을 기록한 후 1개의 인젝터 커넥터를 탈거한 상태에서의 보정량도 측정해 비교해본다(이 때 주변 실린더의 보정량에 어떤 영향을 끼치는지를 확인한다).

- 측정값(평균값 기록)

엔진 종류	정상 상태	부조 상태(인젝터 1개 단선)
1번 실린더	mm³	mm³
2번 실린더	mm³	mm³
3번 실린더	mm³	mm³
4번 실린더	mm³	mm³

4 인젝터 장착성 불량 점검

▶ 인젝터 장착성 불량은 카본 퇴적에 의해 나타나는 다발생 사례 가운데 하나이다. 이 경우 보정량의 편차가 심해져 진단장비를 이용해 점검할 경우 오진하기가 쉬워지기 때문에 반드시 인젝터를 이동해서 테스트를 할 때에는 스페이서(동와셔)를 교환하고 장착부위를 청소해야 한다.
▶ 인젝터를 탈거한 후 위치이동을 실시하여 보정량을 비교한다. 이 때 인젝터의 장착부위를 청 소한 후 스페이서(동와셔)를 교환하도록 한다.

Section 2 • 엔진 부조 현상

• 측정값(보정량 변화량 기록)

	인젝터 이동 전	이동 경로 표시(화살표)	인젝터 이동 후	차이값
1번 실린더	mm³		mm³	mm³
2번 실린더	mm³		mm³	mm³
3번 실린더	mm³		mm³	mm³
4번 실린더	mm³		mm³	mm³

※ 인젝터 클램프 장착 볼트 규정 토크
 - D 엔진 : 2.5~2.9kg·m
 - A 엔진 : 2.8~3.4kg·m

MEMO

03 엔진 출력부족 현상
Section

01 진단 절차

- 엔진 출력부족
  - 가속 불량(출력 부족)
    - 연료 장치
      - 인젝터
      - 저압펌프
      - 고압펌프
      - 연료 필터
    - 기타 장치
      - VGT
      - 흡·배기 누설
      - EGR
  - RPM 제한 (3,000RPM 이상 가속 불량)
    - 전자제어 장치
      - 흡입공기량 센서
      - 냉각수온 상승
      - 연료 온도 상승
      - 레일 압력센서
    - VGT 관련
      - 진공 누설 또는 액추에이터 불량

Section 3 • 엔진 출력부조 현상

커먼레일 엔진의 가속불량이나 출력부족 등의 현상은 연료장치의 불량으로 인한 압력 부족과 전자제어장치의 이상으로 인한 ECU의 분사량 제한에서 나타나는 경우가 가장 많다. 또한 간헐적으로 VGT와 관련된 현상도 나타나기도 한다. 이러한 다양한 가능성을 예측하고 실습을 통해 각 단품들의 진단방법을 익혀보자.

02 항목 별 점검방법 실습

엔진 출력 부족 현상에 대한 진단 항목들을 차례차례 실습하며 측정된 값들을 기록하시오.

1 연료장치 점검

인젝터, 저압펌프, 고압펌프, 연료필터 등의 불량으로 인해 고속주행 시 출력부족 현상이 나타날 수 있는데 이 항목들의 점검방법은 앞 단원의 '시동불량 현상 고장진단'에서 이미 다루었으므로 본 장에서는 그 외의 점검항목을 실습한다.

2 VGT 장치 점검

VGT 액추에이터 및 솔레노이드 밸브가 불량할 경우 ECU에서 분사량을 제한하기 때문에 VGT 시스템이 정상인지 확인한다.

▶ 시동을 걸고 공회전 상태에서 VGT 액추에이터의 위치를 확인한다(육안검사).

▶ 급 가속을 하면서 VGT 액추에이터의 움직임을 확인한다(육안검사). 이 때 VGT 액추에이터의 로드가 움직여야 한다.

▶ 센서 출력값 확인(기록 후 정상값과 비교)

항목		공회전	2000RPM	스톨테스트
VGT 액추에이터(%)	측정값			
	정상값			

- 공회전 상태 : 진공압력 높음(듀티 증가)
- 가속 시 : 진공압력 낮아짐(듀티 감소)
- 가속을 하면서 VGT 액추에이터의 로드가 움직이는지를 확인한다.

VGT 액추에이터

EGR/솔레노이드 밸브 진단 04
Section

01 진단 절차

```
                    ┌─ 진공 S/Valve ──┬─ 진공호스 탈거 ──┬─ 현상 동일 : EGR밸브 확인
                    │                 │                  └─ 현상 개선 : 솔레노이드 밸브 청소 후 재시도
                    │                 │
E                   │                 └─ EGR 듀티 확인 ──┬─ 듀티 50% 이상으로 고정 : ECU 제어상태 이상
G                   │                                    └─ 듀티 0% 고정 : 이상 현상 없음(EGR 관계 없음)
R
밸 ─────────────────┤
브                  │
진                  │
단                  └─ 전자식 EGR밸브 ─┬─ EGR 듀티 확인 ──┬─ 웜-업 후 공회전에서 듀티 5% 미만이면 정상
                                      │                  ├─ 가속 시 5% 미만
                                      │                  └─ 가속 직후 아이들 상태에서 30% 이상 작동
                                      │
                                      └─ AFS 데이터 확인 ── EGR 듀티와 AFS 데이터 비교
```

☞ EGR 듀티 5% 미만에서 AFS 데이터가 정상보다 낮을 경우 : EGR 의심
☞ EGR 듀티 5% 미만에서 AFS 데이터가 정상치일 경우 : EGR 이외의 요소 점검

EGR밸브가 고장인 경우는 대부분 밸브가 열린 상태로 고착되거나 솔레노이드 밸브의 대기 통로가 막혀서 ECU의 제어와 상관없이 열리게 되는 경우에 해당한다. 이 때에는 엔진의 출력부족과 함께 매연이 발생하게 되는데 가장 손쉬운 방법은 EGR 가스가 연소실로 유입되지 않도록 한 상태에서 현상을 비교해 보는 것이다. 하지만 전자식 EGR밸브가 장착된 후부터는 이 방법이 쉽지 않기 때문에 이 경우는 AFS 값과 EGR 데이터를 비교해서 분석해야 고장진단을 할 수 있다.

02 진공 솔레노이드 방식의 EGR밸브 진단

Euro-Ⅲ 연료장치가 적용된 엔진(D-2.0, A-2.5, J-2.9 등)은 EGR밸브를 제어하기 위해서 진공압을 이용한 솔레노이드 밸브가 장착되었다. 이러한 방식의 EGR 장치를 점검하는 것은 그다지 어렵지 않다. 고장 현상에 따라서 다소 다르긴 하지만 대부분 EGR밸브로 연결되는 진공호스를 탈거한 상태에서 엔진의 현상을 확인하면 EGR밸브가 열려서 나타나는 현상인지 아닌지를 쉽게 파악할 수 있기 때문이다.

① **현상 확인** : 가속불량, 노킹 소음, 매연 발생, 동절기 시동성 불량 등
② **EGR밸브 진공호스 탈거**

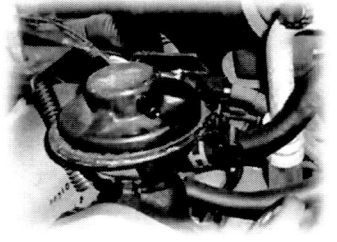

③ **현상 재확인**
▶ **현상 개선** : EGR 솔레노이드 밸브 점검
  • 단품의 오리피스가 막혀서 나타나는 현상이 대부분으로 청소로 해결 가능
▶ **현상 동일** : 공기량 센서 데이터 확인
  • EGR밸브가 닫혀있는 상태라면 상관이 없으나 만약 열린채로 고착된 경우라면 EGR 가스가 연소실로 유입되기 때문에 신선한 공기가 유입되는 양이 줄어들게 된다.

필터막힘

Section 4 • EGR / 솔레노이드 밸브 진단

| 그림 | EGR밸브 닫힌 상태 |

| 그림 | EGR밸브 열린 상태(ECU 제어 안함) |

공기량 데이터 비교

03 전자식 EGR밸브 진단

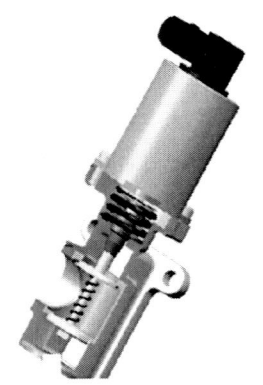

Euro-Ⅵ 연료장치에서는 대부분 전자식 EGR밸브가 채택되었으며 Euro-Ⅲ 엔진 가운데에서도 2005년 이후부터 개발된 A-2.5 엔진은 전자 EGR밸브가 장착되어 있다. 이러한 전자식 EGR밸브는 밸브의 열림 여부를 확인하기가 어렵기 때문에 열린 상태로 고착되었는지를 확인하는 것은 쉽지 않다. 그렇기 때문에 이러한 전자 EGR밸브를 점검하려면 반드시 공기량센서의 데이터를 비교해야 한다.

① **현상 확인** : 가속불량, 노킹 소음, 매연 발생, 동절기 시동성 불량 등

② EGR밸브 듀티 확인(서비스데이터)

▶ ECU에서 제어하지 않는 경우 : 4.7 ~ 5%

- 일단 ECU에서 제어하지 않는 것으로 확인, 하지만 EGR밸브는 기계적으로 열려 있을 수 있음

▶ ECU에서 제어하는 경우 : 20 ~ 95% 이내

- 냉간 시동 직후 또는 가속 직후 등 ECU에서 NOx를 저감할 목적으로 EGR 밸브를 열고 있는 상태

Chapter 6 • CRDI 엔진의 고장진단

| ECU에서 제어하지 않는 경우 | ECU에서 제어하는 경우 |

③ 공기량 데이터 분석

▶ ECU에서 제어하지 않는 경우라면 흡입공기량이 정상적인 기준과 비슷한 양으로 유입될 것이다. 하지만 EGR밸브가 기계적인 고착에 의해 열린 상태라면 흡입공기량은 정상보다 줄어들게 된다.

▶ 각 엔진 별 그리고 RPM에 따른 흡입공기량 값은 'Section2 엔진 별 센서출력값 LIST'를 참고 한다.

04 EGR밸브 진단 TIP

1 EGR밸브 작동 조건

EGR밸브를 진단하려면 현재 ECU에서 EGR밸브를 열어주는지 닫아주는지를 알아야 한다. 즉 운행 조건, 냉각수온 등에 따른 EGR밸브의 작동 조건을 알아야 한다는 것이다.

① 시동 초기 EGR밸브 '열림'

▶ 냉각수온 : 45.7℃
▶ EGR 듀티 : 47.1%
  • 시동 초기에는 약 10초 이상 EGR를 열어준다(냉각수온에 따라서 다름).

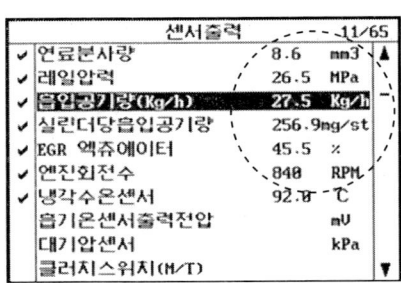

② 가속 시 EGR밸브 '닫힘'
▶ 가속 시에는 출력을 높이기 위해 EGR밸브가 닫힌다(4.7~5%).
▶ 감속할 때까지 EGR밸브 닫힘 상태 유지

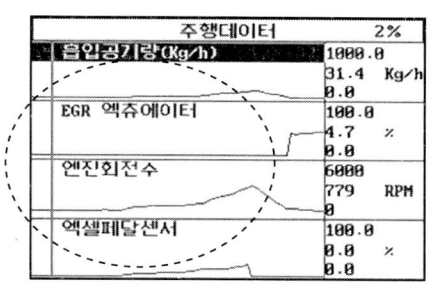

③ 감속 직후 EGR밸브 '열림'
▶ 감속 직후부터 배기가스 저감을 목적으로 EGR밸브를 열어준다(약 50%).
▶ 다시 가속하면 EGR밸브 닫힘

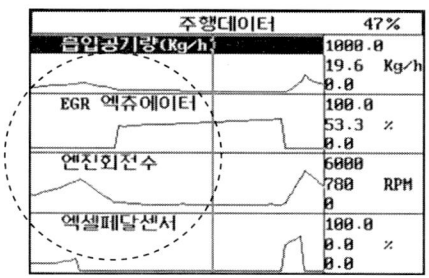

④ AFS, 산소센서 등 고장 시 EGR밸브 제어 안함

2 전자식 EGR밸브 점검 요령

전자 EGR밸브는 ECU에서 제어하지 않으면 열리지 않지만 기계적으로 열려있는 경우 가장 진단하기가 어렵다. 하지만 이러한 경우 전자 EGR밸브에 배터리 전원을 인가해서 강제로 밸브를 열었다가 닫아주기를 반복하면서 엔진의 상태변화와 데이터의 변화를 보면 정상적으로 작동하는지를 알 수 있다.

▶ 엔진을 충분히 워밍업 시킨다(80℃ 이상).
▶ 정상 공회전 상태에서의 공기량과 EGR밸브 듀티를 확인한다.

Chapter 6 • CRDI 엔진의 고장진단

```
         주행데이터          3%
흡입공기량(Kg/h)     43.1  Kg/h
실린더당흡입공기량   424.0mg/st
EGR 액츄에이터       0.0  %
엔진회전수           846  RPM
```

▶ EGR밸브 커넥터를 탈거한 후 배터리 전원을 인가한다(배터리 +, − 연결).
  • EGR 100% 열림 상태로 만들어줌

▶ 공기량 센서의 데이터를 확인한다.
  • 같은 공회전 상태이지만 공기량이 192.7mg/st로 감소한다.
  • EGR밸브가 열려 흡입공기량 감소

```
         주행데이터          64%
흡입공기량(Kg/h)     19.6  Kg/h
실린더당흡입공기량   192.7mg/st
EGR 액츄에이터       0.0  %
엔진회전수           846  RPM
```

▶ 스톨테스트를 실시한다.
  • 스톨 RPM이 증가하지 않으면 정상
  • EGR밸브가 열렸는데도 아무런 변화가 없으면 밸브 불량을 의심할 수 있다.

05 흡·배기 장치 누설

흡입공기량이 부족하거나 공기량 센서가 불량할 경우 실제 분사되는 연료량이 부족하기 때문에 가속 시 또는 고부하 상태에서 출력부족 현상이 나타날 수 있다. 이 때 흡입공기량과 EGR율은 상관관계에 있기 때문에 반드시 두가지를 함께 점검해야 한다.

▶ 엔진을 충분히 워밍업 상태로 만든다.
▶ 진단장비를 이용해 다음의 센서출력 항목을 고정한 후 각 RPM에 따른 출력값을 기록한다.

항 목	공 회 전	2000RPM	3000RPM	4000RPM	스톨테스트
공기량(kg/h)					
공기량(mg/st)					
엔진회전수(RPM)					
EGR 액추에이터(%)					
연료분사량(mcc)					

- 항목 고정 후 '기록' 기능을 이용해 데이터를 저장한다.
- 기록 도중 '시점' 버튼을 눌러 각 RPM의 위치를 기억시킨다.
- 저장된 데이터를 읽어 가면서 센서출력 값을 기록하시오.

```
         센서출력      25/40
✓ 공기량(Kg/h)      54    Kg/h
✓ 공기량(mg/st)     545   mg/st
✓ 엔진회전수        830   RPM
✓ EGR 액츄에이터     5.0   %
✓ 연료분사량       13.3   mcc
  브레이크스위치 2
  인젝터구동전압            V
  엔진경고등
  글로우릴레이
  연료펌프릴레이
 고정 일반 전체 파형 기록 도움
```

```
        데이타기록중    25/40
✓ 공기량(Kg/h)      53    Kg/h
✓ 공기량(mg/st)     547   mg/st
✓ 엔진회전수        814   RPM
✓ EGR 액츄에이터     5.0   %
✓ 연료분사량       10.8   mcc
  브레이크스위치 2
  인젝터구동전압            V
  엔진경고등
  글로우릴레이
  연료펌프릴레이
                    시점 종료
```

06. MAFS(흡입 공기량센서) 시뮬레이션

엔진의 출력이 부족한 경우에 연료장치 계통의 불량으로 인한 경우가 많다. 하지만 이러한 연료장치를 의심하기 전에 다음 과정을 통해 범위를 좁혀 나간다면 좀 더 정확한 진단을 할 수 있다.

▶ MAFS의 출력단자에 전압 시뮬레이션 실시
㉠ 스캐너의 센서 시뮬레이션 항목 선택
㉡ B-채널 프로브 연결
㉢ MAFS 출력단자에 전압 4.2V 입력
• 전압 시뮬레이션과 함께 스톨테스트 실시
• 엔진의 가속상태 및 배출가스 확인

센서 시뮬레이션
채널2 → 4.2V 출력

CRDI 엔진에서 스톨 RPM이 낮게 나오면 실제로 주행 시 출력부족 현상이 나타난다. 이 방법은 스톨테스트와 공기량 센서의 시뮬레이션을 이용해 출력부족의 원인을 찾아내는 것인데 방법의 핵심은, ECU에 흡입공기량이 많도록 강제로 전압을 입력해주게 되면 분사량을 늘리고 이렇게 증가된 연료분사량이 엔진에 어떤 영향을 미치는지 원인을 예측하려는 것이다.

Section 4 • EGR / 솔레노이드 밸브 진단

• 판정 기준(출력부족의 원인)

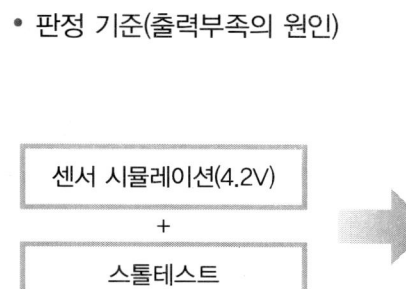

㉠ 가속이 잘된다(스톨 RPM이 정상).
 → MAFS 단품 불량 또는 회로 이상

㉡ 배출가스 과다 배출(흑연)
 → 실제 공기량이 적다(흡기라인 누설, T/C, VGT 불량 등).

㉢ 전혀 상관없다(스톨 RPM이 여전히 낮다).
 → 인젝터 또는 연료계통 이상

• 스톨 RPM 기준값 : 2,300RPM ~ 2,700RPM

07 전자제어 장치

전자제어 장치의 에러로 인해 ECU에서 분사량을 제한하는 경우에는 센서출력값을 확인해 단품의 불량 또는 회로의 이상을 찾아낼 수 있다.

▶ 분사량에 영향을 끼치는 센서의 출력값을 확인한다.
▶ 센서 출력값이 정상 범위안에 들어오는지를 확인해서 불량일 경우 관련회로를 점검한다.

항 목	공회전 측정값	가속 시 측정값 (2,000RPM 이상)
공기량(kg/h)		
엑셀 포지션 센서(%)		
냉각수온센서(℃)		
연료온도 센서(℃)		
레일압력(bar)		
VGT 액추에이터(%)		
클러치 스위치		

Chapter 07

CRDI 엔진의 센서출력값

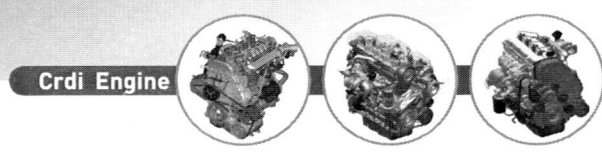

01 센서 출력값의 의미
Section

01 이그니션 스위치(Ignition switch)

▶ 데이터 의미 : 이그니션 스위치로부터 입력된 이그니션 키의 조작 상태이다. 이그니션 스위치 ON 신호전압을 ON/OFF로 나타낸 것이다. IG KEY ON시 메인 릴레이를 구동하여 시동이 가능하도록 ECM 및 액추에이터에 전원을 공급한다.

▶ 데이터 참조값 : IG KEY ON 하면 "ON", OFF 하면 "OFF"되면서 수 초후 통신 OFF된다. IG KEY ON → IG KEY OFF 하면, 약 16초 후 메인 릴레이 "OFF"되어 시스템 작동이 종료된다.

▶ 고장 모드(Limp Home Mode) : 고장시 "P1652 이그니션 스위치 이상" 표출된다. IG KEY 및 배선을 점검한다.

센서출력	1/64	
01 이그니션스위치	ON	
배터리전압	14.3	V
연료분사량	6.7	mm3
레일압력	28.4	MPa
목표레일압력	27.5	MPa
레일압력조절기(레일)	16.1	%
레일압력조절기(펌프)	31.8	%
연료온도센서	28.4	℃
연료온도센서출력전압	2960	mV
흡입공기량(Kg/h)	31.4	Kg/h

02 배터리 전압(Battery voltage)

▶ 데이터 의미 : 이그니션 스위치 ON 단자에서 ECM에 공급되는 배터리 전압(V)이다. 크랭킹시 전압강하로 인한 INJ, PCV, EGR 등 액추에이터의 제어특성치 변화를 보정하기 위해 검출한다.

▶ 데이터 참조값
- IG On 시 : 11.5 ~ 13.0V
- 엔진 On 시 : 12.5 ~ 14.5V

▶ 데이터 분석 : 7.98V 이하 출력되거나 17.3V 이상 출력되면 비정상이다.

배터리 전압 측정 방법

- 알터네이터 구동벨트 장력을 점검한다.
- 배터리 터미널, 퓨즈 블링크, 알터네이터 B+ 단자상태를 점검한다.
- 헤드램프, 뒷유리 열선, 에어컨 등의 전기장치를 작동한다.
- 엔진 회전수 2,000RPM 이상에서 배터리 전압을 측정한다.

▶ 고장 모드 : 충전시스템 고장이나 배터리 전압 비정상시 기본값 12.0V로 대체된다.
- 배터리 전압 5.8V 이하 : P0562 표출
- 배터리 전압 17.3V 이상 : P0563 표출

센서출력		1/64
이그니션스위치	ON	
02 배터리전압	14.3	V
연료분사량	6.7	mm3
레일압력	28.4	MPa
목표레일압력	27.5	MPa
레일압력조절기(레일)	16.1	%
레일압력조절기(펌프)	31.8	%
연료온도센서	28.4	℃
연료온도센서출력전압	2960	mV
흡입공기량(Kg/h)	31.4	Kg/h

03 연료 분사량(Fuel Quantity)

▶ 데이터 의미 : 연소실에 분사되는 연료량으로 인젝터에 흐르는 작동전류인가시간을 연산하여 나타낸 값(mm^3)이다. 각종 보정신호(연료압력, 냉각수온, 흡기온도, 대기압 등)를 받아 주분사 연료량을 계산하고 예비분사, 후분사가 실행되었는지 고려하여 계산된다.

▶ 데이터 참조값

① 냉각수온도 90~94℃, 연료온도 58~64℃에서
- 공회전시 : 5.9mm^3
- 공회전 전조등 ON : 6.3mm^3
- 공회전 "D"레인지 : 11.8mm^3
- 공회전 2,000RPM : 7.1mm^3

② 냉각수온도 90~94℃, 연료온도 81~84℃에서
- 공회전시 : 7.8mm^3
- 공회전 전기부하시 : 8.6mm^3
- 공회전 "D"레인지/에어컨 ON : 13.7mm^3
- 공회전 "D"레인지/에어컨/전조등 ON : 18.8mm^3

③ 스톨테스트(2,703 RPM)
- 연료분사량 : 57.3mm^3
- 레일압력 : 150 hPa
- 엔진토크 : 304.7 Nm

▶ 고장 모드

인젝터 코일 저항 : 0.3Ω(20℃)

- 표출 : P0201, P0202, P0203, P0204, P0262, P0265, P0268, P0271, P0611

센서출력		1/64
이그니션스위치	ON	
배터리전압	14.3	V
03 연료분사량	6.7	mm3
레일압력	28.4	MPa
목표레일압력	27.5	MPa
레일압력조절기(레일)	16.1	%
레일압력조절기(펌프)	31.8	%
연료온도센서	28.4	℃
연료온도센서출력전압	2960	mV
흡입공기량(Kg/h)	31.4	Kg/h

04 레일압력(Fuel pressure measured)

▶ **데이터 의미** : 커먼레일 안의 순간연료압력 및 연료분사압력으로 레일압력센서 신호전압을 압력(MPa)으로 나타낸 것이다. 연료량과 분사시기를 결정하고, ECM이 목표하는 연료압력으로 제어하기 위한 레일압력조절밸브 피드백 기능을 수행한다.

▶ **데이터 참조값**

① 무부하 공회전시(엑셀페달센서 0%) : 목표레일압력 및 레일압력 28.5 ± 5 MPa
② 가속페달 완전히 밟음(엑셀페달센서 100%) : 목표레일압력 및 레일압력 93.5 ± 5 MPa
③ 스톨테스트시(2,705RPM) : 목표레일압력 및 레일압력 145 ± 10 MPa
④ 시동시

- 목표레일압력 30 : 27.1 MPa
- 레일압력 36.5 : 27.1 MPa
- 레일압력조절 : 29.8%
- 펌프압력조절 : 31.0%

▶ **데이터 분석** : 목표레일압력과 거의 비슷하다. 자기진단시 "P0652"나 "P0653" 표출되면 엑셀페달센서 2, 레일압력센서, 공기량측정센서 및 부스트압력센서의 "공급전원 2"를 점검한다.

▶ **고장 모드** : 레일압력센서 고장시 기본값 33MPa로 대체되고 엔진의 최고회전수가 3,000RPM으로 제한된다.

- **표출** : P0192, P0193

센서출력		1/64
이그니션스위치	ON	
배터리전압	14.3	V
연료분사량	6.7	mm3
04 레일압력	28.4	MPa
목표레일압력	27.5	MPa
레일압력조절기(레일)	16.1	%
레일압력조절기(펌프)	31.8	%
연료온도센서	28.4	℃
연료온도센서출력전압	2960	mV
흡입공기량(Kg/h)	31.4	Kg/h

05 목표레일압력(Fuel pressure Set point value)

▶ 데이터 의미 : 현재 레일압력센서 신호와 엔진 회전수, 엑셀페달위치센서 신호를 입력받아 연산한 최적의 레일압력 요구값(MPa)이다.

▶ 데이터 참조값

	목표레일압력	레일압력 조절밸브	연료압력 조절밸브
무부하 공회전	28.5 ± 5 MPa	17 ± 5%	35 ± 5%
스톨테스트시	145 ± 10 hPa	45 ± 5%	40 ± 5%

▶ 데이터 분석 : 레일압력과 거의 비슷하다. 자기진단시 "P0652"나 "P0653" 표출되면 엑셀페달센서 2, 레일압력센서, 공기량측정센서 및 부스트압력센서의 "공급전원 2"를 점검한다.

▶ 고장 모드
- 표출 : P0087, P0088, P1185, P1186

```
센서출력                    1/64
이그니션스위치            ON
배터리전압                14.3   V
연료분사량                 6.7   mm3
레일압력                   28.4   MPa
05 목표레일압력            27.5   MPa
레일압력조절기(레일)      16.1   %
레일압력조절기(펌프)      31.8   %
연료온도센서               28.4   ℃
연료온도센서출력전압      2960   mV
흡입공기량(Kg/h)          31.4   Kg/h
```

06 레일압력조절기-레일(Rail press. Regulator)

▶ **데이터 의미** : 레일 끝단부에 장착된 레일압력 조절밸브의 닫힘량을 제어하는 듀티(%)이다. ECM이 출력하는 레일압력 조절밸브 제어신호를 듀티로 나타낸 것이다. 운전상태에 맞는 연료압력(목표레일압력)을 유지한다.

▶ **데이터 참조값**

	목표레일압력	레일압력 조절밸브	연료압력 조절밸브
무부하 공회전	28.5 ± 5 MPa	17 ± 5%	35 ± 5%
스톨테스트시	145 ± 10 MPa	45 ± 5%	40 ± 5%

▶ **데이터 분석** : 자기진단시 "P0652"나 "P0653" 표출되면 엑셀페달센서 2, 레일압력센서, 공기량측정센서 및 부스트압력센서 "공급전원 2"를 점검한다. 스캔툴 "액추에이터 검사"를 실행하여 레일압력조절기(레일) 작동상태를 점검한다.

▶ **고장 모드**

> 밸브 코일 저항 : 3.42 ~ 3.78Ω(20℃)

레일압력조절기 교환시 교환 작업 후 스캔툴로 학습치 초기화 작업을 실시한다.

- **표출** : P0089, P0091, P0092, P1171, P1172, P1173

```
센서출력                  1/64
이그니션스위치        ON
배터리전압            14.3    V
연료분사량            6.7     mm3
레일압력              28.4    MPa
목표레일압력          27.5    MPa
06 레일압력조절기(레일) 16.1    %
레일압력조절기(펌프)  31.8    %
연료온도센서          28.4    ℃
연료온도센서출력전압  2960    mV
흡입공기량(Kg/h)      31.4    Kg/h
```

07 레일압력조절기-펌프(Out put of Fuel metering unit)

▶ 데이터 의미 : 고압펌프에 장착된 연료압력 조절밸브 작동전류를 제어하는 듀티(%)이다. ECM이 출력하는 연료압력 조절밸브 제어신호를 듀티로 나타낸 것으로 운전상태에 맞는 연료압력(목표레일압력)을 유지한다.

▶ 데이터 참조값

	목표레일압력	레일압력 조절밸브	연료압력 조절밸브
무부하 공회전	28.5 ± 5 MPa	17 ± 5%	35 ± 5%
스톨테스트시	145 ± 10 MPa	45 ± 5%	40 ± 5%

▶ 데이터 분석 : 스캔툴 "액추에이터 검사"를 실행하여 레일압력조절기(펌프) 작동상태를 점검한다.

▶ 고장 모드

밸브 코일 저항 : 2.9 ~ 3.15Ω(20℃)

레일압력조절기 교환시 교환 작업후 스캔툴로 학습치 초기화 작업을 실시한다.
- 표출 : "P0252, P0253, P0254

센서출력	1/64	
이그니션스위치	ON	
배터리전압	14.3	V
연료분사량	6.7	mm3
레일압력	28.4	MPa
목표레일압력	27.5	MPa
레일압력조절기(레일)	16.1	%
07 레일압력조절기(펌프)	31.8	%
연료온도센서	28.4	℃
연료온도센서출력전압	2960	mV
흡입공기량(Kg/h)	31.4	Kg/h

08 연료온도센서(Fuel temperature)

▶ **데이터 의미** : 고압펌프에 공급되는 연료의 온도를 나타낸다. 연료공급라인에서 검출한 연료온도센서 신호전압을 온도(℃)로 나타낸 것이다. 연료온도에 따른 연료량을 보정한다. 연료온도상승으로 연료유막이 파괴되어 고압펌프, 인젝터 등 연료계통이 손상되는 것을 방지한다.

▶ **데이터 참조값**

온도(℃)	-30	-20	-10	0	20	40	60	80
저항(kΩ)	27.00	15.67	9.45	5.89	2.27~2.73	1.17	0.60	0.30~0.32

▶ **데이터 분석** : 연료온도가 0.8℃(20mV)씩 상승 또는 하강하는지 확인한다. 데이터 변동폭이 급격히 과다하게 상승하거나 하강하면 비정상이다. 연료온도가 100℃이상 상승되면 연료분사량을 제한한다. 연료온도에 따라 데이터가 변동하므로 데이터와 단품저항이 일치하는지 확인하여 정상여부를 판단한다.

▶ **고장 모드** : 연료온도센서 고장시 기본값은 84.9℃로 대체된다.
 • 표출 : P0182, P0183

```
센서출력              1/64
이그니션스위치         ON
배터리전압            14.3   V
연료분사량            6.7    mm3
레일압력              28.4   MPa
목표레일압력          27.5   MPa
레일압력조절기(레일)  16.1   %
레일압력조절기(펌프)  31.8   %
08 연료온도센서        28.4   ℃
연료온도센서출력전압  2960   mV
흡입공기량(Kg/h)      31.4   Kg/h
```

09 연료온도센서 출력전압(Voltage raw value of fuel temperature)

▶ **데이터 의미** : 고압펌프에 공급되는 연료의 온도를 나타낸다. 연료공급라인에서 검출한 연료온도센서 신호전압을 온도(℃)로 나타낸 것이다. 연료온도에 따른 연료량을 보정한다. 연료온도상승으로 연료유막이 파괴되어 고압펌프, 인젝터 등 연료계통이 손상되는 것을 방지한다.

▶ **데이터 참조값**

온도(℃)	-30	-20	-10	0	20	40	60	80
저항(kΩ)	27.00	15.67	9.45	5.89	2.27~2.73	1.17	0.60	0.30~0.3

▶ **데이터 분석** : 연료온도가 0.8℃(20mV)씩 상승 또는 하강하는지 확인한다. 데이터 변동폭이 급격히 과다하게 상승하거나 하강하면 비정상이다. 연료온도가 100℃이상 상승되면 연료분사량을 제한한다. 연료온도에 따라 데이터가 변동하므로 데이터와 단품저항이 일치하는지 확인하여 정상여부를 판단한다.

▶ **고장 모드** : 연료온도센서 고장시 기본값은 4,999mV로 대체된다.
  • 표출 : P0182, P0183

10 흡입 공기량(Air mass meter)

▶ **데이터 의미** : 엔진에 흡입되는 신선한 공기량을 공기량 측정 센서로 검출한 것이다. 공기량 측정 센서(HFM) 신호전압을 실린더의 1행정(Stroke)마다 흡입된 공기량(mg/st)으로 나타낸 것이다. 흡기계통의 공기누설, 막힘을 검출하고, EGR 제어 상태를 피드백 한다. EGR 피드백 컨트롤 제어 및 스모크리미트 부스트 압력 컨트롤 제어를 한다.

▶ **데이터 참조값**

	흡입공기량 (mg/st.)	흡입공기량 (kg/h)	실린더당 흡입공기량 (mg/st.)
열간 공회전 EGR 작동 시(47.1%)	105.9 ~ 176.5	23.5 ~ 39.2	231.2 ~ 385.4
열간 공회전 EGR 미작동 시(9.4%)	188.2 ~ 194.1	43.1	411.1
스톨테스트 (2,703RPM) 시	511.8	360.8	1117.7

▶ **데이터 분석** : 흡입 공기량이 많으면 가속 또는 고부하 상태이고, 흡입 공기량이 적으면 감속 또는 공회전 상태이다. 자기진단시 "P0652" 나 "P0653" 표출되면 엑셀페달센서 2, 레일압력센서, 공기량측정센서 및 부스트압력센서의 "공급전원 2"를 점검한다.

▶ **고장 모드** : 공기량 측정 센서 교환시 교환 작업후 스캔툴로 학습치 초기화 작업을 실시한다.
- **표출** : P0101, P0102, P0103, P0401, P0402

센서출력		1/64
이그니션스위치	ON	
배터리전압	14.3	V
연료분사량	6.7	mm3
레일압력	28.4	MPa
목표레일압력	27.5	MPa
레일압력조절기(레일)	16.1	%
레일압력조절기(펌프)	31.8	%
연료온도센서	28.4	℃
연료온도센서출력전압	2960	mV
10 흡입공기량(Kg/h)	31.4	Kg/h

11 흡입 공기량(Air mass flow)

▶ 데이터 의미 : 엔진에 흡입되는 신선한 공기량을 공기량 측정 센서로 검출한 것이다. 공기량 측정 센서(HFM) 신호전압을 시간당 흡입된 공기량(kg/h)으로 나타낸 것이다. EGR 피드백 컨트롤 제어 및 스모크리미트 부스트 압력 컨트롤 제어를 한다.

▶ 데이터 참조값
① 열간 공회전 EGR 작동시(47.1%) : 흡입공기량 170.6 ~ 176.5mg/st.
　　　　　　　　　　　　　　　흡입공기량 35.3 ~ 39.2kg/h
　　　　　　　　　　　　　　　실린더당 흡입공기량 372.6 ~ 385.4 mg/st.
② 열간 공회전 EGR 미작동시(9.4%) : 500 ± 50mg/st.
③ 스톨테스트(2,703RPM) 시 : 흡입공기량 511.8mg/st.
　　　　　　　　　　　　　흡입공기량 360.8kg/h
　　　　　　　　　　　　　실린더당 흡입공기량 1117.7mg/st.

• 흡입공기온도 20℃ 일 때

공기량(kg/h)	8	10	15	75	160	310	640	800
주파수(kHz)	1.94~1.96	1.98~1.99	2.06~2.07	2.72~2.75	3.36~3.41	4.44~4.53	7.66~8.01	10.13~11.17

• 흡입공기온도 −15℃ 또는 80℃일 때

공기량(kg/h)	10	75	160	310
주파수(kHz)	1.97~1.99	2.71~2.76	3.34~3.43	4.39~4.58

▶ 데이터 분석 : 흡입 공기량이 많으면 가속 또는 고부하 상태이고, 흡입 공기량이 적으면 감속 또는 공회전 상태이다. 자기진단시 "P0652"나 "P0653" 표출되면 엑셀 페달센서 2, 레일압력센서, 공기량측정센서 및 부스트압력센서의 "공급전원 2"를 점검한다.

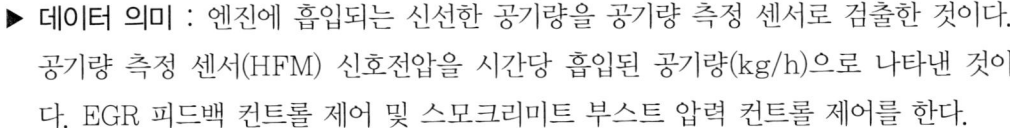

▶ 고장 모드 : 공기량 측정 센서 교환시 교환 작업후 스캔툴로 학습치 초기화 작업을 실시한다.

12 실린더당 흡입 공기량(Air mass per cylinder)

▶ **데이터 의미** : 최적의 EGR제어를 하기 위해 필요로 하는 신선한 공기량이다. 실린더의 1 행정(Stroke) 당 흡입되어야 하는 목표 공기량(mg/st)으로 ECM이 엔진 RPM으로 연산한 결과이다.
EGR 피드백 컨트롤 제어 및 스모크리미트 부스트 압력 컨트롤을 제어한다.

▶ **데이터 참조값**
① 열간 공회전 EGR 작동 시(47.1%) : 흡입공기량 170.6 ~ 176.5 mg/st
　　　　　　　　　　　　　　　　흡입공기량 35.3 ~ 39.2 kg/h
　　　　　　　　　　　　　　　　실린더당 흡입공기량 372.6 ~ 385.4 mg/st.

② 열간 공회전 EGR 미작동 시(9.4%) : 500 ± 50 mg/st.
③ 스톨테스트(2,703RPM) 시 : 흡입공기량 511.8 mg/st
　　　　　　　　　　　　　　흡입공기량 360.8 kg/h
　　　　　　　　　　　　　　실린더당 흡입공기량 1117.7 mg/st.

▶ **데이터 분석** : 흡입 공기량이 많으면 가속 또는 고부하 상태이고, 흡입 공기량이 적으면 감속 또는 공회전 상태이다.

▶ **고장 모드** : 공기량 측정 센서 교환시 교환 작업후 스캔툴로 학습치 초기화 작업을 실시한다.

12 실린더당흡입공기량	436.8mg/st
흡기온센서	27.6 ℃
흡기온센서출력전압	2999 mV
EGR 엑츄에이터	4.3 %
대기압센서	101 kPa
냉각수온센서	85.7 ℃
클러치스위치(M/T)	ON
중립 스위치(M/T)	OFF
브레이크스위치 2	OFF
브레이크스위치 1	OFF

13 흡기온도 센서(Air Temp. Sensor)

▶ 데이터 의미 : 인터쿨러 호스에 장착된 부스트 압력센서 내부에 내장된 흡기온도 센서로 검출한 엔진 흡입공기 온도이다.

흡기온도 센서 신호전압을 온도(℃)로 나타낸 것이다. EGR 제어 보정과 연료분사량 보정(밀도 계산)을 한다.

▶ 데이터 참조값

온도(℃)	-40	-20	0	20	40	60	80
저항(kΩ)	35.14 ~ 43.76	12.66 ~ 15.12	5.12 ~ 5.89	2.29 ~ 2.55	1.10 ~ 1.24	0.57 ~ 0.65	0.31 ~ 0.37

▶ 데이터 분석 : 흡기온도에 따라 데이터가 변동하므로 데이터와 단품저항이 일치하는지 확인하여 정상여부를 판단한다.

▶ 고장 모드 : 흡기온도 센서 고장시 기본값은 27.6℃로 대체된다.
 • 표출 : P0112, P0113

14 흡기온도센서 출력전압(Raw value intake air temperature in volt)

▶ 데이터 의미 : 인터쿨러 호스에 장착된 부스트압력센서 내부에 내장된 흡기온도 신호전압(mV)이다. 연료분사량 보정(밀도 계산)을 한다.

※ 공기량측정센서(HFM)에 내장된 외기온도센서는 EGR 제어를 보정한다.

▶ 데이터 참조값

온도(℃)	-40	-20	0	20	40	60	80
저항(kΩ)	40.93 ~ 48.35	13.89 ~ 16.03	5.38 ~ 6.09	2.31 ~ 2.57	1.08 ~ 1.21	0.54 ~ 0.62	0.29 ~ 0.34

▶ 데이터 분석 : 흡기온도에 따라 데이터가 변동하므로 데이터와 단품저항이 일치하는지 확인하여 정상여부를 판단한다.

▶ 고장 모드 : 흡기온도 센서 고장시 기본값은 4,999mV로 대체된다.
 • 표출 : P0112, P0113

15. EGR 액추에이터(EGR actuator)

▶ **데이터 의미** : EGR 액추에이터 열림량을 PWM 제어하는 듀티값으로 'ECM이 연산한 엔진에 흡입되는 신선한 공기의 질량'으로 결정된다. EGR 액추에이터 제어측 전압을 듀티(%)로 나타낸 것이다. 배기가스 배출을 줄이고, 배기가스를 에너지로 전환한다.

▶ **데이터 참조값** : 듀티제어 점검시 MAFS와 EGR을 함께 점검한다.
  ① 열간 공회전 EGR 미작동시(9.4%) : 실린더당 흡입공기량 410 ± 50mg/st
  ② 열간 공회전 EGR 작동시(47.1%) : 실린더당 흡입공기량 230 ± 50mg/st

▶ **데이터 분석** : 공회전중 EGR 미작동 중에 급가속후 감속하면, EGR 액추에이터가 작동하고(47.1%), 작동후 3분이 경과되면 액추에이터 작동이 OFF(9.4%)된다.
  • EGR 작동금지조건
    (1) 1000RPM 이하   (2) WTS 37℃ 이하 또는 100℃ 이상
    (3) 연료량 42mm³ 이상   (4) 시동시   (5) ATS 60℃ 이상
    (6) 연료압력조절밸브, 공기량 측정 센서, EGR 액추에이터 고장
    ※ 스캔툴 "액추에이터 검사"를 실행하여 EGR 액추에이터 작동상태를 점검한다.

▶ **고장 모드**
  • EGR 액추에이터 저항 : 7.3~8.3Ω(20℃).
  • 표출 : P0489, P0490

```
실린더당흡입공기량      436.8mg/st
13 흡기온센서             27.6  ℃
   흡기온센서출력전압     2999  mV    14
15 EGR 액츄에이터          4.3  %
   대기압센서             101  kPa
   냉각수온센서           85.7 ℃
   클러치스위치(M/T)      ON
   중립 스위치(M/T)       OFF
   브레이크스위치 2       OFF
   브레이크스위치 1       OFF
```

Chapter 7 • CRDI 엔진의 센서출력값

16 대기압 센서(Atmospheric pressure sensor)

▶ **데이터 의미** : ECM에 내장된 대기압 센서가 검출한 대기압력이다. 대기압 센서 신호전압을 압력(hPa)으로 나타낸 것으로 고지대 운행시 공기밀도(산소량) 차이에 의한 연료량 제어 및 EGR 제어를 보정한다. 흡기 부스트 압력센서 및 CPF 차압 센서 오신호를 감지한다.

▶ **데이터 참조값**
 • 평지(1 기압) : 1,013hPa

▶ **데이터 분석** : 높은 지대로 갈수록 수치가 낮아진다. 동일한 장소라도 기후와 온도에 따라 데이터가 달라진다(평지에서도 고기압 상태에서는 참조값보다 약간 높아지고, 저기압 상태에서는 약간 낮아진다).

▶ **고장 모드** : 대기압 센서가 고장나면 기본값은 900hPa 로 대체된다.
 • 표출 : P0107, P0108

실린더당흡입공기량	436.8	mg/st
흡기온센서	27.6	℃
흡기온센서출력전압	2999	mV
EGR 액츄에이터	4.3	%
16 대기압센서	101	kPa
냉각수온센서	85.7	℃
클러치스위치(M/T)	ON	
중립 스위치(M/T)	OFF	
브레이크스위치 2	OFF	
브레이크스위치 1	OFF	

17 냉각수 온도 센서(Water temp. sensor)

▶ **데이터 의미** : 엔진 냉각수라인에서 검출된 냉각수의 온도이다. 냉각수온센서의 신호전압을 온도(℃)로 나타낸 것으로 연료 분사량과 점화시기 보정, 냉간시 시동성 향상 및 열간시 냉각팬 제어를 한다.

▶ **데이터 참조값** : 무부하 공회전시 냉각수 온도가 0.8℃(20mV)씩 상승하여 최고 95.1℃에 도달하면 냉각팬이 구동된다. 냉각팬 구동으로 냉각수 온도가 0.8℃(20mV)씩 하강하여 91.2℃에 도달하면 냉각팬은 정지된다.

온도(℃)	-40	-20	0	20	40	60	80
저항(kΩ)	48.14	14.13~16.83	5.79	2.3~2.59	1.15	0.59	0.32

▶ **데이터 분석** : 냉각수 온도가 0.8℃(20mV)씩 상승 또는 하강하는지, 무부하 공회전 상태에서 데이터가 95.1℃까지 상승하는지, 95.1℃까지 상승직후 냉각팬이 구동하면서 0.8℃(20mV)씩 하강하는지 확인한다.

데이터 변동폭이 급격하게 상승하거나 하강하면 비정상이다. 자기진단시 "P0698"이나 "P0699"가 표출되면 가변스월밸브 액추에이터, 차압센서, 냉각수온센서 및 에어컨 압력센서 "공급전원 3"을 점검한다. 냉각수 온도에 따라 데이터가 변동하므로 데이터와 단품저항이 일치하는지 확인하여 정상여부를 판단한다.

▶ **고장 모드** : 냉각수 온도 센서가 고장나면 기본값은 Cold조건, 크랭킹 시에는 -10℃, 웜 조건에서는 79.4℃로 대체된다.
  • **표출** : P0116, P0117, P0118

실린더당흡입공기량	436.8mg/st
흡기온센서	27.6 ℃
흡기온센서출력전압	2999 mV
EGR 엑츄에이터	4.3 %
대기압센서	101 kPa
17 냉각수온센서	85.7 ℃
클러치스위치(M/T)	ON
중립 스위치(M/T)	OFF
브레이크스위치 2	OFF
브레이크스위치 1	OFF

18 클러치 스위치(Clutch switch)

▶ 데이터 의미 : 클러치 페달 작동상태를 나타내며 클러치 스위치 신호전압을 ON/OFF로 나타낸 것이다.
변속시점을 인식하여 차량의 울컥거림 및 스모크 컨트롤에 대한 연료보정을 하고, 차속·엔진회전수 정보와 함께 현재 기어 변속단을 검출한다.
▶ 데이터 참조값 : 클러치 페달 밟으면 ON, 놓으면 OFF.
▶ 데이터 분석 : 페달조작에 따라 ON ↔ OFF 되는지 확인한다.
▶ 고장 모드 : P0830 표출

19 브레이크 스위치 2(Redundant Brake switch)

▶ 데이터 의미 : 브레이크 페달 작동상태를 나타내는 것으로 브레이크 스위치 2 신호전압을 ON/OFF로 나타낸 것이다. 제동시 연료량을 제어하고, APS 오신호 출력을 감지하기 위한 안전 장치이다.

▶ 데이터 참조값
  • 브레이크 페달 ON 시 : 브레이크 SW 1, SW 2 모두 ON
  • 브레이크 페달 OFF 시 : 브레이크 SW 1, SW 2 모두 OFF

▶ 데이터 분석 : 페달조작에 따라 ON ↔ OFF 되는지 확인한다.

▶ 고장 모드 : APS가 높은 출력으로 고착되거나 오신호를 출력하는 중에 브레이크 페달 작동신호가 입력되면 림프홈 모드 진입되어 엔진회전수가 1,200RPM으로 고정된다. 림프홈 모드 진입 상태에서 정상적인 APS 신호가 감지되면 림프홈 모드가 즉시 해제된다.
  • 표출 : P0504

20 브레이크 스위치 1(Brake switch)

▶ **데이터 의미** : 브레이크 페달 작동상태를 나타내며 브레이크 스위치1 신호전압을 ON/OFF로 나타낸 것이다. 제동시 연료량을 제어하고, APS 오신호 감지를 위한 안전장치이며 브레이크 스위치 신호의 신뢰성을 높이기 위해 스위치1과 2로 나뉜다.

▶ **데이터 참조값**
- 브레이크 페달 ON 시 : 브레이크 SW 1, SW 2 모두 ON.
- 브레이크 페달 OFF 시 : 브레이크 SW 1, SW 2 모두 OFF.

▶ **데이터 분석** : 페달조작에 따라 ON ↔ OFF 되는지 확인한다.

▶ **고장 모드** : APS가 높은 출력으로 고착되거나 오신호를 출력하는 중에 브레이크 페달 작동신호가 입력되면 림프홈 모드 진입되어 엔진 회전수 1,200RPM으로 고정된다. 림프홈 모드 진입 상태에서 정상적인 APS 신호가 감지되면 림프홈 모드 즉시 해제된다.
- 표출 : P0504

실린더당흡입공기량	436.8mg/st
흡기온센서	27.6 ℃
흡기온센서출력전압	2999 mV
EGR 엑츄에이터	4.3 %
대기압센서	101 kPa
냉각수온센서	85.7 ℃
18 클러치스위치(M/T)	ON
중립 스위치(M/T)	OFF
브레이크스위치 2	OFF 19
20 브레이크스위치 1	OFF

21 엑셀페달센서(Accel. Pedal Sensor)

▶ **데이터 의미** : 운전자가 엑셀페달을 밟은 양(%)으로 APS 1, APS 2의 신호전압을 연산한 것이다. 운전자의 가속의지를 검출하여 현재 가속 상태에 따른 연료량을 결정한다.

▶ **데이터 참조값**
- 공회전시 : 0%
- 페달 완전히 밟음 : 100%

▶ **데이터 분석** : 엑셀페달을 가·감속하면서 데이터가 급격한 변화없이 페달변화에 비례하여 변동하는지 확인한다. 엑셀페달을 밟으면 증가하고, 놓으면 감소한다.

▶ **고장 모드** : 엑셀페달센서1이나 2가 고장나면 기본값이 0%로 대체되고, 엔진 공회전 1,200RPM으로 제한된다.
- 표출 : P2138, P2299

22 엑셀페달센서1 전압(Accel. Pedal Sensor 1)

▶ **데이터 의미** : APS 1의 작동 상태로서 APS 2와 독립된 전원회로와 접지회로를 구성하는 APS 1 신호전압(mV)이다. 연료 분사량과 분사시기를 결정한다.

▶ **데이터 참조값**
- 공회전시 : APS 1은 600~900mV, APS 2는 200~500mV
- 페달을 완전히 밟음 : APS 1은 3,500~4,700mV, APS 2는 1,600~2,600mV

▶ **데이터 분석** : 엑셀페달을 가·감속하면서 데이터가 급격한 변화없이 페달변화에 비례하여 변동하는지 확인한다. 엑셀페달을 밟으면 증가하고, 놓으면 감소한다.

▶ **고장 모드** : 엑셀페달센서1 전압이 고장나면 "엑셀페달센서" 기본값이 0%로 대체되고, 엔진 공회전 1,200RPM으로 제한된다.
- 포텐셔미터 저항 : 0.7~1.3kΩ.
- 표출 : P0642, P0643, P2123

CMP 전원 출력값이 높거나 낮은 고장이 발생되면 "P0642"나 "P0643"이 같이 표출될 수 있다.

23 엑셀페달센서2 전압(Accel. Pedal Sensor 2)

▶ **데이터 의미** : APS 2의 작동 상태로 APS 1과 독립된 전원회로와 접지회로를 구성하는 APS 2 신호전압(mV)이다. APS 1의 이상신호를 감지하고, 이상신호에 의한 엔진 과다출력 및 차량 급출발을 방지한다.

▶ **데이터 참조값** : APS 1 출력값의 ½을 출력한다.
- **공회전시** : APS 2는 200 ~ 500mV, APS 1은 600 ~ 900mV.
- **페달을 완전히 밟음** : APS 2는 1,600 ~ 2,600mV, APS 1은 3, 500 ~ 4,700mV.

▶ **데이터 분석** : 엑셀페달을 가·감속하면서 데이터가 급격한 변화없이 페달변화에 비례하여 변동하는지 확인한다. 엑셀페달을 밟으면 증가하고, 놓으면 감소한다.
자기진단시 "P0652" 나 "P0653" 표출되면 엑셀페달센서 2, 레일압력센서, 에어플로우센서 및 부스트압력센서 "공급전원 2"를 점검한다.

▶ **고장 모드** : 엑셀페달센서2 전압가 고장나면 "엑셀페달센서" 기본값이 0%로 대체되고, 엔진 공회전 1,200RPM으로 제한된다.
- **포텐셔미터 저항** : 1.4 ~ 2.6kΩ
- **표출** : P0652, P0653, P2128

21	엑셀페달센서	0.0	%
	액셀페달센서1 전압	764	mV	22
23	액셀페달센서2 전압	372	mV
	액셀페달/브레이크상태	정상	-
	에어컨스위치	OFF	
	에어컨컴프레서작동상태	OFF	
	에어컨압력센서	1117	mV
	블로워스위치	OFF	
	냉각팬(저속)	OFF	
	냉각팬(고속)	OFF	

24 엑셀페달/브레이크 상태(Status of plausibility Acc/Brk)

- ▶ 데이터 의미 : APS 1,2와 브레이크 스위치 1,2의 신호를 받아 악셀페달과 브레이크 페달의 작동 상태를 "정상/비정상"으로 나타낸 것이다. 이상신호에 의한 엔진 과다출력 및 차량 급출발을 방지한다.
- ▶ 데이터 참조값 : 항상 "정상"을 출력해야 한다.
- ▶ 고장 모드 : 악셀페달과 브레이크 페달 상태가 비정상이면 엔진 공회전 1,200RPM 으로 제한된다.
  - 포텐셔미터 저항 : 1.4 ~ 2.6kΩ
  - 표출 : P0652, P0653, P2128, P0504

25 에어컨 스위치(A/C ON signal switch)

- ▶ 데이터 의미 : 에어컨 컨트롤 모듈에서 입력된 에어컨 스위치 작동상태로서 에어컨 스위치 신호 전압을 ON/OFF로 나타낸 것이다. 아이들업(연료량 보정)기능을 수행한다.
- ▶ 데이터 참조값 : 에어컨 스위치 켜면 ON, 끄면 OFF.
- ▶ 데이터 분석 : 에어컨 스위치 작동에 따라 ON ↔ OFF 되는지 확인한다.
- ▶ 고장 모드

엑셀페달센서	0.0	%
액셀페달센서1 전압	764	mV
액셀페달센서2 전압	372	mV
24 액셀페달/브레이크상태	정상	
에어컨스위치	OFF	25
에어컨컴프레서작동상태	OFF	
에어컨압력센서	1117	mV
블로워스위치	OFF	
냉각팬(저속)	OFF	
냉각팬(고속)	OFF	

Section 1 • 센서 출력값의 의미

26 에어컨 컴프레서 작동 상태(A/C compressor control status)

▶ **데이터 의미** : 에어컨 컴프레서 작동 여부를 나타내며 에어컨 릴레이 제어측 전압을 ON/OFF로 나타낸 것이다. 엔진 급가속시 가속성능을 확보하고, 에어컨 컴프레서 ON시 아이들-업(연료량 보정) 기능을 수행한다.

▶ **데이터 참조값** : 에어컨 스위치 ON일 시 에어컨 릴레이 ON(에어컨 압력센서에 의해 에어컨 컴프레서가 주기적으로 ON/OFF).
- 에어컨 스위치 OFF : 에어컨 릴레이 OFF
- 가속시 : 가속순간 에어컨 컴프레서 OFF

▶ **데이터 분석** : 에어컨 작동조건에서 에어컨 스위치 ON ↔ OFF 에 따라 데이터가 바뀌는지 확인한다. 스캔툴 "액추에이터 검사"를 실행하여 에어컨 컴프레서 릴레이와 컴프레서 작동상태를 점검한다.

▶ **고장 모드**
- 에어컨 릴레이 코일 저항 : 85 ± 5Ω(20℃).
- 표출 : P0646, P0647

액셀페달센서	0.0	%
액셀페달센서1 전압	764	mV
액셀페달센서2 전압	372	mV
액셀페달/브레이크상태	정상	
에어컨스위치	OFF	
26 에어컨컴프레서작동상태	OFF	
에어컨압력센서	1117	mV
블로워스위치	OFF	
냉각팬(저속)	OFF	
냉각팬(고속)	OFF	

27 에어컨 압력센서(Air conditioner pressure sensor)

▶ **데이터 의미** : 에어컨 고압회로의 냉매 압력을 나타내며 에어컨 압력센서 신호전압(mV)이다. 최적화된 에어컨 컴프레서 구동 및 냉각팬 제어를 한다.

▶ **데이터 참조값** : 에어컨 스위치 ON일 시 에어컨 릴레이 ON(에어컨 압력센서에 의해 에어컨 컴프레서가 주기적으로 ON/OFF).
 - 에어컨 스위치 OFF 시 : 1,100mV ~ 1,500mV
 - 에어컨 스위치 ON 시 : 1,500mV ~ 2,400mV

▶ **데이터 분석** : 에어컨 시스템에 충전된 냉매량 및 온도에 따라 출력전압에 차이가 발생한다. 에어컨 작동조건에서 에어컨 스위치 ON시 약 20mV씩 상승되는지, OFF시 약 20mV씩 하강되는지 확인한다.
자기진단시 "P0698" 이나 "P0699"가 표출되면 가변스월밸브 액추에이터, 차압센서, 냉각수온센서 및 에어컨 압력센서의 "공급전원 3"을 점검한다.

▶ **고장 모드** : 에어컨 압력센서가 고장나면 에어컨 컴프레서 구동이 금지되고 냉매압력 기본값이 100hPa로 대체된다.
 - 표출 : P0532, P0533, P0698, P0699

액셀페달센서	0.0	%
액셀페달센서1 전압	764	mV
액셀페달센서2 전압	372	mV
액셀페달/브레이크상태	정상	
에어컨스위치	OFF	
에어컨컴프레서작동상태	OFF	
27 에어컨압력센서	1117	mV
블로워스위치	OFF	
냉각팬(저속)	OFF	
냉각팬(고속)	OFF	

28 블로워 스위치(Blower switch)

▶ **데이터 의미** : 에어컨 컨트롤 모듈에서 입력된 블로워 스위치 작동상태이다. 블로워 스위치 신호전압을 ON/OFF로 나타낸 것이다.

▶ **데이터 참조값** : 블로워 스위치 켜면 "ON", 끄면 "OFF"

▶ **데이터 분석** : 블로워 스위치 ON ↔ OFF 에 따라 데이터가 바뀌는지 확인한다.

▶ **고장 모드**

29 냉각팬-저속(Radiator cooling fan)

▶ **데이터 의미** : 냉각 팬-로우 릴레이 제어측 작동상태를 나타낸 것으로 제어측 전압을 ON/OFF로 나타내고 냉각 팬-로우 측에 구동전원을 공급한다.

▶ **데이터 참조값** : 공회전시 냉각수 온도가 0.8℃씩 상승하여 최고 95.1℃ 에 도달하면 ON 된다. 에어컨 ON시 ON 되며 냉각팬 구동으로 냉각수 온도가 0.8℃씩 하강하여 91.2℃에 도달하면 OFF 된다.

▶ **데이터 분석** : 무부하 공회전 상태에서 냉각수 온도가 95.1℃될 때, 에어컨 ON시 ON되는지 확인한다. 스캔툴로 "액추에이터 구동"을 실시하여 냉각 팬-로우 릴레이 및 냉각 팬 작동상태를 점검한다.

▶ **고장 모드**

엑셀페달센서	0.0	%
액셀페달센서1 전압	764	mV
액셀페달센서2 전압	372	mV
액셀페달/브레이크상태	정상	
에어컨스위치	OFF	
에어컨컴프레서작동상태	OFF	
에어컨압력센서	1117	mV
28 블로워스위치	OFF	
냉각팬(저속)	OFF	29
냉각팬(고속)	OFF	

Chapter 7 • CRDI 엔진의 센서출력값

30 냉각팬-고속(A/C condenser fan)

▶ 데이터 의미 : 냉각 팬-하이 릴레이 제어측 작동상태를 나타내며 전압을 ON/OFF로 나타내고 구동전원을 공급한다.
▶ 데이터 참조값
▶ 데이터 분석 : 스캔툴로 "액추에이터 구동"을 실시하여 냉각 팬-하이 릴레이 및 냉각 팬 작동상태를 점검한다.
▶ 고장 모드

31 글로우 릴레이(Glow control actuator relay output)

▶ 데이터 의미 : 글로우 릴레이 제어측 작동상태를 나타내며 전압을 ON/OFF로 나타낸 것이다. 냉각수 온도, 배터리 전압, IG KEY ON 신호를 연산하여 작동시간을 결정하고 냉간 시동시 시동성을 향상시킨다. 배기가스 배출을 줄이기 위해 시동전에 연소실내 공기를 가열한다.
▶ 데이터 참조값
▶ 데이터 분석 : 스캔툴 "액추에이터 검사"를 실행하여 글로우 릴레이 작동상태를 점검
▶ 고장 모드
  • 글로우 릴레이 코일 저항 : 55 ± 5Ω(20℃)   • 글로우 플러그 저항 :
  • 표출 : P0670

엑셀페달센서	0.0	%
엑셀페달센서1 전압	764	mV
엑셀페달센서2 전압	372	mV
엑셀페달/브레이크상태	정상	
에어컨스위치	OFF	
에어컨컴프레서작동상태	OFF	
에어컨압력센서	1117	mV
블로워스위치	OFF	
냉각팬(저속)	OFF	
30 냉각팬(고속)	OFF	

31 글로우릴레이	OFF	
글로우램프작동상태	OFF	
보조히터릴레이	OFF	
연료 펌프 릴레이	ON	
부스트압력센서	102	kPa
부스트압력센서출력전압	1627	mV
VGT 엑츄에이터	76.1	%
가변스월엑츄에이터	11.7	%
스로틀플랩액츄에이터	4.7	%
엔진경고등	OFF	

Section 1 • 센서 출력값의 의미

32 글로우 램프작동상태(Glow control lamp output)

▶ 데이터 의미 : 글로우 램프의 점등상태로서 제어측 전압을 ON/OFF로 나타낸 것이다. 글로우 플러그가 작동되는 상태와 글로우 릴레이에 전원이 공급되는 상태를 운전자에게 알려준다.
▶ 데이터 참조값 : IG ON시 예열중에 글로우 램프 ON된다. 글로우 시스템 전원공급에 이상이 있으면 글로우 램프가 깜빡거린다.
▶ 데이터 분석 : 스캔툴 "액추에이터 검사"를 실행하여 글로우 램프 작동상태를 점검한다.
▶ 고장 모드 : P0670이 표출된다.

33 보조 히터 릴레이[Auxiliary Heater(PTC or Water heater)]

▶ 데이터 의미 : 보조 히터 릴레이 제어측 작동상태를 나타내며 전압을 ON/OFF로 나타낸 것이다. 짧은 시간에 냉각수온을 높여 히터 난방성능 향상시키기 위해 작동된다.
▶ 데이터 참조값
 • 보조 히터 릴레이 ON 조건 : 흡기온 5℃ 이하, 냉각수온 70℃ 이하, 엔진회전수 700RPM 이상, 배터리 전압 8.9V 이상
 • 보조 히터 릴레이 OFF 조건 : 냉각수온 70℃ 이상, 엔진회전수 700RPM 이하(배터리 방전 방지)
▶ 데이터 분석 : 스캔툴 "액추에이터 검사"를 실행하여 보조 히터 릴레이 작동상태를 점검
▶ 고장 모드
 • 보조 히터 릴레이 코일저항 : 52 ±5Ω(20℃)   • 표출 : P1634

글로우릴레이	OFF	
글로우램프작동상태	OFF	
보조히터릴레이	OFF	
연료 펌프 릴레이	ON	
부스트압력센서	102	kPa
부스트압력센서출력전압	1627	mV
VGT 액츄에이터	76.1	%
가변스월액츄에이터	11.7	%
스로틀플랩액츄에이터	4.7	%
엔진경고등	OFF	

189

34. 연료펌프 릴레이(Elec. Fuel pump relay)

▶ **데이터 의미** : 연료펌프 릴레이 제어측 작동상태를 나타낸다. 연료펌프 릴레이 제어측 전압을 ON/OFF로 나타낸 것이다. 저압연료펌프에 구동전원을 공급한다.

▶ **데이터 참조값** : IG On시 약 1.5초간 ON된 다음 정지된다. IG On후 약 1.5초 경과 후에 크랭크 각 센서에서 엔진 회전수가 검출되면, 다시 릴레이 ON되면서 저압연료펌프가 작동되어 고압펌프에 연료를 압송한다.

▶ **데이터 분석** : 스캔툴 "액추에이터 검사"를 실행하여 연료펌프 릴레이 작동상태를 점검

▶ **고장 모드**
- 릴레이 코일저항 : 90 ± 10Ω
- 저압연료펌프 토출압 : 4 ~ 5bar
- 저압연료펌프 구동전류 : 3A
- 표출 : P0231, P0232

35 부스트 압력센서(Boost pressure sensor)

▶ **데이터 의미** : 터보차저에 의해 과급된 흡기 다기관 내의 절대압력이다. 인터쿨러 호스에 장착된 부스트 압력센서 신호전압을 압력(hPa)으로 나타내는 것으로 대기압센서와 상호비교하여 고장을 감지한다.

가변터보차저(VGT)를 제어하고, 과도한 압력이 검출되면 엔진출력을 제한하여 엔진을 보호한다.

▶ **데이터 참조값** : 부스트 압력은 매니폴드의 절대압력에 비례하여 변화한다.
- 무부하 공회전시(823 RPM) : 1,084 hPa
- 스톨테스트시(2,705 RPM) : 2,237 hPa

압력(hPa)	700	1,400	2,100	2,700
출력전압(mV)	1,020~1,170	2,130~2,280	3,250~3,400	4,200~4,350

▶ **데이터 분석** : 자기진단시 "P0652"나 "P0653" 표출되면 엑셀페달센서 2, 레일압력센서, 에어플로우센서 및 부스트압력센서 "공급전원 2"를 점검한다.

▶ **고장 모드** : 부스트압력센서가 고장나면 1,000hPa로 대체된다.
- 표출 : P0069, P023, P0238

```
글로우릴레이            OFF
글로우램프작동상태      OFF
보조히터릴레이          OFF
연료 펌프 릴레이        ON
35 부스트압력센서       102   kPa
부스트압력센서출력전압  1627  mV
VGT 엑츄에이터         76.1  %
가변스월엑츄에이터      11.7  %
스로틀플랩엑츄에이터    4.7   %
엔진경고등              OFF
```

36 부스트 압력센서 출력전압(Output raw value of boost pressure in volts)

▶ **데이터 의미** : 터보차저에 의해 과급된 흡기 다기관 내의 절대압력을 전압으로 나타내는 것으로 부스트 압력센서 신호전압(mV)이다. 가변터보차저 (VGT)를 제어하고, 과도한 압력이 검출되면 엔진출력을 제한하여 엔진을 보호한다.

▶ **데이터 참조값** : 부스트 압력센서 신호 전압은 매니폴드의 절대 압력에 비례하여 변화한다.
- 무부하 공회전시(823 RPM) : 1,588 ~ 1,705mV
- 스톨테스트시(2,705 RPM) : 3,500 ~ 3,705mV

압력(hPa)	700	1,400	2,100	2,700
출력전압(mV)	1,020 ~ 1,170	2,130 ~ 2,280	3,250 ~ 3,400	4,200 ~ 4,350

▶ **데이터 분석** : 자기진단시 "P0652" 나 "P0653" 표출되면 엑셀페달센서 2, 레일압력센서, 에어플로우센서 및 부스트압력센서 "공급전원 2"를 점검한다.

▶ **고장 모드**
- 표출 : P0069, P0237, P0238

글로우릴레이	OFF
글로우램프작동상태	OFF
보조히터릴레이	OFF
연료 펌프 릴레이	ON
부스트압력센서	102 kPa
36 부스트압력센서출력전압	1627 mV
VGT 엑츄에이터	76.1 %
가변스월엑츄에이터	11.7 %
스로틀플랩엑츄에이터	4.7 %
엔진경고등	OFF

37 VGT 액추에이터(Vacuum Modulator for VGT)

▶ **데이터 의미** : VGT 액추에이터 열림량을 제어하는 듀티(%)이다. VGT 액추에이터 제어측 전압을 듀티로 나타낸 것이다. 운전 전영역에서 최적효율로 엔진운전이 가능하도록 엔진 회전수, APS, 공기량 측정 센서, 부스트 압력센서 정보를 연산하여 제어한다. 터보차저 배기가스 유로를 조절하는 진공 다이어프램 작동시킨다.

▶ **데이터 참조값** : 부스트 압력센서 신호 전압은 매니폴드의 절대 압력에 비례하여 변화한다.
- **진공 형성** : VGT 솔레노이드 밸브 듀티 76.1%
- **진공 해제** : VGT 솔레노이드 밸브 듀티 42.4%
① **공회전시** : VGT 액추에이터 작동듀티 76.1%, 부스트 압력센서 1,015hPa± 100hPa (약 1기압).
② **가속시** : 가속량에 따라 VGT 액추에이터 작동듀티는 감소하고 부스트 압력센서 값은 증가한다. 스톨테스트 시(2,705 RPM) 43.9%
③ **부스트 압력이 일정이상 증가시** : VGT 액추에이터 작동듀티가 더 이상 감소하지 않고 일정하게 유지된다.
④ **엑셀페달을 OFF 시** : VGT 액추에이터 작동듀티가 76.1%로 복원된다. 스캔툴 "액추에이터 검사"를 실행하여 VGT 액추에이터 작동상태를 점검한다.

▶ **데이터 분석** : 자기진단시 "P0652" 나 "P0653" 표출되면 엑셀페달센서 2, 레일압력센서, 에어플로우센서 및 부스트압력센서 "공급전원 2"를 점검한다.

▶ **고장 모드** : VGT액추에이터 고장시 최고엔진회전수가 3,000RPM으로 제한된다.
- **코일 저항** : 14.7 ~ 16.1Ω (20℃)　• **표출** : P0047, P0048, P0234, P0299

글로우릴레이	OFF	
글로우램프작동상태	OFF	
보조히터릴레이	OFF	
연료 펌프 릴레이	ON	
부스트압력센서	102	kPa
부스트압력센서출력전압	1627	mV
37 VGT 액츄에이터	76.1	%
가변스월액츄에이터	11.7	%
스로틀플랩액츄에이터	4.7	%
엔진경고등	OFF	

38 가변 스월 액추에이터(Variable swirl actuator)

▶ **데이터 의미** : 스월 액추에이터 열림량을 제어하는 듀티(%)로서 스월 액추에이터 제어측 전압을 듀티(%)로 나타낸 것이다. 저중속 영역(공회전 또는 3,000RPM이하)에서 스월효과로 공기공급율을 증가시켜 매연을 감소시킨다.

▶ **데이터 참조값** : 부IG OFF시 가변스월밸브를 3회 완전히 열었다 닫아 스월밸브의 최소·최대위치를 학습하고, 이물질이 흡착되어 모터가 손상되는 것을 방지한다.
- 공회전 또는 3,000RPM이하에서 스월밸브 닫힘 : 11.0 ~ 25.1%
- 3,000RPM이상에서 스월밸브 열림 : 스톨테스트시(2,705 RPM) 14.1%

▶ **데이터 분석** : 스캔툴 "액추에이터 검사"를 실행하여 가변 스월 액추에이터 작동상태를 점검한다. 자기진단시 "P0698" 이나 "P0699"가 표출되면 가변스월밸브 액추에이터, 차압센서, 냉각수온센서 및 에어컨 압력센서 "공급전원 3"을 점검한다.

▶ **고장 모드** : 가변 스월 액추에이터 고장시 스월 밸브를 개방한다. 가변 스월 액추에이터 교환시 교환 작업후 스캔툴로 학습치 초기화 작업을 실시한다.
- 모터코일 저항 : 3.4 ~ 4.4Ω(20℃)
- 포지션 센서 코일 저항 : 3.44 ~ 5.16kΩ(20℃)
- 표출 : P2009, P2010, P2015, P2016, P2017, P0698, P0699

글로우릴레이	OFF	
글로우램프작동상태	OFF	
보조히터릴레이	OFF	
연료 펌프 릴레이	ON	
부스트압력센서	102	kPa
부스트압력센서출력전압	1627	mV
VGT 엑츄에이터	76.1	%
38 가변스월엑츄에이터	11.7	%
스로틀플랩액츄에이터	4.7	%
엔진경고등	OFF	

39 스로틀플랩 액츄에이터(Inlet throttle actuator)

▶ **데이터 의미** : 시동 OFF시 흡입 공기를 차단을 위해 ECM이 스로틀플랩을 닫는 PWM 작동 듀티(300Hz)이다. 스로틀플랩 액츄에이터 제어측 전압을 듀티(%)로 나타낸 것이다.

엔진 정지시 스로틀플랩이 닫혀 디젤 오버런 현상을 방지하고 엔진 진동을 감소시킨다. 전운전영역에서 작동하여 EGR 작용을 보조한다.

▶ **데이터 참조값** : 시동 OFF & 250RPM이하 신호 입력 단 1회만 작동한다.
- 평상시 : 4.7% - 액츄에이터가 작동하지 않고 항시 열려있다.
- 엔진 정지시 : 1.5초 동안 93.7% - 진동 방지를 위해 스로틀플랩을 완전히 닫는다.
- EGR을 위한 흡입공기 감소시 스로틀플랩 부분 닫음 : 4.7% ~ 93.7%
- CPF 재생을 위한 흡입공기 감소시 스로틀 밸브 부분 닫음 : 4.7% ~ 93.7%

▶ **데이터 분석** : 스캔툴 "액츄에이터 검사"를 실행하여 스로틀플랩 액츄에이터 작동 상태를 점검한다.

▶ **고장 모드**   • 코일 저항 : 14 ~ 17Ω   • 표출 : P2111, P2112, P2113

글로우릴레이	OFF	
글로우램프작동상태	OFF	
보조히터릴레이	OFF	
연료 펌프 릴레이	ON	
부스트압력센서	102	kPa
부스트압력센서출력전압	1627	mV
UGT 액츄에이터	76.1	%
가변스월액츄에이터	11.7	%
스로틀플랩액츄에이터	4.7	%
엔진경고등	OFF	

40 엔진 점검 경고등(Engine CHK Lamp)

▶ **데이터 의미** : 엔진 점검 경고등의 상태로서 제어 회로 전압을 ON/OFF로 나타낸 것이다. 각 센서와 액추에이터 회로 이상, 엔진 주행 성능 이상, TCM 계통 이상, ECM 자체 이상이 발생된 것을 운전자에게 알린다.

▶ **데이터 참조값** : IG KEY "ON" 시 점등되어, 시동 "ON" 후 수초 이내에 소등된다.

▶ **데이터 분석** : 스캔툴 "액추에이터 검사"를 실행하여 경고등 점등상태를 점검한다. 주행 중 엔진 경고등이 점등된다면, 엔진 성능 계통 및 자동 변속기 계통의 고장진단을 실시한다.

▶ **고장 모드**   • 표출 : P0650

41 산소센서조절전압 Raw lambda voltage after average and subtraction of reference value

▶ **데이터 의미** : ECM이 공기과잉률 검출을 위해 산소센서로 출력하는 전압(mV)이다. ECM은 조절전압에 의해 가감되는 산소센서 전류(펌핑전류)량으로 배기가스에 포함된 산소농도를 검출한다. 연료량을 보정하여 정밀한 EGR 제어를 가능하게 하고, 엔진 최대 부하시 농후한 혼합비에 의한 흑연을 제한(Smoke Limitation)하는 역할을 수행한다.

▶ **데이터 참조값**

공연비(λ)	0.65	0.70	0.80	0.90	1.01	1.18	1.43	1.70	2.42	대기상태
펌핑전류(A)	−2.22	−1.82	−1.11	−0.50	0.00	0.33	0.67	0.94	1.38	2.54

▶ **고장 모드**   • 표출 : P2238, P2239, P2251

Section 1 • 센서 출력값의 의미

42 공기 과잉율(Lambda)

▶ **데이터 의미** : 배기가스에 포함된 산소농도로서 산소센서 신호전압을 레벨화하여 나타낸 것이며 EGR 제어를 수행한다.

▶ **데이터 참조값**

공연비(λ)	0.65	0.70	0.80	0.90	1.01	1.18	1.43	1.70	2.42	대기상태
펌핑전류(A)	-2.22	-1.82	-1.11	-0.50	0.00	0.33	0.67	0.94	1.38	2.54

▶ **데이터 분석** : 공기 과잉율(λ)이 1.0 이상이면 혼합기가 희박하고, λ 1.0 이하이면 혼합기가 농후한 것이다. 급가속을 제외한 공회전, 주행상태에서는 1.0 이상 출력되고, 서서히 변화된다. 급가속 직후에만 1.0 이하 출력된다.

▶ **고장 모드** : 산소센서 교환시 교환 작업후 스캔툴로 학습치 초기화 작업을 실시한다.
  • 표출 : P2238, P2239, P2251

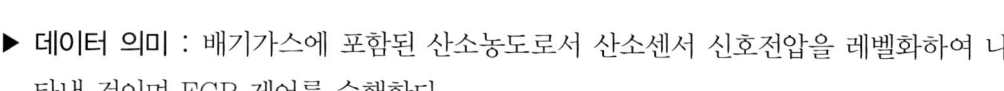

197

43. 산소센서 온도 (Equivalent temperature of Ri value)

▶ **데이터 의미** : 산소센서 히터 저항변화를 연산한 산소센서 온도(℃)이고, 산소센서를 조기에 활성화하여 EGR 정밀제어를 수행한다.

▶ **데이터 참조값**

온도(℃)	20	100	200	300	400	500	600	700
히터 저항(Ω)	9.2	10.7	13.1	14.6	17.7	19.2	20.7	22.5

▶ **고장 모드** : 배기가스 온도센서(T3 와 T5)가 고장나면 EGR 제어가 중지되고 엔진 최고 회전수가 3,000RPM으로 제한된다.
  • 표출 : P2238, P2239, P2251

44. 산소센서 히터듀티 (Duty cycle heater power stage after battery voltage correction)

▶ **데이터 의미** : 배터리 전압이 보상된 후 산소센서 내부히터를 작동하기 위해 ECM이 출력하는 듀티 싸이클(%)이며 전압을 듀티(%)로 나타낸 것이다. 검출된 배기가스온도, 압력 등을 연산하여 작동듀티를 결정한다.

▶ **데이터 참조값** : 산소센서 내부히터가 작동되면 듀티 싸이클(%)이 변동된다.

▶ **데이터 분석** : 산소센서 내부히터는 주로 엔진이 냉각된 상태에서 작동하므로 냉간 시 듀티값이 표출되는지 확인한다. 스캔툴 "액추에이터 검사"를 실행하여 산소센서 내부히터 작동상태를 점검한다.

▶ **고장 모드** • 표출 : P0031, P0032

49. 람다센서 농도조정 – 조정/미조정 State of adaptation (adapted/not adapted)

▶ 데이터 의미 : 산소센서에 대한 모니터링 결과 감지능력이 저하되었다고 판단되면, 이에 대해 ECM이 보정을 실시한다. 이것을 "산소센서 농도조정"이라 하며 실시여부를 나타낸다. 산소센서 감지능력을 최적상태로 유지하기 위해 실시한다.

▶ 데이터 참조값 ・ 조정 : 조정완료 ・ 미조정 : 조정않음

▶ 데이터 분석

▶ 고장 모드 ・ 표출 : P2238, P2239, P2251

산소센서조절전압	2078	mV
공기과잉율	5.1	
산소센서온도	678.2	℃
산소센서히터듀티	44.3	%
산소센서농도조정	조정완료	
차속센서	0	Km/h
차량가속도	0.0	m/s2
기어변속단	0	
엔진회전수	750	RPM
엔진부하	21.6	%

산소센서조절전압	2078	mV
공기과잉율	5.1	
산소센서온도	678.2	℃
산소센서히터듀티	44.3	%
산소센서농도조정	조정완료	
차속센서	0	Km/h
차량가속도	0.0	m/s2
기어변속단	0	
엔진회전수	750	RPM
엔진부하	21.6	%

46 차속센서(Vehicle speed sensor)

▶ 데이터 의미 : 변속기 디퍼렌셜 기어에 설치된 드라이브 기어에 의해 검출된 구동 축 회전수를 연산하여 나타낸 현재 주행속도(km/h)이다.
차속 센서 신호전압 파형을 시속으로 나타낸 것으로 엔진 회전수와 차량속도를 비교하여 주행 변속단을 연산하고 최적의 연료량 계산을 위한 보정을 수행한다.

▶ 데이터 참조값 : 계기판 속도계 지시치와 비슷하다.

▶ 데이터 분석 : 스캔툴 "시뮬레이션"을 실시하여 점검한다.

▶ 고장 모드　• 표출 : P0501

47 차량가속도(Actual Vehicle Acceleration)

▶ 데이터 의미 : 차량속도와 주행시간을 연산하여 나타낸 것(m/s^2)이다.

48 기어 변속단(Gear information)

▶ 데이터 의미
  • 자동변속기 차량 : TCU로 부터 입력받은 현재 기어 변속단이다.
  • 수동변속기 차량 : 차량속도와 엔진회전수로 기어비를 연산하여 인식한 현재 기어 변속단이다.

▶ 데이터 참조값
  • 자동변속기 차량 : (1) 0 − P (주차), N(중립)
  　　　　　　　　　 (2) −1 − R (후진)
  　　　　　　　　　 (3) 1, 2, 3, 4 − D(1속, 2속, 3속, 4속)

Section 1 • 센서 출력값의 의미

49 엔진 회전수(Engine speed sensor)

▶ 데이터 의미 : 크랭크 포지션 센서(CKPS)의 신호를 연산하여 얻는 1분당 엔진 회전수(RPM)이다.

크랭크 포지션 센서(CKPS) 신호를 엔진 회전수로 나타낸 것으로, 신호가 출력되지 않으면 엔진 회전수는 캠 포지션 센서(CMP) 신호의 2배로 계산되며 기본 연료 분사량과 분사시기를 결정한다.

▶ 데이터 참조값
- 공회전 RPM(웜-업 후 무 부하 시) : 800 ± 100RPM
- 스톨테스트 : 2,700 ± 100RPM

▶ 고장 모드
- CKPS 출력전압 0~5V, 코일저항 774~946Ω(20℃)
- CMPS 출력펄스전압 0V (로우)~12 V(하이), 에어갭 1.5 ± 0.1 mm
- 표출 : P2238, P2239, P2251

201

Chapter 7 • CRDI 엔진의 센서출력값

50 엔진 부하(Calculated load value)

▶ 데이터 의미 : 입력된 정보로 연산한 현재 엔진에서 출력되고 있는 힘의 정도(%)를 나타낸다.

▶ 데이터 참조값
- 공회전 무부하(823RPM) : 엔진부하 25.5%, 엔진토크 12.9Nm, 목표엔진토크 -22.4Nm
- 스톨테스트(2,703RPM) : 엔진부하 100%, 엔진토크 304.7Nm, 목표엔진토크 314.1Nm

51 엔진 토크(Actual Engine Torque)

▶ 데이터 의미 : 입력된 정보로 연산한 현재 엔진에서 출력되고 있는 힘의 크기(Nm)를 나타낸다. 엔진 토크값과 목표 엔진 토크값이 거의 동일해야 한다.

▶ 데이터 참조값
- 공회전RPM(823) : 엔진토크 12.9Nm, 목표엔진토크 -22.4Nm, 엔진부하 25.5%
- 스톨테스트 : 엔진토크 304.7Nm, 목표엔진토크 314.1Nm, 엔진부하 100%

▶ 고장 모드 : 정속주행시 엔진 토크값과 목표 엔진 토크값이 비슷하다.

산소센서조절전압	2078	mV
공기과잉율	5.1	
산소센서온도	678.2	℃
산소센서히터듀티	44.3	%
산소센서농도조정	조정완료	
차속센서	0	Km/h
차량가속도	0.0	m/s2
기어변속단	0	
엔진회전수	750	RPM
50 엔진부하	21.6	%

51 엔진토크	17.6	Nm
목표엔진토크	-22.4	Nm
엔진마찰토크	6.7	%
현재엔진출력토크	11.4	%
목표엔진출력토크	11.4	%
이모빌라이저적용상태	적용	
이모빌라이저램프	OFF	
AT/MT 정보	A/T	
배기유량	47.1	m3/h
CPF 차압발생량	0.0	kPa

52 목표 엔진 토크(Desired Engine Torque)

▶ 데이터 의미 : 엑셀 페달 센서값과 엔진 회전수를 연산하여 산출한 현재 주행상태에 가장 적절한 엔진 출력 요구값(Nm)이다. 목표 엔진 토크값과 엔진 토크값은 거의 동일해야 한다.

▶ 데이터 참조값
- 공회전 무부하(823RPM) : 목표엔진토크 −22.4Nm, 엔진토크 12.9Nm, 엔진부하 25.5%
- 스톨테스트(2,703RPM) : 목표엔진토크 314.1Nm, 엔진토크 304.7Nm, 엔진부하 100 %

▶ 데이터 분석 : 정속주행시 엔진 토크값과 목표 엔진 토크값이 비슷하다.

53 이모빌라이저 적용상태(State of Immo. Presence)

▶ 데이터 의미 : 이모빌라이저 시스템 적용 여부이다. 이모빌라이저 정보접지 전압을 "적용 / 미적용"으로 나타낸 것이다.

▶ 데이터 참조값
- 적 용 : 이모빌라이저 시스템 적용 차량
- 미적용 : 이모빌라이저 시스템 미적용 차량

엔진토크	17.6	Nm
52 목표엔진토크	-22.4	Nm
엔진마찰토크	6.7	%
현재엔진출력토크	11.4	%
목표엔진출력토크	11.4	%
이모빌라이저적용상태	적용	53
이모빌라이저램프	OFF	
AT/MT 정보	A/T	-
배기유량	47.1	m3/h
CPF 차압발생량	0.0	kPa

Chapter 7 • CRDI 엔진의 센서출력값

54 이모빌라이저 램프(Immobilizer status lamp)

▶ 데이터 의미 : 이모빌라이저 램프 작동상태로서 제어측 전압을 ON/OFF로 나타낸 것이다. 이모빌라이저 시스템의 이상 및 키 인증 여부를 운전자에게 알려준다.

▶ 데이터 참조값 : 키 인증 후 엔진이 시동될 때까지 경고등 "ON" 상태를 유지한다. 점화스위치 "ON" 후 이모빌라이저 램프는 30초 동안 "ON" 상태를 유지한 후 "OFF" 된다. 이모빌라이저 시스템에 이상이 있거나 키 인증에 실패하면 5회 깜박인 후 "OFF" 된다.

▶ 데이터 분석 : 스캔툴 "액추에이터 검사"를 실행하여 이모빌라이저 램프 작동상태를 점검한다.

▶ 고장 모드   • 표출 : P1692

엔진토크	17.6	Nm
목표엔진토크	-22.4	Nm
엔진마찰토크	6.7	%
현재엔진출력토크	11.4	%
목표엔진출력토크	11.4	%
이모빌라이저적용상태	적용	
54 이모빌라이저램프	OFF	
AT/MT 정보	A/T	
배기유량	47.1	m3/h
CPF 차압발생량	0.0	kPa

Section 1 • 센서 출력값의 의미

55 AT/MT 정보 (AT/MT information)

▶ 데이터 의미 : 차량에 적용된 변속기 종류를 자동인식한 상태를 나타내며 AT/MT 정보 접지회로 전압을 "AT" 또는 "MT"로 나타낸다.

　　AT차량과 MT차량간의 ECM 호환을 가능하게 하며 ECM 교환시 스캔툴을 이용한 별도의 입력작업을 반드시 실시한다.

▶ 데이터 참조값
- A/T : 자동변속기 장착 차량
- M/T : 수동변속기 장착 차량

▶ 고장 모드　　• 표출 : P1586, P1587, P1588

56 배기유량(Calculated exhaust gas flow in the particulate filter)

▶ 데이터 의미 : Soot량 검출 과정중에 공기량과 연료량을 연산한 배기가스 흐름량(m^3/h)이이며 Soot량 검출을 위해 필요하다.

▶ 데이터 참조값
- 공회전 무부하(823RPM) : $39.2 \sim 47.1\,m^3/h$
- 스톨테스트(2,703RPM) : $384.3\,m^3/h$

▶ 고장 모드 : CPF 차압센서 고장시 기본값 10 hPa 대체되며 CPF 교환시 교환 작업 후 스캔툴로 학습치 초기화 작업을 실시한다.
- 표출 : P0472, P0473, P1403, P2002

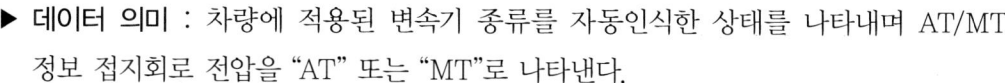

57 CPF 차압 발생량(Differential pressure of particulate filter)

▶ **데이터 의미** : CPF 차압센서(DPS)에서 검출된 CPF 앞부분 압력과 뒷부분 압력의 차이로서 신호전압을 압력(hPa)으로 나타낸 것이다.
Soot 량을 검출하여 CPF 재생여부를 결정하며 주행누적거리와 비교 연산하여 CPF 재생주기 및 재생지속시간을 보정한다.

▶ **데이터 참조값** : CPF 용량은 3.76ℓ이며, 최대 Soot 퇴적량은 32g(8g/ℓ)이다.

차압[ΔP](kPa)	0	10	20	30	40	50	60	70	80	90	100
출력전압(V)	1.00	1.35	1.70	2.05	2.40	2.75	3.10	3.45	3.80	4.15	4.50

▶ **데이터 분석** : 자기진단시 "P0698"이나 "P0699"가 표출되면 가변스월밸브 액추에이터, 차압센서, 냉각수온센서 및 에어컨 압력센서 "공급전원 3"을 점검한다.

▶ **고장 모드** : CPF 차압센서 고장시 엔진 경고등 점멸되고, 기본값은 10 hPa로 대체된다. 차압센서 교환시 교환 작업후 스캔툴로 학습치 초기화 작업을 실시한다.
  • 표출 : P0472, P0473, P1403

```
엔진토크            17.6  Nm
목표엔진토크        -22.4  Nm
엔진마찰토크         6.7  %
현재엔진출력토크    11.4  %
목표엔진출력토크    11.4  %
이모빌라이저적용상태  적용
이모빌라이저램프    OFF
AT/MT 정보          A/T
배기유량            47.1  m3/h
57 CPF 차압발생량    0.0  kPa
```

58 VGT 전단온도(Temperature pre oxidation catalyst)

▶ **데이터 의미** : 터보차저(VGT) 앞부분에 설치된 배기가스 온도센서 #1(EGTS)에서 검출된 VGT안으로 유입되는 배기가스 온도(℃)이다.

　배기가스 온도센서 #1(T3-VGT) 신호전압을 온도로 나타낸 것으로서 포스트 1 분사로 상승된 배기 가스 온도를 검출하여 성공적인 포스트 1 분사를 모니터하고, 지나친 온도 상승을 방지한다.

▶ **데이터 참조값**
- 온도 검출범위 : 130℃ ~ 890℃
- 검출된 온도 : 130℃부터 표출
- 열간 공회전 시 : 130℃ 정도, 주행중에는 200 ~ 300℃ 정도 표출

▶ **데이터 분석** : 표출된 데이터가 130℃ 이하 이거나 890℃ 이상이면 비정상이다.

▶ **고장 모드** : 배기가스 온도센서 #1(EGTS)이 고장나면 기본값 400℃로 대체된다.
- 표출 : P0545, P0546, P1407, P2030

목표엔진출력토크	11.4 %
이모빌라이저적용상태	적용
이모빌라이저램프	OFF
AT/MT 정보	A/T
배기유량	47.1 m3/h
CPF 차압발생량	0.0 kPa
58 VGT 전단온도	**136.7 ℃**
CPF 전단온도	127.3 ℃
CPF 전단압력	89.9 kPa
재생종료상태	OFF

59 CPF 전단온도 — Exhaust gas temperature value pre particulate filter

▶ **데이터 의미** : CPF의 산화촉매와 촉매필터 사이에 설치된 배기가스 온도센서 #2(EGTS)에서 검출된 배기가스 온도(℃)이다.

배기가스 온도센서 #2(T5-CPF) 신호전압을 온도로 나타낸 것이며 포스트 2 분사로 상승된 배기가스 온도를 검출하여 지나친 온도 상승을 막아 CPF장치(촉매 필터)의 손상을 방지한다.

▶ **데이터 참조값**
- 온도 검출범위 : 130℃ ~ 890℃
- 검출된 온도 : 130℃부터 표출
- 열간 공회전 시 : 130℃ 정도, 주행중에는 200 ~ 300℃ 정도, CPF 재생시에는 650 ± 50℃ 정도 표출한다

▶ **데이터 분석** : 표출된 데이터가 130℃ 이하이거나 890℃ 이상이면 비정상이다.

▶ **고장 모드** : 배기가스 온도센서(EGTS) #2가 고장나면 기본값 300℃로 대체되고 CPF를 교환하면 교환 작업 후 스캔툴로 학습치 초기화 작업을 실시한다.
- 표출 : P1406, P2032, P2033, P2030

목표엔진출력토크	11.4	%
이모빌라이저적용상태	적용	
이모빌라이저램프	OFF	
AT/MT 정보	A/T	
배기유량	47.1	m3/h
CPF 차압발생량	0.0	kPa
VGT 전단온도	136.7	℃
59 CPF 전단온도	**127.3**	**℃**
CPF 전단압력	89.9	kPa
재생종료상태	OFF	

60. CPF 전단압력(Pressure pre particulate filter)

▶ 데이터 의미 : CPF 차압센서가 검출한 CPF 앞부분의 압력으로서 검출부 신호전압을 압력(hPa)으로 나타낸 것이다.

▶ 데이터 참조값
- 공회전 무부하(823RPM) : 1,028hPa
- 스톨테스트(2,705RPM) : 1,156hPa

▶ 데이터 분석 : 참조값보다 높으면 CPF이전의 막힘을 점검하며 참조값보다 낮으면 CPF이전의 누설, 터짐을 점검한다.

▶ 고장 모드 : 배기가스 온도센서(EGTS) #2가 고장나면 기본값 300℃로 대체되고 CPF를 교환하면 교환 작업 후 스캔툴로 학습치 초기화 작업을 실시한다.
- 표출 : P1406, P2032, P2033, P2030

목표엔진출력토크	11.4 %
이모빌라이져적용상태	적용
이모빌라이져램프	OFF
AT/MT 정보	A/T
배기유량	47.1 m3/h
CPF 차압발생량	0.0 kPa
VGT 전단온도	136.7 ℃
CPF 전단온도	127.3 ℃
60 CPF 전단압력	89.9 kPa
재생종료상태	OFF

61 재생종료상태 [Regeneration request of exhaust gas treatment (engine speed synchronous)]

▶ 데이터 의미 : CPF 재생 실행여부를 ON/OFF로 나타낸 것으로 현재 운행조건을 ECM이 연산하여 CPF 재생 실행여부를 결정한다.

① CPF 재생
- CPF전단과 후단의 압력 차이가 일정 이상을 초과하면 CPF내부에 많은 분진(탄소 알갱이, 황 화합물, 겔 상태의 연소잔여물)이 포집된 것으로 판단한다. 포집된 분진을 연소시킬 수 있는 조건(재생조건)이 되면, 포스트1 분사(폭발 행정 말에 배출가스에 화염발생)·포스트2 분사(배기 행정 초 산화촉매에 HC유입)하여 CPF를 550℃ ~ 650℃까지 상승시킨다. 이 열로 CPF내부에 포집된 분진을 자연발화시켜 제거하는 과정이다.

② CPF 재생조건
- 차량 주행 거리 1,000km이상
- 엔진 회전수 1,000 ~ 4,000RPM
- 엔진 부하 약 0.7bar[8mg/st]
- 차량 주행 속도 5km/h이상
- 냉각 수온 40℃이상

▶ 데이터 참조값
- ON : 재생 실행중
- OFF : 재생 비실행

▶ 고장 모드   • 표출 : P1405 재생이상

```
목표엔진출력토크        11.4   %
이모빌라이져적용상태    적용
이모빌라이져램프        OFF
AT/MT 정보              A/T
배기유량                 47.1   m3/h
CPF 차압발생량          0.0    kPa
UGT 전단온도            136.7  ℃
CPF 전단온도            127.3  ℃
CPF 전단압력            89.9   kPa
61 재생종료상태         OFF
```

Crdi Engine

엔진 별 센서출력값 02 Section

01 u - 1.6 CRDI 엔진

▶ 아반떼(HD), 포르테

공회전 데이터	2,000RPM	스톨테스트

센서출력	1/54	주행데이터	23%	주행데이터	88%
이그니션스위치	ON	이그니션스위치	ON	이그니션스위치	ON
배터리전압	14.4 V	배터리전압	14.4 V	배터리전압	14.3 V
연료분사량	4.3 mm3	연료분사량	5.5 mm3	연료분사량	48.2 mm3
레일압력	26.5 MPa	레일압력	49.0 MPa	레일압력	151.0 MPa
목표레일압력	26.5 MPa	목표레일압력	49.0 MPa	목표레일압력	151.0 MPa
레일압력조절기(레일)	22.4 %	레일압력조절기(레일)	29.0 %	레일압력조절기(레일)	53.3 %
레일압력조절기(펌프)	37.6 %	레일압력조절기(펌프)	36.9 %	레일압력조절기(펌프)	31.0 %
연료온도센서	30.8 ℃	연료온도센서	32.4 ℃	연료온도센서	32.4 ℃
연료온도센서출력전압	2843 mV	연료온도센서출력전압	2803 mV	연료온도센서출력전압	2803 mV
흡입공기량(Kg/h)	35.3 Kg/h	흡입공기량(Kg/h)	98.0 Kg/h	흡입공기량(Kg/h)	309.8 Kg/h

센서출력	11/54	주행데이터	41%	주행데이터	82%
실린더당흡입공기량	372.6mg/st	실린더당흡입공기량	411.1mg/st	실린더당흡입공기량	847.9mg/st
흡기온센서	26.9 ℃	흡기온센서	32.4 ℃	흡기온센서	32.4 ℃
흡기온센서출력전압	3019 mV	흡기온센서출력전압	2764 mV	흡기온센서출력전압	2764 mV
EGR 액츄에이터	4.7 %	EGR 액츄에이터	4.7 %	EGR 액츄에이터	4.7 %
대기압센서	101 kPa	대기압센서	101 kPa	대기압센서	101 kPa
냉각수온센서	86.5 ℃	냉각수온센서	88.8 ℃	냉각수온센서	89.6 ℃
클러치스위치(M/T)	ON	클러치스위치(M/T)	ON	클러치스위치(M/T)	OFF
중립 스위치(M/T)	OFF	중립 스위치(M/T)	OFF	중립 스위치(M/T)	OFF
브레이크스위치 2	OFF	브레이크스위치 2	OFF	브레이크스위치 2	ON
브레이크스위치 1	OFF	브레이크스위치 1	OFF	브레이크스위치 1	ON

센서출력	21/54	주행데이터	58%	주행데이터	87%
액셀페달센서	0.0 %	액셀페달센서	12.2 %	액셀페달센서	100.0 %
액셀페달센서1 전압	764 mV	액셀페달센서1 전압	1215 mV	액셀페달센서1 전압	4274 mV
액셀페달센서2 전압	372 mV	액셀페달센서2 전압	588 mV	액셀페달센서2 전압	2137 mV
액셀페달/브레이크상태	정상	액셀페달/브레이크상태	정상	액셀페달/브레이크상태	정상
에어컨스위치	OFF	에어컨스위치	OFF	에어컨스위치	OFF
에어컨릴레이 작동상태	OFF	에어컨릴레이 작동상태	OFF	에어컨릴레이 작동상태	OFF
에어컨압력센서	1098 mV	에어컨압력센서	1176 mV	에어컨압력센서	1176 mV
블로워스위치	OFF	블로워스위치	OFF	블로워스위치	OFF
냉각팬(저속)	OFF	냉각팬(저속)	OFF	냉각팬(저속)	OFF
냉각팬(고속)	OFF	냉각팬(고속)	OFF	냉각팬(고속)	OFF

Chapter 7 • CRDI 엔진의 센서출력값

공회전 데이터

센서출력		31/54
글로우릴레이	OFF	
글로우램프작동상태	OFF	
보조히터릴레이	OFF	
부스트압력센서	100	kPa
부스트압력센서출력전압	1588	mV
UGT 액츄에이터	60.0	%
가변스월액츄에이터	14.5	%
스로틀플랩액츄에이터	94.5	%
엔진경고등	OFF	
산소센서조절전압	1000	mV

센서출력		41/54
공기과잉율	5.9	
산소센서온도	678.2	℃
산소센서히터듀티	37.3	%
산소센서능동조정	미조정	
차속센서	0	Km/h
차량가속도	0.0	m/s2
기어변속단	0	
엔진회전수	780	RPM
엔진부하	20.0	%
현재엔진출력토크	8.6	%

센서출력		54/54
차속센서	0	Km/h
차량가속도	0.0	m/s2
기어변속단	0	
엔진회전수	779	RPM
엔진부하	19.6	%
현재엔진출력토크	8.6	%
목표엔진출력토크	8.6	%
이모빌라이저적용상태	적용	
이모빌라이저램프	OFF	
AT/MT 정보	A/T	

2,000RPM

주행데이터		47%
글로우릴레이	OFF	
글로우램프작동상태	OFF	
보조히터릴레이	OFF	
부스트압력센서	100	kPa
부스트압력센서출력전압	1705	mV
UGT 액츄에이터	52.2	%
가변스월액츄에이터	14.5	%
스로틀플랩액츄에이터	94.5	%
엔진경고등	OFF	
산소센서조절전압	1196	mV

주행데이터		38%
공기과잉율	5.6	
산소센서온도	678.2	℃
산소센서히터듀티	40.8	%
산소센서능동조정	미조정	
차속센서	0	Km/h
차량가속도	0.0	m/s2
기어변속단	0	
엔진회전수	2096	RPM
엔진부하	25.5	%
현재엔진출력토크	9.0	%

주행데이터		68%
차속센서	0	Km/h
차량가속도	0.0	m/s2
기어변속단	0	
엔진회전수	2006	RPM
엔진부하	23.9	%
현재엔진출력토크	9.4	%
목표엔진출력토크	9.4	%
이모빌라이저적용상태	적용	
이모빌라이저램프	OFF	
AT/MT 정보	A/T	

스톨테스트

주행데이터		78%
글로우릴레이	OFF	
글로우램프작동상태	OFF	
보조히터릴레이	OFF	
부스트압력센서	218	kPa
부스트압력센서출력전압	3450	mV
UGT 액츄에이터	41.2	%
가변스월액츄에이터	0.7	%
스로틀플랩액츄에이터	94.5	%
엔진경고등	OFF	
산소센서조절전압	196	mV

주행데이터		83%
공기과잉율	1.1	
산소센서온도	682.9	℃
산소센서히터듀티	73.7	%
산소센서능동조정	미조정	
차속센서	0	Km/h
차량가속도	0.0	m/s2
기어변속단	1	
엔진회전수	3030	RPM
엔진부하	100.0	%
현재엔진출력토크	90.2	%

주행데이터		91%
차속센서	0	Km/h
차량가속도	0.0	m/s2
기어변속단	1	
엔진회전수	3029	RPM
엔진부하	100.0	%
현재엔진출력토크	88.6	%
목표엔진출력토크	88.6	%
이모빌라이저적용상태	적용	
이모빌라이저램프	OFF	
AT/MT 정보	A/T	

※ 위 데이터는 엔진의 개발 초기 데이터로 연도 및 ECU 사양 변경에 따라 달라질 수 있습니다.

02 D - 2.0 CRDI(Euro-III) 엔진

▶ 투싼-WGT, 스포티지-WGT

공회전 데이터

센서출력		1/40
배터리전압	14.1	V
공기량(Kg/h)	51	Kg/h
공기량(mg/st)	553	mg/st
흡기온센서	24.3	℃
엑셀포지션센서	0.0	%
엑셀포지션센서 1	581	mV
엑셀포지션센서 2	303	mV
냉각수온센서	52.5	℃
엔진회전수	758	RPM
차속센서	0	Km/h

2,000RPM

주행데이터		34%
배터리전압	14.0	V
공기량(Kg/h)	88	Kg/h
공기량(mg/st)	378	mg/st
흡기온센서	24.2	℃
엑셀포지션센서	20.5	%
엑셀포지션센서 1	1412	mV
엑셀포지션센서 2	713	mV
냉각수온센서	56.5	℃
엔진회전수	1957	RPM
차속센서	0	Km/h

스톨테스트

주행데이터		66%
배터리전압	14.0	V
공기량(Kg/h)	302	Kg/h
공기량(mg/st)	1846	mg/st
흡기온센서	24.3	℃
엑셀포지션센서	100.0	%
엑셀포지션센서 1	4159	mV
엑셀포지션센서 2	2091	mV
냉각수온센서	62.1	℃
엔진회전수	2439	RPM
차속센서	0	Km/h

Section 2 • 엔진 별 센서출력값

공회전 데이터	2,000RPM	스톨테스트

센서출력	11/40
연료온도센서	18.4 ℃
레일압력	258.5bar
레일압력목표값	260.0bar
레일압력조절밸브	16.2 %
EGR 액츄에이터	5.0 %
대기압센서	101 kPa
클러치스위치(M/T)	ON
1단기어스위치(M/T)	OFF
브레이크스위치 1	OFF
브레이크스위치 2	OFF

주행데이터	50%
연료온도센서	20.7 ℃
레일압력	401.5bar
레일압력목표값	402.8bar
레일압력조절밸브	20.7 %
EGR 액츄에이터	95.0 %
대기압센서	101 kPa
클러치스위치(M/T)	ON
1단기어스위치(M/T)	OFF
브레이크스위치 1	OFF
브레이크스위치 2	OFF

주행데이터	84%
연료온도센서	20.8 ℃
레일압력	1131.4ar
레일압력목표값	1129.0ar
레일압력조절밸브	42.8 %
EGR 액츄에이터	5.0 %
대기압센서	101 kPa
클러치스위치(M/T)	OFF
1단기어스위치(M/T)	OFF
브레이크스위치 1	ON
브레이크스위치 2	ON

센서출력	21/40
인젝터구동전압	79.2 V
엔진경고등	OFF
글로우릴레이	OFF
연료분사량	8.4 mcc
연료펌프릴레이	ON
팬-저속	OFF
팬-고속	OFF
에어컨스위치	OFF
에어컨릴레이	OFF
에어컨압력SW.-MIDDLE	OFF

주행데이터	55%
인젝터구동전압	78.9 V
엔진경고등	OFF
글로우릴레이	OFF
연료분사량	10.9 mcc
연료펌프릴레이	ON
팬-저속	OFF
팬-고속	OFF
에어컨스위치	OFF
에어컨릴레이	OFF
에어컨압력SW.-MIDDLE	OFF

주행데이터	83%
인젝터구동전압	78.5 V
엔진경고등	OFF
글로우릴레이	OFF
연료분사량	56.2 mcc
연료펌프릴레이	ON
팬-저속	OFF
팬-고속	OFF
에어컨스위치	OFF
에어컨릴레이	OFF
에어컨압력SW.-MIDDLE	OFF

센서출력	40/40
에어컨압력스위치	OFF
블로워스위치	OFF
냉각수보조히터릴레이	OFF
이그니션스위치	ON
스로틀플랩액츄에이터	OFF
주분사시기	ATDC 2
보조분사시기	BTDC 9
주연료분사시간	710.5 uS
보조연료분사시간	331.8 uS
시동상태	ON

주행데이터	20%
에어컨압력스위치	OFF
블로워스위치	OFF
냉각수보조히터릴레이	OFF
이그니션스위치	ON
스로틀플랩액츄에이터	OFF
주분사시기	TDC 0
보조분사시기	BTDC 24
주연료분사시간	546.6 uS
보조연료분사시간	216.7 uS
시동상태	ON

주행데이터	70%
에어컨압력스위치	OFF
블로워스위치	OFF
냉각수보조히터릴레이	OFF
이그니션스위치	ON
스로틀플랩액츄에이터	OFF
주분사시기	BTDC 7
보조분사시기	BTDC 42
주연료분사시간	858.9 uS
보조연료분사시간	164.0 uS
시동상태	ON

▶ EGR 작동에 따른 공기량 변화

센서출력	36/40
✓ 공기량(Kg/h)	46 Kg/h
✓ 공기량(mg/st)	539 mg/st
✓ 냉각수온센서	78.1 ℃
✓ 엔진회전수	725 RPM
✓ 레일압력	264.0bar
EGR 액츄에이터	5.0 %
✓ 연료분사량	6.8 mcc
주연료분사시간	uS
보조연료분사시간	uS
시동상태	

센서출력	36/40
✓ 공기량(Kg/h)	31 Kg/h
✓ 공기량(mg/st)	369 mg/st
✓ 냉각수온센서	78.1 ℃
✓ 엔진회전수	724 RPM
✓ 레일압력	258.5bar
EGR 액츄에이터	95.0 %
✓ 연료분사량	6.9 mcc
주연료분사시간	uS
보조연료분사시간	uS
시동상태	

그림 EGR 5% : 공기량 46Kg/h   그림 EGR 95% : 공기량 31Kg/h

※ 위 데이터는 엔진의 개발 초기 데이터로 연도 및 ECU 사양 변경에 따라 달라질 수 있습니다.

03 D - 2.0 VGT(Euro-IV) 엔진

▶ 투싼-VGT, 스포티지-VGT

공회전 데이터	2,000RPM	스톨테스트

센서출력	1/64	주행데이터	48%	주행데이터	86%
이그니션스위치	ON	이그니션스위치	ON	이그니션스위치	ON
배터리전압	14.3 V	배터리전압	14.2 V	배터리전압	14.2 V
연료분사량	6.7 mm3	연료분사량	7.8 mm3	연료분사량	57.3 mm3
레일압력	28.4 MPa	레일압력	54.9 MPa	레일압력	152.9 MPa
목표레일압력	27.5 MPa	목표레일압력	54.9 MPa	목표레일압력	152.9 MPa
레일압력조절기(레일)	16.1 %	레일압력조절기(레일)	40.0 %	레일압력조절기(레일)	52.2 %
레일압력조절기(펌프)	31.8 %	레일압력조절기(펌프)	37.6 %	레일압력조절기(펌프)	32.2 %
연료온도센서	28.4 ℃	연료온도센서	47.3 ℃	연료온도센서	47.3 ℃
연료온도센서출력전압	2960 mV	연료온도센서출력전압	2137 mV	연료온도센서출력전압	2137 mV
흡입공기량(Kg/h)	31.4 Kg/h	흡입공기량(Kg/h)	160.8 Kg/h	흡입공기량(Kg/h)	368.6 Kg/h

실린더당흡입공기량	436.8mg/st	실린더당흡입공기량	642.48g/st	실린더당흡입공기량	1104.8g/st
흡기온센서	27.6 ℃	흡기온센서	37.1 ℃	흡기온센서	38.6 ℃
흡기온센서출력전압	2999 mV	흡기온센서출력전압	2549 mV	흡기온센서출력전압	2490 mV
EGR 액츄에이터	4.3 %	EGR 액츄에이터	4.3 %	EGR 액츄에이터	4.3 %
대기압센서	101 kPa	대기압센서	101 kPa	대기압센서	101 kPa
냉각수온센서	85.7 ℃	냉각수온센서	86.5 ℃	냉각수온센서	87.3 ℃
클러치스위치(M/T)	ON	클러치스위치(M/T)	ON	클러치스위치(M/T)	OFF
중립 스위치(M/T)	OFF	중립 스위치(M/T)	OFF	중립 스위치(M/T)	OFF
브레이크스위치 2	OFF	브레이크스위치 2	OFF	브레이크스위치 2	ON
브레이크스위치 1	OFF	브레이크스위치 1	OFF	브레이크스위치 1	ON

액셀페달센서	0.0 %	액셀페달센서	12.9 %	액셀페달센서	100.0 %
액셀페달센서1 전압	764 mV	액셀페달센서1 전압	1235 mV	액셀페달센서1 전압	3901 mV
액셀페달센서2 전압	372 mV	액셀페달센서2 전압	607 mV	액셀페달센서2 전압	1941 mV
액셀페달/브레이크상태	정상	액셀페달/브레이크상태	정상	액셀페달/브레이크상태	정상
에어컨스위치	OFF	에어컨스위치	OFF	에어컨스위치	OFF
에어컨컴프레서작동상태	OFF	에어컨컴프레서작동상태	OFF	에어컨컴프레서작동상태	OFF
에어컨압력센서	1117 mV	에어컨압력센서	999 mV	에어컨압력센서	999 mV
블로워스위치	OFF	블로워스위치	OFF	블로워스위치	OFF
냉각팬(저속)	OFF	냉각팬(저속)	OFF	냉각팬(저속)	OFF
냉각팬(고속)	OFF	냉각팬(고속)	OFF	냉각팬(고속)	OFF

글로우릴레이	OFF	글로우릴레이	OFF	글로우릴레이	OFF
글로우램프작동상태	OFF	글로우램프작동상태	OFF	글로우램프작동상태	OFF
보조히터릴레이	OFF	보조히터릴레이	OFF	보조히터릴레이	OFF
연료 펌프 릴레이	ON	연료 펌프 릴레이	ON	연료 펌프 릴레이	ON
부스트압력센서	102 kPa	부스트압력센서	148 kPa	부스트압력센서	226 kPa
부스트압력센서출력전압	1627 mV	부스트압력센서출력전압	2333 mV	부스트압력센서출력전압	3627 mV
VGT 액츄에이터	76.1 %	VGT 액츄에이터	62.0 %	VGT 액츄에이터	50.2 %
가변스월액츄에이터	11.7 %	가변스월액츄에이터	11.4 %	가변스월액츄에이터	7.6 %
스로틀플랩액츄에이터	4.7 %	스로틀플랩액츄에이터	4.7 %	스로틀플랩액츄에이터	4.7 %
엔진경고등	OFF	엔진경고등	OFF	엔진경고등	OFF

산소센서조절전압	2078 mV	산소센서조절전압	2215 mV	산소센서조절전압	490 mV
공기과잉율	5.1	공기과잉율	5.9	공기과잉율	1.4
산소센서온도	678.2 ℃	산소센서온도	678.2 ℃	산소센서온도	678.2 ℃
산소센서히터듀티	44.3 %	산소센서히터듀티	67.5 %	산소센서히터듀티	74.1 %
산소센서농도조정	조정완료	산소센서농도조정	조정완료	산소센서농도조정	조정완료
차속센서	0 Km/h	차속센서	0 Km/h	차속센서	0 Km/h
차량가속도	0.0 m/s2	차량가속도	0.0 m/s2	차량가속도	0.0 m/s2
기어변속단	0	기어변속단	0	기어변속단	1
엔진회전수	750 RPM	엔진회전수	2034 RPM	엔진회전수	2756 RPM
엔진부하	21.6 %	엔진부하	31.0 %	엔진부하	100.0 %

Section 2 • 엔진 별 센서출력값

공회전 데이터		2,000RPM		스톨테스트	
엔진토크	17.6 Nm	엔진토크	15.3 Nm	엔진토크	304.7 Nm
목표엔진토크	-22.4 Nm	목표엔진토크	15.3 Nm	목표엔진토크	314.1 Nm
엔진마찰토크	6.7 %	엔진마찰토크	8.2 %	엔진마찰토크	9.8 %
현재엔진출력토크	11.4 %	현재엔진출력토크	12.5 %	현재엔진출력토크	91.8 %
목표엔진출력토크	11.4 %	목표엔진출력토크	12.2 %	목표엔진출력토크	91.8 %
이모빌라이저적용상태	적용	이모빌라이저적용상태	적용	이모빌라이저적용상태	적용
이모빌라이저램프	OFF	이모빌라이저램프	OFF	이모빌라이저램프	OFF
AT/MT 정보	A/T	AT/MT 정보	A/T	AT/MT 정보	A/T
배기유량	47.1 m3/h	배기유량	211.8 m3/h	배기유량	431.4 m3/h
CPF 차압발생량	0.0 kPa	CPF 차압발생량	0.0 kPa	CPF 차압발생량	0.0 kPa
목표엔진출력토크	11.4 %	목표엔진출력토크	11.4 %	목표엔진출력토크	92.2 %
이모빌라이저적용상태	적용	이모빌라이저적용상태	적용	이모빌라이저적용상태	적용
이모빌라이저램프	OFF	이모빌라이저램프	OFF	이모빌라이저램프	OFF
AT/MT 정보	A/T	AT/MT 정보	A/T	AT/MT 정보	A/T
배기유량	47.1 m3/h	배기유량	211.8 m3/h	배기유량	423.5 m3/h
CPF 차압발생량	0.0 kPa	CPF 차압발생량	0.0 kPa	CPF 차압발생량	0.0 kPa
VGT 전단온도	136.7 ℃	VGT 전단온도	207.3 ℃	VGT 전단온도	527.6 ℃
CPF 전단온도	127.3 ℃	CPF 전단온도	245.0 ℃	CPF 전단온도	245.0 ℃
CPF 전단압력	89.9 kPa	CPF 전단압력	102.8 kPa	CPF 전단압력	115.6 kPa
재생종료상태	OFF	재생종료상태	OFF	재생종료상태	OFF

※ 위 데이터는 엔진의 개발 초기 데이터로 연도 및 ECU 사양 변경에 따라 달라질 수 있습니다.

MEMO

04. A - 2.5 CRDI(Euro-III) 엔진

▶ 쏘렌토 WGT

공회전 데이터	2,000RPM	스톨테스트
센서출력 1/36 배터리전압 14.0 V 공기량(mg/st) 598.3mg/st 공기량(Kg/h) 57.7 Kg/h 흡기온센서 23.8 ℃ 액셀포지션센서 0.0 % 액셀포지션센서(5V) 650.03mV 액셀 포지션센서(2.5V) 376.3 mV 냉각수온 센서 80 ℃ 엔진회전수 799 RPM 차속 센서 0 Km/h	주행데이터 38% 배터리전압 13.9 V 공기량(mg/st) 698.26g/st 공기량(Kg/h) 176.7 Kg/h 흡기온센서 24.9 ℃ 액셀포지션센서 4.5 % 액셀포지션센서(5V) 997.11mV 액셀 포지션센서(2.5V) 547.41mV 냉각수온 센서 83 ℃ 엔진회전수 2097 RPM 차속 센서 0 Km/h	주행데이터 84% 배터리전압 13.9 V 공기량(mg/st) 1283.6g/st 공기량(Kg/h) 387.8 Kg/h 흡기온센서 24.7 ℃ 액셀포지션센서 100.0 % 액셀포지션센서(5V) 4037.1mV 액셀 포지션센서(2.5V) 2038.1mV 냉각수온 센서 83 ℃ 엔진회전수 2493 RPM 차속 센서 0 Km/h
센서출력 11/36 레일 압력 284 bar 레일 압력 목표값 283 bar 레일 압력 레귤레이터 1397 mA EGR 액츄에이터 5.0 % 대기압센서 1011 mbar 클러치스위치(M/T) ON 브레이크스위치-1 OFF 브레이크스위치-2 OFF 인젝터구동전압 78.9 V 엔진경고등	주행데이터 18% 레일 압력 632 bar 레일 압력 목표값 636 bar 레일 압력 레귤레이터 1378 mA EGR 액츄에이터 90.0 % 대기압센서 1011 mbar 클러치스위치(M/T) ON 브레이크스위치-1 OFF 브레이크스위치-2 OFF 인젝터구동전압 78.0 V 엔진경고등 OFF	주행데이터 51% 레일 압력 1272 bar 레일 압력 목표값 1285 bar 레일 압력 레귤레이터 1148 mA EGR 액츄에이터 5.0 % 대기압센서 1011 mbar 클러치스위치(M/T) OFF 브레이크스위치-1 ON 브레이크스위치-2 ON 인젝터구동전압 79.5 V 엔진경고등 OFF
센서출력 21/36 글로우릴레이 OFF 연료분사량 8 mcc 에어컨 컨덴서 팬 OFF 에어컨릴레이 OFF 에어컨스위치 OFF 에어컨압력스위치 OFF 블로워 스위치 OFF 연소식 히터 릴레이 OFF 이그니션 스위치 싱크로상태(CPS/TDC) SUCCESS	주행데이터 44% 글로우릴레이 OFF 연료분사량 9 mcc 에어컨 컨덴서 팬 OFF 에어컨릴레이 OFF 에어컨스위치 OFF 에어컨압력스위치 OFF 블로워 스위치 OFF 연소식 히터 릴레이 OFF 이그니션 스위치 ON 싱크로상태(CPS/TDC) SUCCESS	주행데이터 77% 글로우릴레이 OFF 연료분사량 71 mcc 에어컨 컨덴서 팬 OFF 에어컨릴레이 OFF 에어컨스위치 OFF 에어컨압력스위치 OFF 블로워 스위치 OFF 연소식 히터 릴레이 OFF 이그니션 스위치 ON 싱크로상태(CPS/TDC) SUCCESS
센서출력 36/36 블로워 스위치 OFF 연소식 히터 릴레이 OFF 이그니션 스위치 ON 싱크로상태(CPS/TDC) SUCCESS 시동신호 OFF 엔진시동 OFF후 점검 OFF 주분사시기 TDC 0 보조분사시기 BTDC 17 주분사시간 709 uS 보조분사시간 305 uS	주행데이터 58% 블로워 스위치 OFF 연소식 히터 릴레이 OFF 이그니션 스위치 ON 싱크로상태(CPS/TDC) SUCCESS 시동신호 OFF 엔진시동 OFF후 점검 OFF 주분사시기 TDC 0 보조분사시기 BTDC 27 주분사시간 424 uS 보조분사시간 163 uS	주행데이터 91% 블로워 스위치 OFF 연소식 히터 릴레이 OFF 이그니션 스위치 ON 싱크로상태(CPS/TDC) SUCCESS 시동신호 OFF 엔진시동 OFF후 점검 OFF 주분사시기 BTDC 7 보조분사시기 BTDC 44 주분사시간 877 uS 보조분사시간 228 uS

▶ 레일압력 레귤레이터는 전류값으로 표기됨
- 공회전 : 1,397mA
- 스톨시 : 1,148mA

전류가 낮을수록 통로가 넓어져 많은 유량 공급됨 → 압력 상승

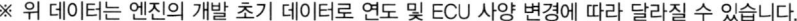

※ 위 데이터는 엔진의 개발 초기 데이터로 연도 및 ECU 사양 변경에 따라 달라질 수 있습니다.

Section 2 • 엔진 별 센서출력값

05 A - 2.5 VGT(Euro-Ⅳ) 엔진

▶ 그랜드 스타렉스

공회전 데이터

센서출력	1/59
이그니션스위치	ON
배터리전압	14.5 V
연료분사량	11.0 mm3
목표 메인 분사량	9.4 mm3
목표 파일럿 1 분사량	0.4 mm3
목표 파일럿 2 분사량	0.4 mm3
레일압력	27.5 MPa
목표레일압력	28.4 MPa
레일압력조절기(레일)	16.9 %
레일압력조절기(펌프)	26.7 %

센서출력	11/59
연료온도센서	24.5 ℃
연료온도센서출력전압	3156 mV
흡입공기량(Kg/h)	70.6 Kg/h
실린더당흡입공기량	719.4mg/st
흡기온센서	24.5 ℃
흡기온센서출력전압	3117 mV
EGR 엑츄에이터	4.7 %
대기압센서	101 kPa
냉각수온센서	51.2 ℃
클러치스위치(M/T)	ON

센서출력	21/59
중립(또는1단)스위치(MT)	OFF
브레이크스위치 2	ON
브레이크스위치 1	ON
엑셀페달센서	0.0 %
엑셀페달센서1 전압	764 mV
엑셀페달센서2 전압	411 mV
엑셀페달/브레이크상태	정상
에어컨스위치	OFF
에어컨릴레이작동상태	OFF
에어컨컴프레서작동상태	OFF

센서출력	31/59
에어컨압력센서	1019 mV
블로워스위치	OFF
냉각팬	OFF
글로우릴레이	OFF
글로우램프작동상태	OFF
보조히터릴레이	OFF
부스트압력센서	105 kPa
부스트압력센서출력전압	1666 mV
UGT 엑츄에이터	64.7 %
스로틀플랩엑츄에이터	4.7 %

센서출력	41/59
엔진경고등	OFF
산소센서조절전압	0 mV
공기과잉율	1.1
산소센서온도	475.7 ℃
산소센서히터듀티	31.8 %
산소센서농도조정	미조정
차속센서	0 Km/h
차량가속도	0.0 m/s2
기어변속단	0
엔진회전수	798 RPM

2,000RPM

주행데이터	54%
이그니션스위치	ON
배터리전압	14.5 V
연료분사량	13.7 mm3
목표 메인 분사량	11.8 mm3
목표 파일럿 1 분사량	0.8 mm3
목표 파일럿 2 분사량	0.8 mm3
레일압력	60.8 MPa
목표레일압력	60.8 MPa
레일압력조절기(레일)	25.5 %
레일압력조절기(펌프)	23.9 %

주행데이터	62%
연료온도센서	27.6 ℃
연료온도센서출력전압	2980 mV
흡입공기량(Kg/h)	192.2 Kg/h
실린더당흡입공기량	770.8mg/st
흡기온센서	35.5 ℃
흡기온센서출력전압	2607 mV
EGR 엑츄에이터	4.7 %
대기압센서	101 kPa
냉각수온센서	61.4 ℃
클러치스위치(M/T)	ON

주행데이터	55%
중립(또는1단)스위치(MT)	OFF
브레이크스위치 2	ON
브레이크스위치 1	ON
엑셀페달센서	26.7 %
엑셀페달센서1 전압	1607 mV
엑셀페달센서2 전압	803 mV
엑셀페달/브레이크상태	정상
에어컨스위치	OFF
에어컨릴레이작동상태	OFF
에어컨컴프레서작동상태	OFF

주행데이터	52%
에어컨압력센서	1058 mV
블로워스위치	OFF
냉각팬	OFF
글로우릴레이	OFF
글로우램프작동상태	OFF
보조히터릴레이	OFF
부스트압력센서	148 kPa
부스트압력센서출력전압	2333 mV
UGT 엑츄에이터	50.6 %
스로틀플랩엑츄에이터	4.7 %

주행데이터	56%
엔진경고등	OFF
산소센서조절전압	0 mV
공기과잉율	1.1
산소센서온도	475.7 ℃
산소센서히터듀티	32.2 %
산소센서농도조정	미조정
차속센서	0 Km/h
차량가속도	0.0 m/s2
기어변속단	0
엔진회전수	2031 RPM

스톨테스트

주행데이터	88%
이그니션스위치	ON
배터리전압	14.5 V
연료분사량	68.6 mm3
목표 메인 분사량	56.9 mm3
목표 파일럿 1 분사량	0.8 mm3
목표 파일럿 2 분사량	0.8 mm3
레일압력	138.2 MPa
목표레일압력	138.2 MPa
레일압력조절기(레일)	40.4 %
레일압력조절기(펌프)	22.7 %

주행데이터	88%
연료온도센서	28.4 ℃
연료온도센서출력전압	2980 mV
흡입공기량(Kg/h)	349.0 Kg/h
실린더당흡입공기량	1297.6g/st
흡기온센서	37.1 ℃
흡기온센서출력전압	2568 mV
EGR 엑츄에이터	4.7 %
대기압센서	101 kPa
냉각수온센서	61.4 ℃
클러치스위치(M/T)	OFF

주행데이터	85%
중립(또는1단)스위치(MT)	OFF
브레이크스위치 2	ON
브레이크스위치 1	ON
엑셀페달센서	100.0 %
엑셀페달센서1 전압	4078 mV
엑셀페달센서2 전압	2039 mV
엑셀페달/브레이크상태	정상
에어컨스위치	OFF
에어컨릴레이작동상태	OFF
에어컨컴프레서작동상태	OFF

주행데이터	88%
에어컨압력센서	1058 mV
블로워스위치	OFF
냉각팬	OFF
글로우릴레이	OFF
글로우램프작동상태	OFF
보조히터릴레이	OFF
부스트압력센서	208 kPa
부스트압력센서출력전압	3313 mV
UGT 엑츄에이터	45.1 %
스로틀플랩엑츄에이터	4.7 %

주행데이터	64%
엔진경고등	OFF
산소센서조절전압	0 mV
공기과잉율	1.1
산소센서온도	475.7 ℃
산소센서히터듀티	32.2 %
산소센서농도조정	미조정
차속센서	0 Km/h
차량가속도	0.0 m/s2
기어변속단	1
엔진회전수	2318 RPM

Chapter 7 • CRDI 엔진의 센서출력값

공회전 데이터		2,000RPM		스톨테스트	
센서출력	59/59	주행데이터	49%	주행데이터	80%
엔진회전수	802 RPM	엔진회전수	2052 RPM	엔진회전수	2313 RPM
엔진부하	23.5 %	엔진부하	31.8 %	엔진부하	81.2 %
엔진토크	22.4 Nm	엔진토크	50.6 Nm	엔진토크	309.4 Nm
목표엔진토크	-27.1 Nm	목표엔진토크	50.6 Nm	목표엔진토크	396.5 Nm
엔진마찰토크	6.3 %	엔진마찰토크	9.0 %	엔진마찰토크	9.8 %
현재엔진출력토크	11.8 %	현재엔진출력토크	20.4 %	현재엔진출력토크	80.4 %
목표엔진출력토크	11.8 %	목표엔진출력토크	20.4 %	목표엔진출력토크	99.2 %
이모빌라이저적용상태	적용	이모빌라이저적용상태	적용	이모빌라이저적용상태	적용
이모빌라이저램프	OFF	이모빌라이저램프	OFF	이모빌라이저램프	OFF
AT/MT 정보	A/T	AT/MT 정보	A/T	AT/MT 정보	A/T

※ 위 데이터는 엔진의 개발 초기 데이터로 연도 및 ECU 사양 변경에 따라 달라질 수 있습니다.

06 J-2.9 VGT 엔진

▶ 그랜드카니발-VGT

공회전 데이터		2,000RPM		스톨테스트	
센서출력	1/74	주행데이터	42%	주행데이터	90%
연료온도	38.0 ℃	연료온도	42.0 ℃	연료온도	42.0 ℃
부스트 압력	1.0 bar	부스트 압력	1.1 bar	부스트 압력	2.1 bar
엑셀 페달1	0.0 %	엑셀 페달1	4.7 %	엑셀 페달1	100.0 %
엑셀 페달2	0.0 %	엑셀 페달2	0.0 %	엑셀 페달2	100.0 %
엑셀 페달	0.0 %	엑셀 페달	4.7 %	엑셀 페달	100.0 %
레일 압력	229.4bar	레일 압력	688.2bar	레일 압력	1547.1bar
대기압	10.2 bar	대기압	10.2 bar	대기압	10.2 bar
냉각수 온도	82.0 ℃	냉각수 온도	87.0 ℃	냉각수 온도	88.0 ℃
대기 온도	18.0 ℃	대기 온도	19.0 ℃	대기 온도	18.0 ℃
센서 기준 전압 1	5.0 V	센서 기준 전압 1	5.0 V	센서 기준 전압 1	5.0 V

센서 기준 전압 2	5.0 V	센서 기준 전압 2	5.0 V	센서 기준 전압 2	5.0 V
센서 기준 전압2 Aux	5.0 V	센서 기준 전압2 Aux	5.0 V	센서 기준 전압2 Aux	5.0 V
밧데리 전압	14.2 V	밧데리 전압	14.2 V	밧데리 전압	14.2 V
에어 플로우	785.9mg/st	에어 플로우 (EGR 작동)	447.11g/st	에어 플로우	1494.1g/st
차속	0.0 Km/h	차속	0.0 Km/h	차속	0.0 Km/h
이그니션 스위치 상태	ON	이그니션 스위치 상태	ON	이그니션 스위치 상태	ON
ACC 노이즈 레벨_센서 1	80	ACC 노이즈 레벨_센서 1	52	ACC 노이즈 레벨_센서 1	80
ACC 노이즈 레벨_센서 2	80	ACC 노이즈 레벨_센서 2	56	ACC 노이즈 레벨_센서 2	84
에어컨 압력	4.2 bar	에어컨 압력	4.9 bar	에어컨 압력	4.7 bar
EGR 센서 위치	-0.6 %	EGR 센서 위치	30.0 %	EGR 센서 위치	-0.6 %

Swirl 센서 위치	92.9 %	Swirl 센서 위치	92.9 %	Swirl 센서 위치	2.0 %
연료필터내수분감지상태	OFF	연료필터내수분감지상태	OFF	연료필터내수분감지상태	OFF
브레이크 스위치 1	OFF	브레이크 스위치 1	OFF	브레이크 스위치 1	ON
브레이크 스위치 2	OFF	브레이크 스위치 2	OFF	브레이크 스위치 2	ON
브레이크 스위치	OFF	브레이크 스위치	OFF	브레이크 스위치	ON
클러치 스위치	OFF	클러치 스위치	OFF	클러치 스위치	OFF
MT/AT 스위치	A/T	MT/AT 스위치	A/T	MT/AT 스위치	A/T
블로워 스위치	OFF	블로워 스위치	OFF	블로워 스위치	OFF
에어컨 스위치	OFF	에어컨 스위치	OFF	에어컨 스위치	OFF
에어컨 써모 스위치	OFF	에어컨 써모 스위치	OFF	에어컨 써모 스위치	OFF

Section 2 • 엔진 별 센서출력값

공회전 데이터	2,000RPM	스톨테스트
기어 중립 스위치(MT) ON	기어 중립 스위치(MT) ON	기어 중립 스위치(MT) ON
차량모델 스위치 OFF	차량모델 스위치 OFF	차량모델 스위치 OFF
현재 차량 type EUR/SB/AT	현재 차량 type EUR/SB/AT	현재 차량 type EUR/SB/AT
VGT 밸브 듀티 값 51.4 %	VGT 밸브 듀티 값 54.1 %	VGT 밸브 듀티 값 46.7 %
EGR 밸브 듀티 값 -0.4 %	EGR 밸브 듀티 값 16.1 %	EGR 밸브 듀티 값 -0.4 %
스로틀 밸브 듀티 값 4.7 %	스로틀 밸브 듀티 값 4.7 %	스로틀 밸브 듀티 값 4.7 %
스월 밸브 PWM 19.2 %	스월 밸브 PWM 17.6 %	스월 밸브 PWM 15.3 %
팬 Low 0.0 %	팬 Low 0.0 %	팬 Low 0.0 %
팬 High OFF	팬 High OFF	팬 High OFF
글로우 플러그 OFF	글로우 플러그 OFF	글로우 플러그 OFF
글로우 플러그 진단 OFF	글로우 플러그 진단 OFF	글로우 플러그 진단 OFF
PTC OFF	PTC OFF	PTC OFF
에어컨 릴레이 OFF	에어컨 릴레이 OFF	에어컨 릴레이 OFF
인렛메터링 밸브 862.7 mA	인렛메터링 밸브 833.3 mA	인렛메터링 밸브 725.5 mA
총 연료량 6.0 mg/st	총 연료량 6.0 mg/st	총 연료량 62.0 mg/st
엔진 회전수 784 RPM	엔진 회전수 2007 RPM	엔진 회전수 2509 RPM
목표 Torque 12.4 Nm	목표 Torque 10.0 Nm	목표 Torque 344.9 Nm
목표 부스트 압력 1.0 bar	목표 부스트 압력 1.1 bar	목표 부스트 압력 2.1 bar
목표 레일압력 225.5bar	목표 레일압력 705.9Bar	목표 레일압력 1558.8ar
목표 EGR 공기량 435.3mg/st	목표 EGR 공기량 458.80g/st	목표 EGR 공기량 1400.0g/st
Pilot1 분사시기 17.7 edge	Pilot1 분사시기 37.4 edge	Pilot1 분사시기 44.5 edge
Pilot2 분사시기 9.2 edge	Pilot2 분사시기 17.7 edge	Pilot2 분사시기 26.1 edge
Main 분사시기 -7.8 edge	Main 분사시기 -4.9 edge	Main 분사시기 6.4 edge
Pilot1 연료량 0.0 mg/st	Pilot1 연료량 0.0 mg/st	Pilot1 연료량 1.0 mg/st
Pilot2 연료량 0.0 mg/st	Pilot2 연료량 0.0 mg/st	Pilot2 연료량 1.0 mg/st
Main 연료량 5.0 mg/st	Main 연료량 4.0 mg/st	Main 연료량 59.0 mg/st
실린더1 발란싱 보정 -2.0 uS	실린더1 발란싱 보정 -2.0 uS	실린더1 발란싱 보정 -2.0 uS
실린더3 발란싱 보정 -2.0 uS	실린더3 발란싱 보정 -2.0 uS	실린더3 발란싱 보정 -2.0 uS
실린더4 발란싱 보정 -2.0 uS	실린더4 발란싱 보정 -2.0 uS	실린더4 발란싱 보정 -2.0 uS
실린더2 발란싱 보정 -2.0 uS	실린더2 발란싱 보정 -2.0 uS	실린더2 발란싱 보정 -2.0 uS
목표 아이들 784.3 RPM	목표 아이들 784.3 RPM	목표 아이들 784.3 RPM
IMV 제어량 보정 1 -9.8 mA	IMV 제어량 보정 1 -9.8 mA	IMV 제어량 보정 1 -9.8 mA
IMV 제어량 보정 2 -9.8 mA	IMV 제어량 보정 2 -9.8 mA	IMV 제어량 보정 2 -9.8 mA
HPV 제어 기울기 보정 0.5	HPV 제어 기울기 보정 0.5	HPV 제어 기울기 보정 0.5
HPV 제어 압력 보정 1245.1ar	HPV 제어 압력 보정 1245.1ar	HPV 제어 압력 보정 1245.1ar
IMV 제어량 보정 3 0.0	IMV 제어량 보정 3 0.0	IMV 제어량 보정 3 0.0
EGR 위치 학습 값 49.0 %	EGR 위치 학습 값 49.0 %	EGR 위치 학습 값 49.0 %
EGR feedback 학습 횟수 0	EGR feedback 학습 횟수 0	EGR feedback 학습 횟수 0
스월밸브닫힘량최초학습 96.8 DEG	스월밸브닫힘량최초학습 96.8 DEG	스월밸브닫힘량최초학습 96.8 DEG
스월밸브닫힘량최근학습 96.8 DEG	스월밸브닫힘량최근학습 96.8 DEG	스월밸브닫힘량최근학습 96.8 DEG
HPV 제어 압력 보정 1245.1ar	HPV 제어 압력 보정 1245.1ar	HPV 제어 압력 보정 1245.1ar
IMV 제어량 보정 3 0.0	IMV 제어량 보정 3 0.0	IMV 제어량 보정 3 0.0
EGR 위치 학습 값 49.0 %	EGR 위치 학습 값 49.0 %	EGR 위치 학습 값 49.0 %
EGR feedback 학습 횟수 0	EGR feedback 학습 횟수 0	EGR feedback 학습 횟수 0
스월밸브닫힘량최초학습 96.8 DEG	스월밸브닫힘량최초학습 96.8 DEG	스월밸브닫힘량최초학습 96.8 DEG
스월밸브닫힘량최근학습 96.8 DEG	스월밸브닫힘량최근학습 96.8 DEG	스월밸브닫힘량최근학습 96.8 DEG
스월밸브닫힘학습횟수 257	스월밸브닫힘학습횟수 257	스월밸브닫힘학습횟수 257
스월밸브위치불량확인횟수 0	스월밸브위치불량확인횟수 0	스월밸브위치불량확인횟수 0
스월밸브 센서위치 -1.5 DEG	스월밸브 센서위치 -1.5 DEG	스월밸브 센서위치 -1.5 DEG
에어컨 장착 ON	에어컨 장착 ON	에어컨 장착 ON

※ 위 데이터는 엔진의 개발 초기 데이터로 연도 및 ECU 사양 변경에 따라 달라질 수 있습니다.

07 S - 3.0 VGT 엔진

▶ 베라크루즈, 모하비

공회전 데이터

센서출력	1/55	
이그니션스위치	ON	
배터리전압	14.3	V
연료분사량	6.7	mm3
목표 메인 분사량	4.7	mm3
목표 파일럿 1 분사량	1.2	mm3
목표 파일럿 2 분사량	0.8	mm3
레일압력	26.5	MPa
목표레일압력	24.7	%
레일압력조절기(레일)	24.7	%
레일압력조절기(펌프)	36.5	%

센서출력	11/55	
연료온도센서	20.6	℃
연료온도센서출력전압	3352	mV
흡입공기량(Kg/h)	66.7	Kg/h
실린더당흡입공기량	513.9	mg/st
흡기온센서	27.6	℃
흡기온센서출력전압	2999	mV
EGR 액츄에이터	5.9	%
대기압센서	101	kPa
냉각수온센서	52.7	℃
브레이크스위치 2	OFF	

센서출력	21/55	
브레이크스위치 1	OFF	
액셀페달센서	0.0	%
액셀페달센서1 전압	745	mV
액셀페달센서2 전압	372	mV
액셀페달-BRAKE 신호상태	정상	
에어컨스위치	OFF	
에어컨 릴레이 작동 상태	OFF	
에어컨압력센서	1078	mV
블로워스위치	OFF	
냉각팬(저속)	OFF	

센서출력	31/55	
냉각팬(고속)	OFF	
글로우릴레이	OFF	
글로우램프작동상태	ON	
보조히터릴레이	OFF	
연료 펌프 릴레이	ON	
부스트압력센서	105	kPa
부스트압력센서출력전압	1666	mV
VGT 액츄에이터	80.0	%
가변스월액츄에이터	11.8	%
엔진경고등	OFF	

센서출력	41/55	
산소센서조절전압	0	mV
공기과잉율	1.1	
산소센서온도	574.7	℃
산소센서히터듀티	1.6	%
산소센서농도조정	미조정	
차속센서	0	Km/h
차량가속도	0.0	m/s2
기어변속단	0	
엔진회전수	734	RPM
엔진부하	29.0	%

2,000RPM

주행데이터	50%	
이그니션스위치	ON	
배터리전압	14.3	V
연료분사량	9.0	mm3
목표 메인 분사량	6.3	mm3
목표 파일럿 1 분사량	1.2	mm3
목표 파일럿 2 분사량	1.2	mm3
레일압력	54.9	MPa
목표레일압력	54.9	MPa
레일압력조절기(레일)	31.0	%
레일압력조절기(펌프)	36.1	%

주행데이터	52%	
연료온도센서	21.4	℃
연료온도센서출력전압	3294	mV
흡입공기량(Kg/h)	247.1	Kg/h
실린더당흡입공기량	655.2	mg/st
흡기온센서	33.1	℃
흡기온센서출력전압	2745	mV
EGR 액츄에이터	5.9	%
대기압센서	101	kPa
냉각수온센서	61.4	℃
브레이크스위치 2	OFF	

주행데이터	33%	
브레이크스위치 1	ON	
액셀페달센서	15.7	%
액셀페달센서1 전압	1313	mV
액셀페달센서2 전압	647	mV
액셀페달-BRAKE 신호상태	정상	
에어컨스위치	OFF	
에어컨 릴레이 작동 상태	OFF	
에어컨압력센서	1098	mV
블로워스위치	OFF	
냉각팬(저속)	OFF	

주행데이터	46%	
냉각팬(고속)	OFF	
글로우릴레이	OFF	
글로우램프작동상태	ON	
보조히터릴레이	OFF	
연료 펌프 릴레이	ON	
부스트압력센서	134	kPa
부스트압력센서출력전압	2000	mV
VGT 액츄에이터	20.0	%
가변스월액츄에이터	6.3	%
엔진경고등	OFF	

주행데이터	59%	
산소센서조절전압	0	mV
공기과잉율	1.1	
산소센서온도	574.7	℃
산소센서히터듀티	1.6	%
산소센서농도조정	미조정	
차속센서	0	Km/h
차량가속도	0.0	m/s2
기어변속단	0	
엔진회전수	2148	RPM
엔진부하	14.9	%

스톨테스트

주행데이터	83%	
이그니션스위치	ON	
배터리전압	14.3	V
연료분사량	43.5	mm3
목표 메인 분사량	39.6	mm3
목표 파일럿 1 분사량	1.6	mm3
목표 파일럿 2 분사량	1.2	mm3
레일압력	138.2	MPa
목표레일압력	135.3	MPa
레일압력조절기(레일)	46.3	%
레일압력조절기(펌프)	42.0	%

주행데이터	82%	
연료온도센서	21.4	℃
연료온도센서출력전압	3294	mV
흡입공기량(Kg/h)	403.9	Kg/h
실린더당흡입공기량	1814.9	mg/st
흡기온센서	33.9	℃
흡기온센서출력전압	2705	mV
EGR 액츄에이터	45.1	%
대기압센서	101	kPa
냉각수온센서	62.9	℃
브레이크스위치 2	ON	

주행데이터	74%	
브레이크스위치 1	ON	
액셀페달센서	100.0	%
액셀페달센서1 전압	4196	mV
액셀페달센서2 전압	2098	mV
액셀페달-BRAKE 신호상태	정상	
에어컨스위치	OFF	
에어컨 릴레이 작동 상태	OFF	
에어컨압력센서	1098	mV
블로워스위치	OFF	
냉각팬(저속)	OFF	

주행데이터	84%	
냉각팬(고속)	OFF	
글로우릴레이	OFF	
글로우램프작동상태	ON	
보조히터릴레이	OFF	
연료 펌프 릴레이	ON	
부스트압력센서	201	kPa
부스트압력센서출력전압	2960	mV
VGT 액츄에이터	26.3	%
가변스월액츄에이터	10.9	%
엔진경고등	OFF	

주행데이터	84%	
산소센서조절전압	0	mV
공기과잉율	1.1	
산소센서온도	574.7	℃
산소센서히터듀티	1.6	%
산소센서농도조정	미조정	
차속센서	0	Km/h
차량가속도	0.0	m/s2
기어변속단	1	
엔진회전수	2206	RPM
엔진부하	83.1	%

Section 2 • 엔진 별 센서출력값

센서출력		55/55		센서출력		55/55		주행데이터		86%
차속센서	0	Km/h		차속센서	0	Km/h		차속센서	0	Km/h
차량가속도	0.0	m/s2		차량가속도	0.0	m/s2		차량가속도	0.0	m/s2
기어변속단	0			기어변속단	0			기어변속단	1	
엔진회전수	738	RPM		엔진회전수	2045	RPM		엔진회전수	2201	RPM
엔진부하	29.0	%		엔진부하	33.7	%		엔진부하	83.1	%
현재엔진출력토크	11.8	%		현재엔진출력토크	14.5	%		현재엔진출력토크	69.0	%
목표엔진출력토크	11.8	%		목표엔진출력토크	14.5	%		목표엔진출력토크	83.1	%
이모빌라이저적용상태	적용			이모빌라이저적용상태	적용			이모빌라이저적용상태	적용	
이모빌라이저램프	OFF			이모빌라이저램프	OFF			이모빌라이저램프	OFF	
AT/MT 정보	A/T			AT/MT 정보	A/T			AT/MT 정보	A/T	

※ 위 데이터는 엔진의 개발 연도 및 ECU 사양 변경에 따라 달라질 수 있습니다.

MEMO

08 Chapter

CRDI 엔진의 회로도

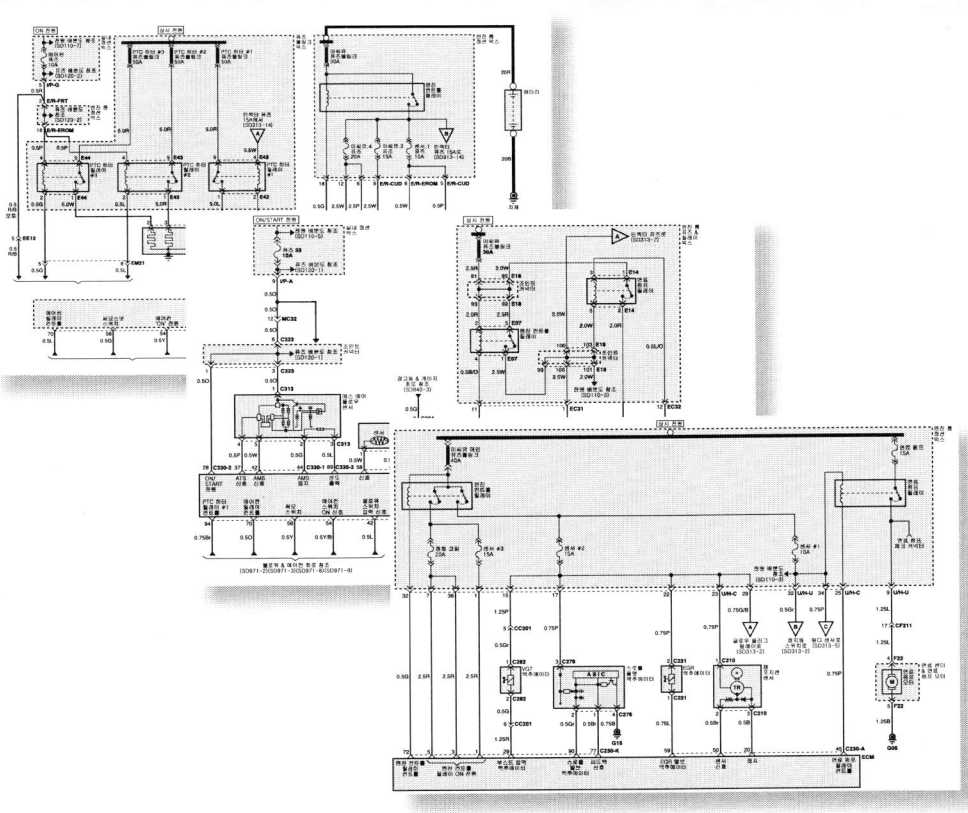

Chapter 8 · CRDI 엔진의 회로도

1 u-1.6 엔진의 회로도(ECU)

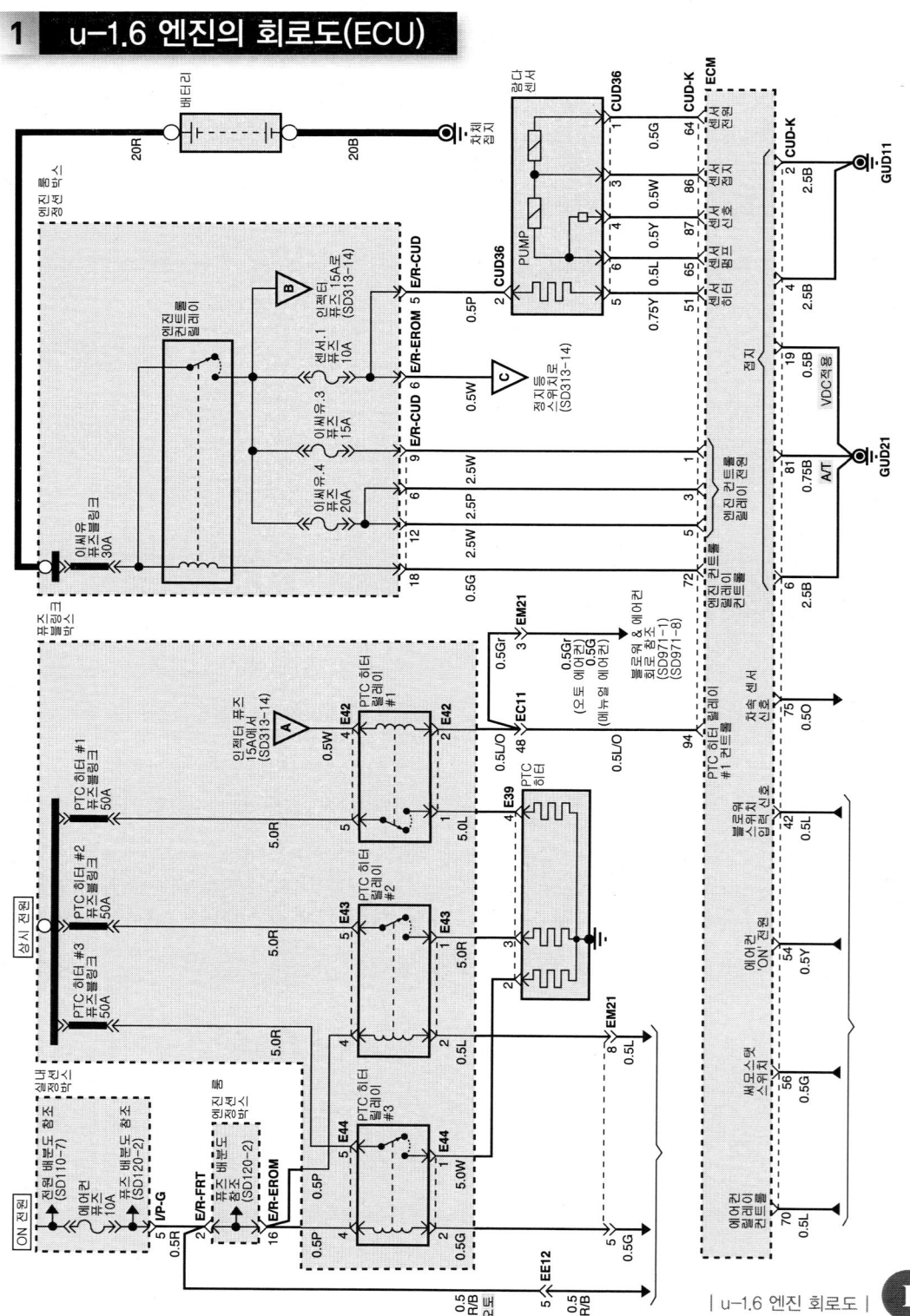

| u-1.6 엔진 회로도 |

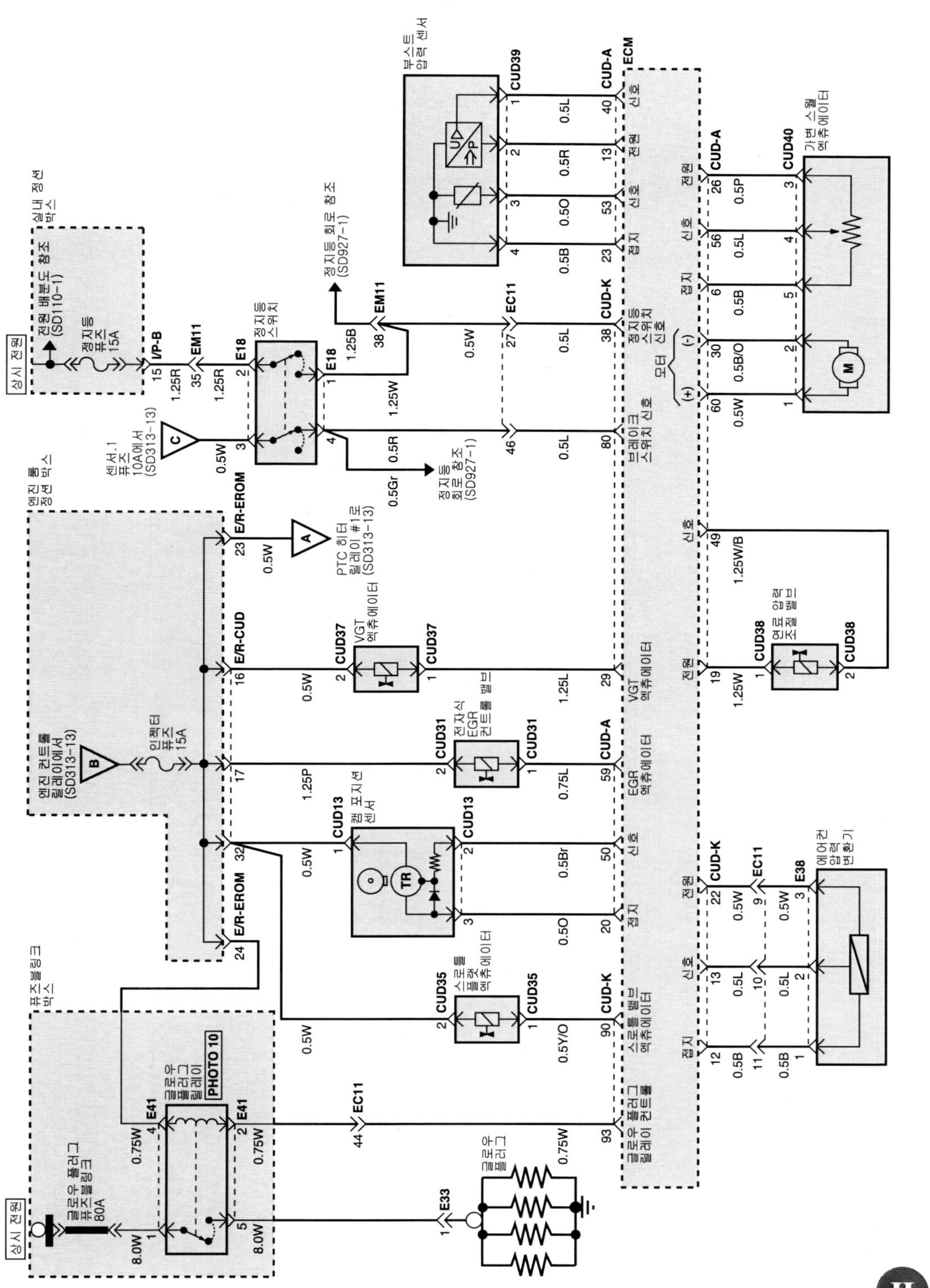

CRDI 엔진의 회로도

| u-1.6 엔진 회로도 |

Chapter 8 • CRDI 엔진의 회로도

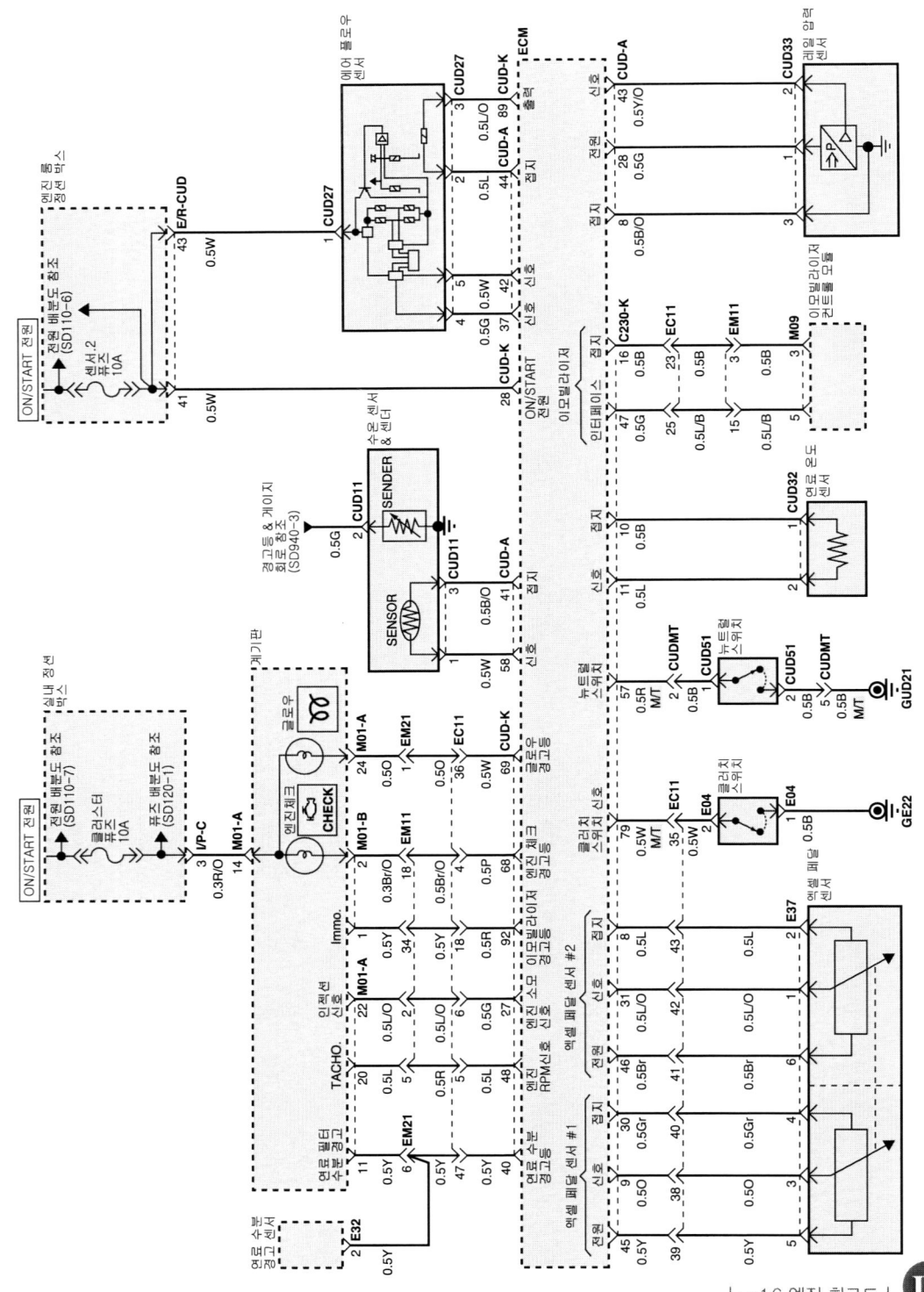

| u-1.6 엔진 회로도 |

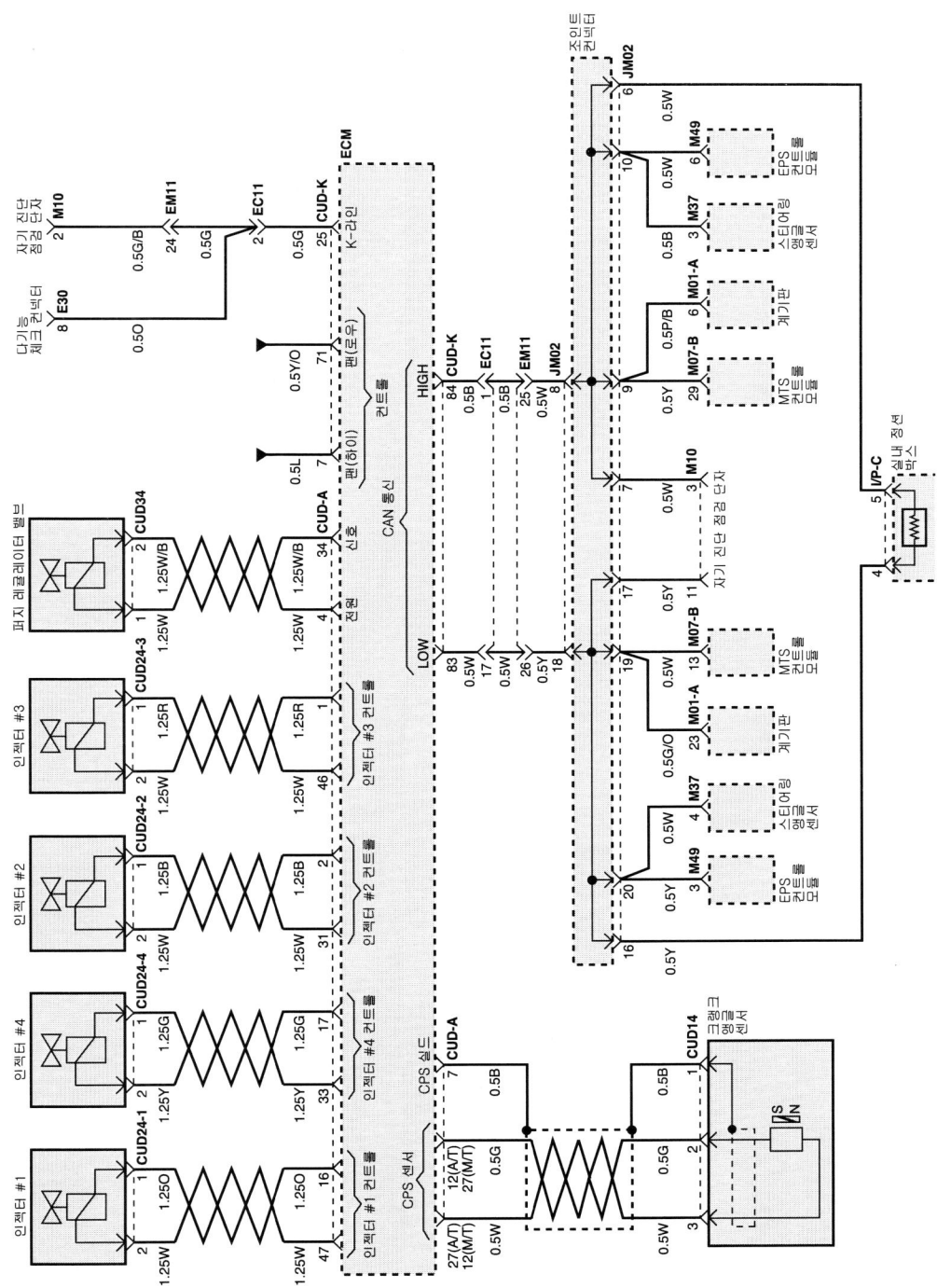

| u-1.6 엔진 회로도 |

Chapter 8 • CRDI 엔진의 회로도

2 D-2.0 WGT 엔진의 회로도(ECU)

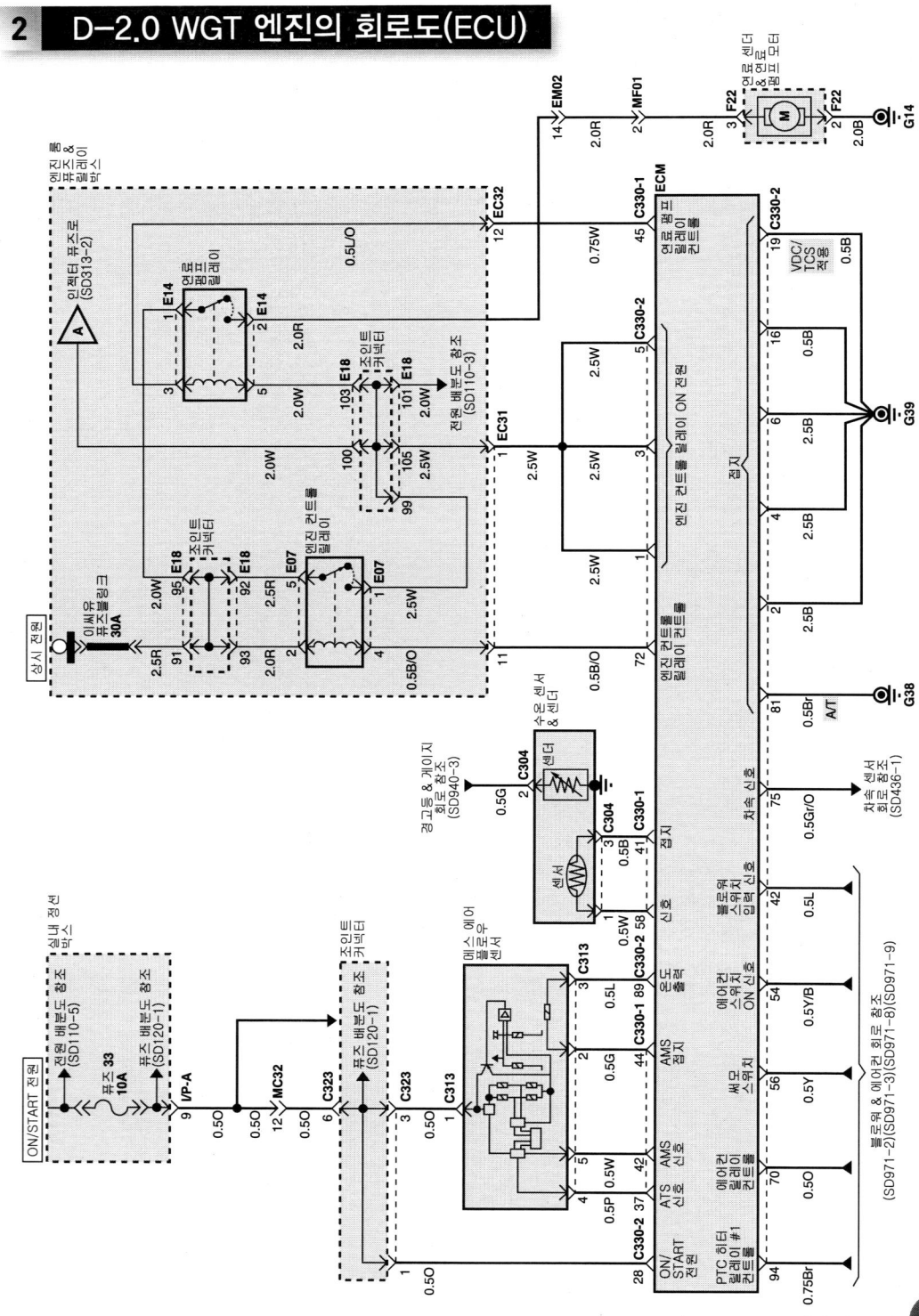

| D-2.0 WGT 엔진 회로도 |

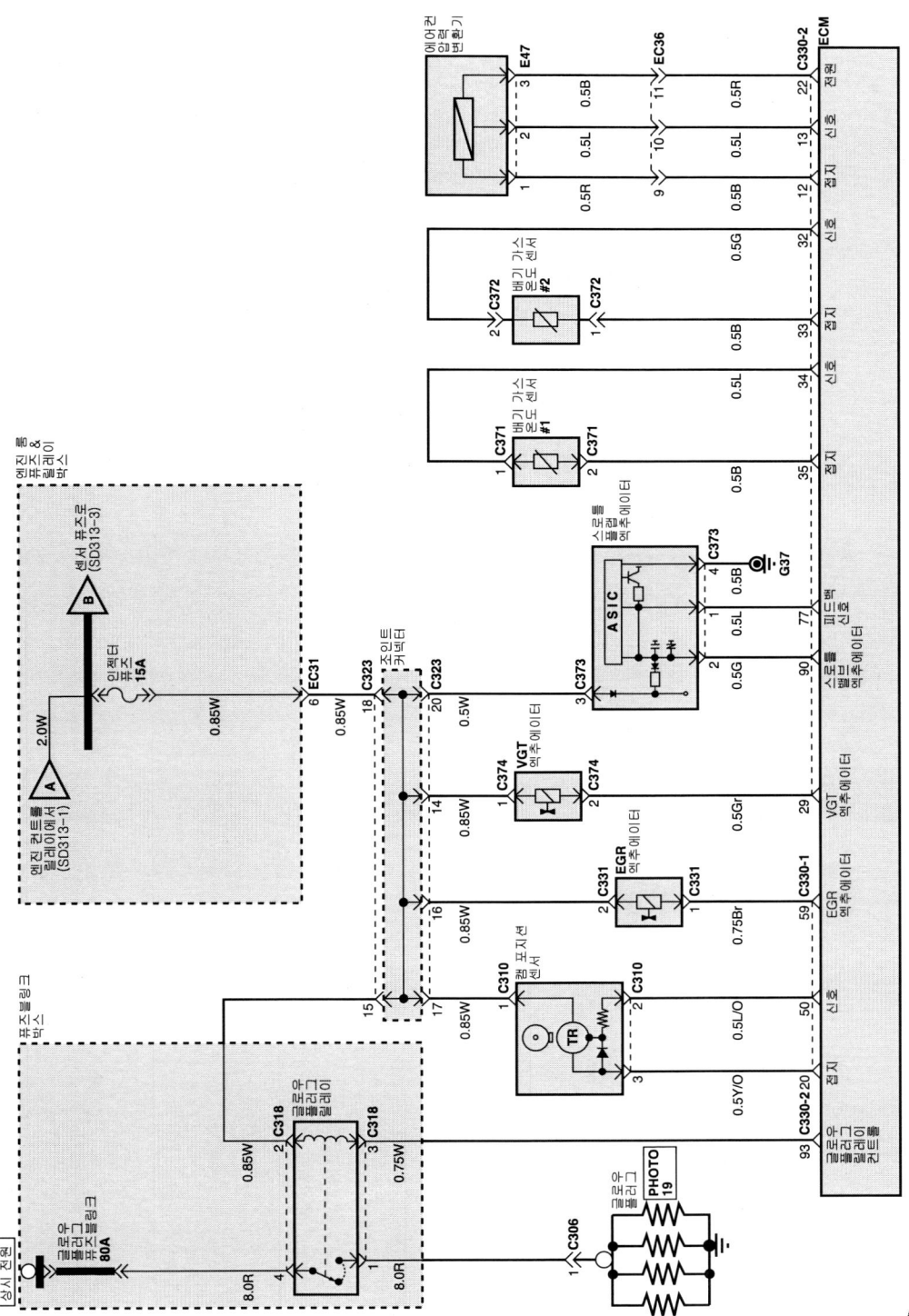

| D-2.0 WGT 엔진 회로도 |

Chapter 8 • CRDI 엔진의 회로도

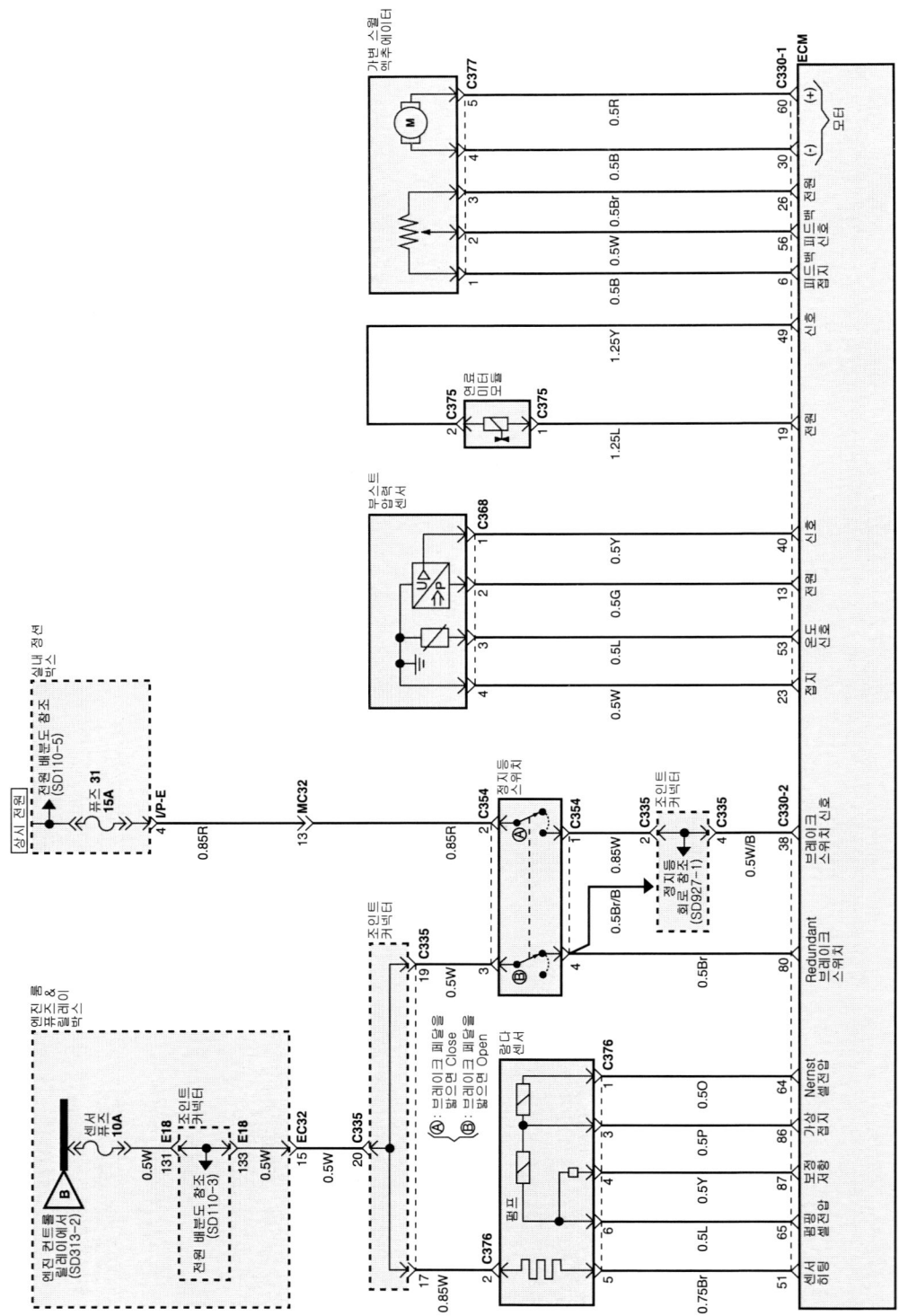

| D-2.0 WGT 엔진 회로도 |

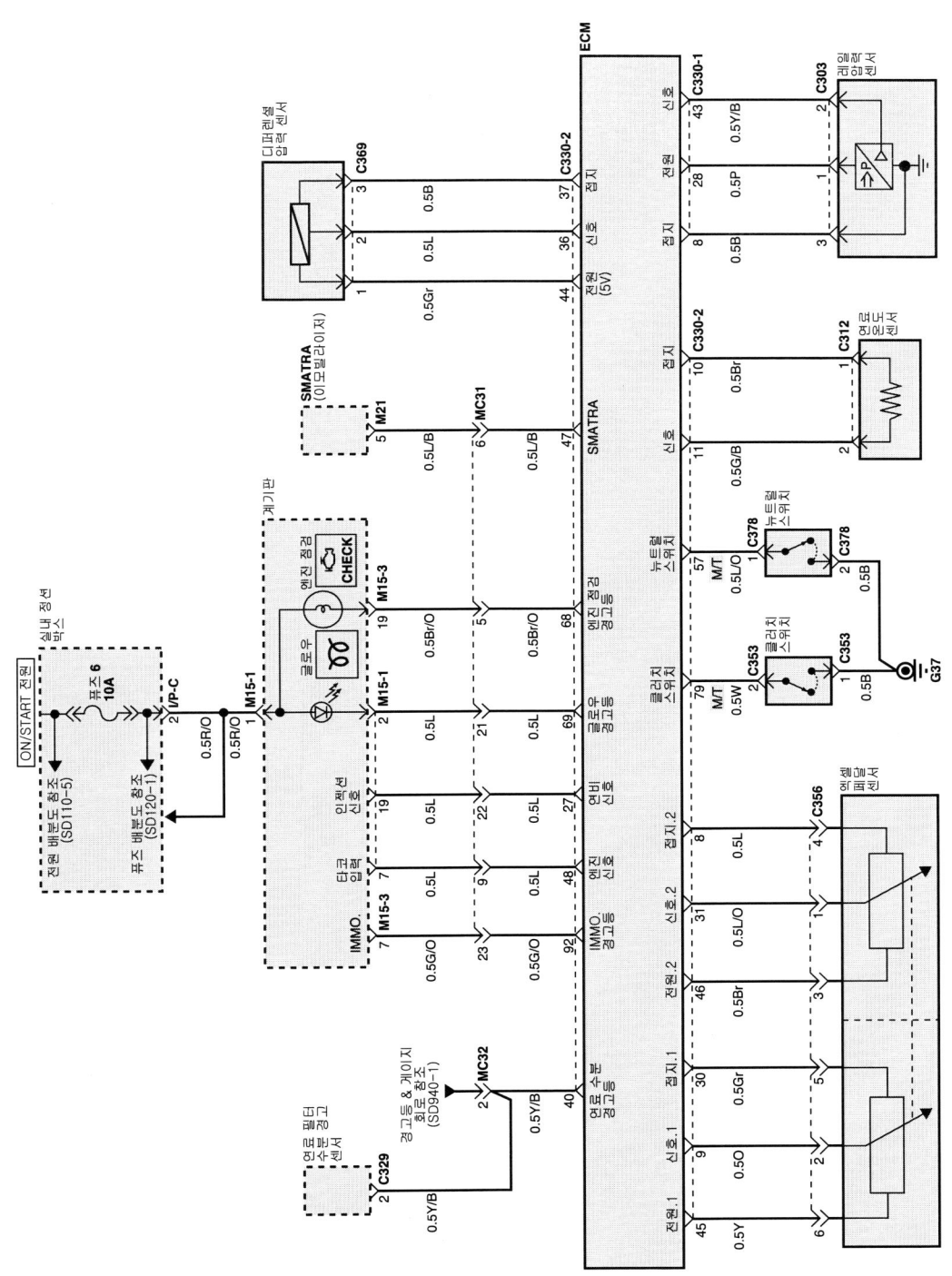

| D-2.0 WGT 엔진 회로도 |

Chapter 8 • CRDI 엔진의 회로도

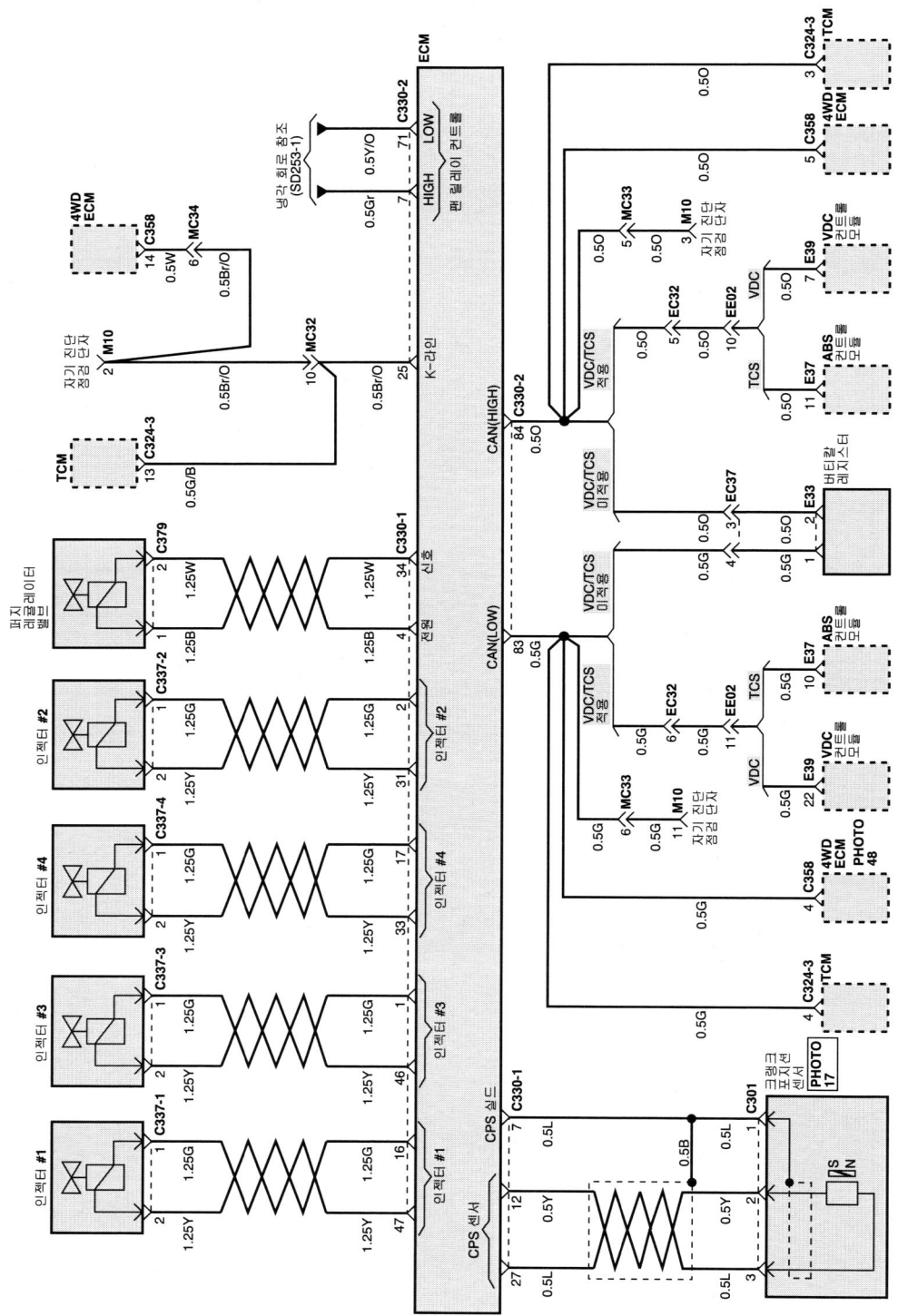

| D-2.0 WGT 엔진 회로도 |

3 D-2.2 VGT 엔진의 회로도(ECU)

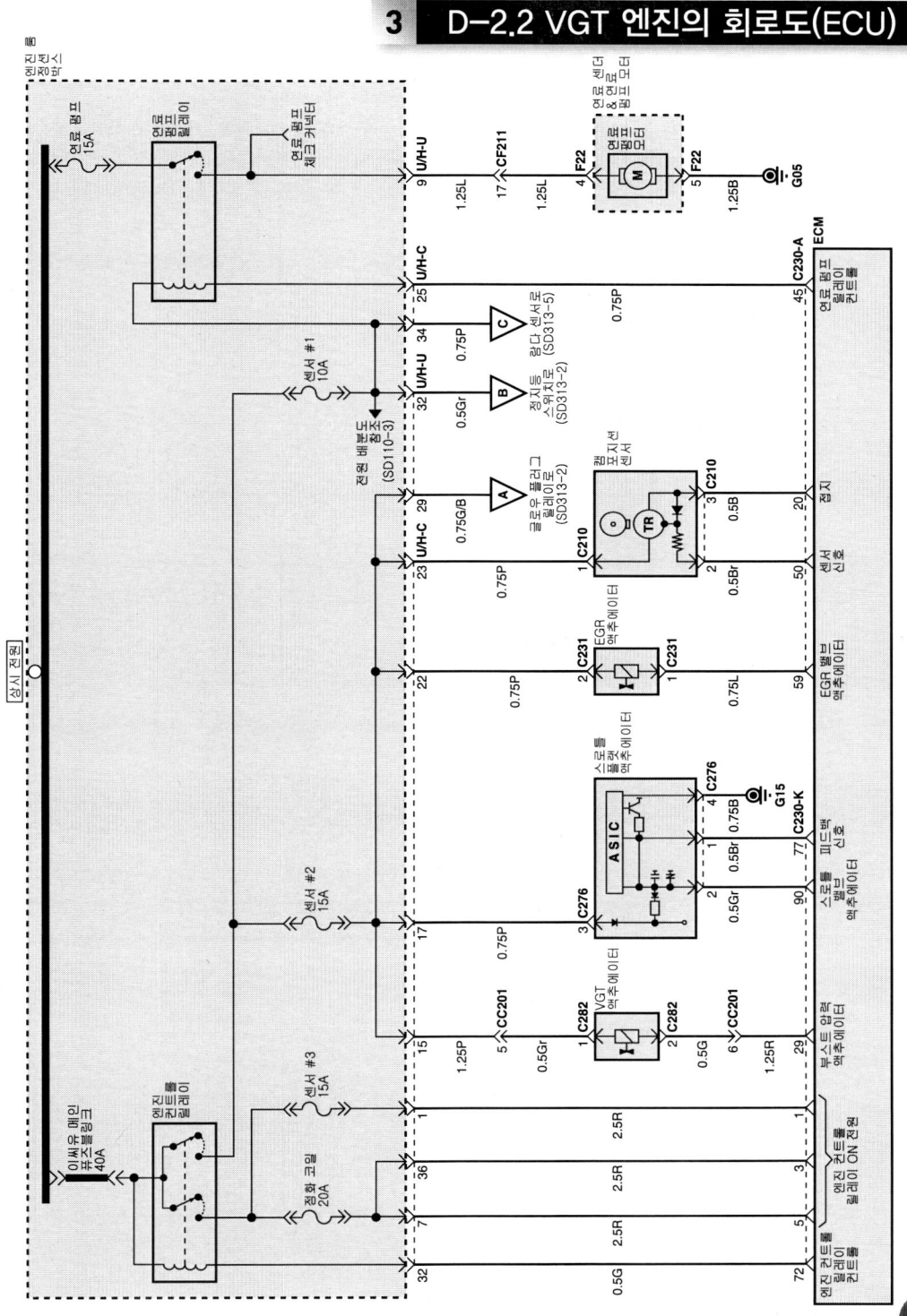

| D-2.2 VGT 엔진 회로도 |

Chapter 8 • CRDI 엔진의 회로도

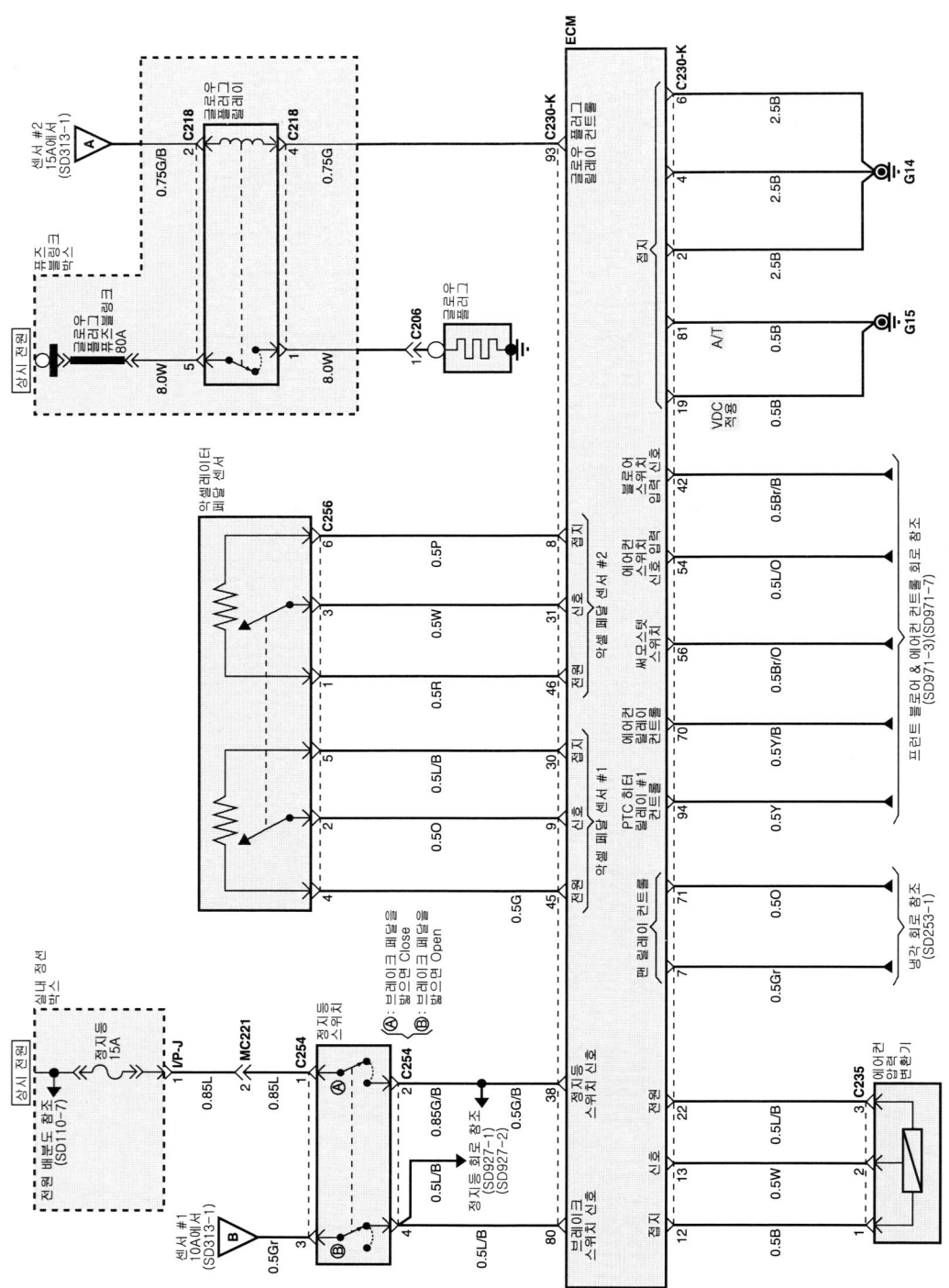

| D-2.2 VGT 엔진 회로도 |

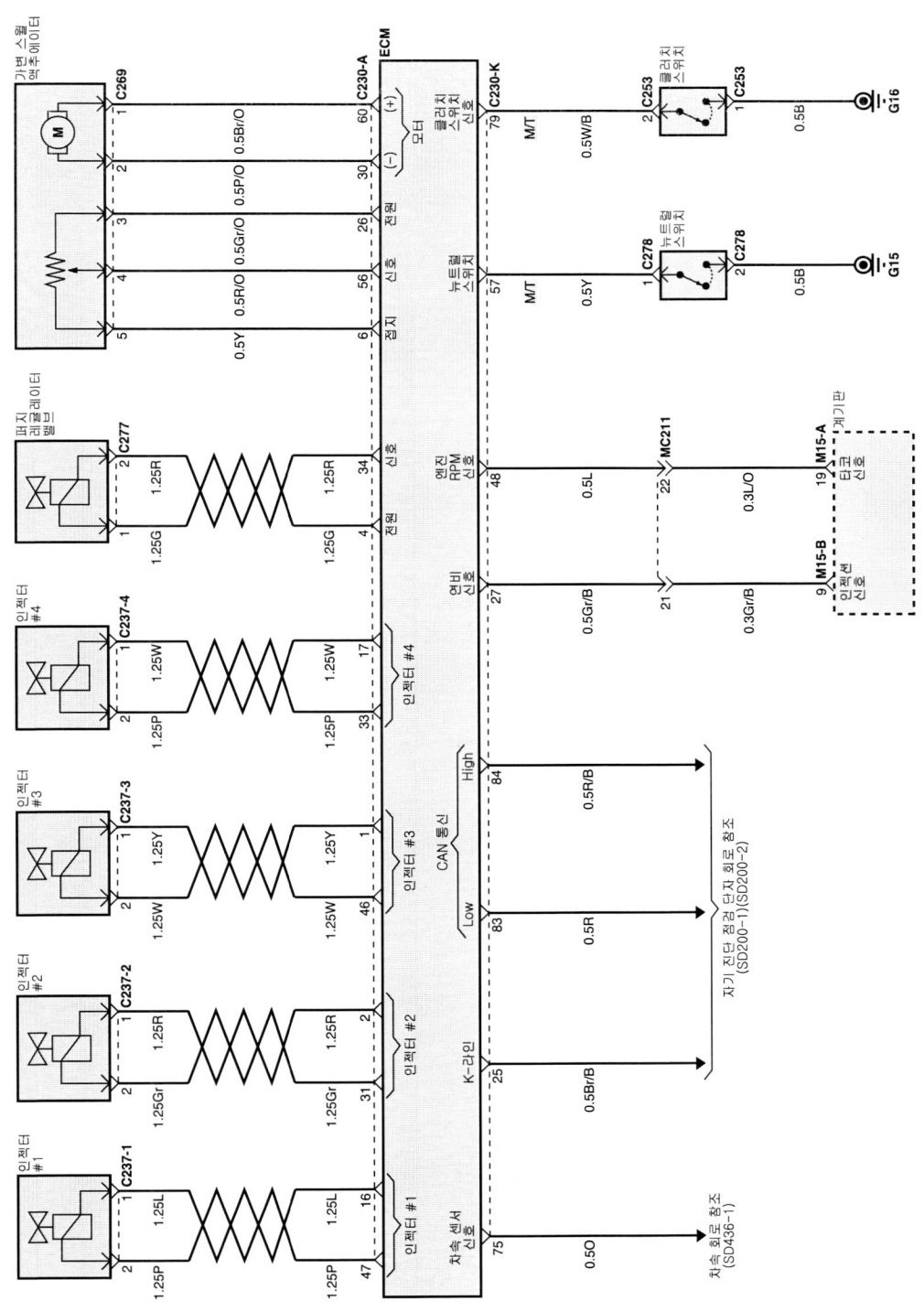

| D-2.2 VGT 엔진 회로도 |

Chapter 8 • CRDI 엔진의 회로도

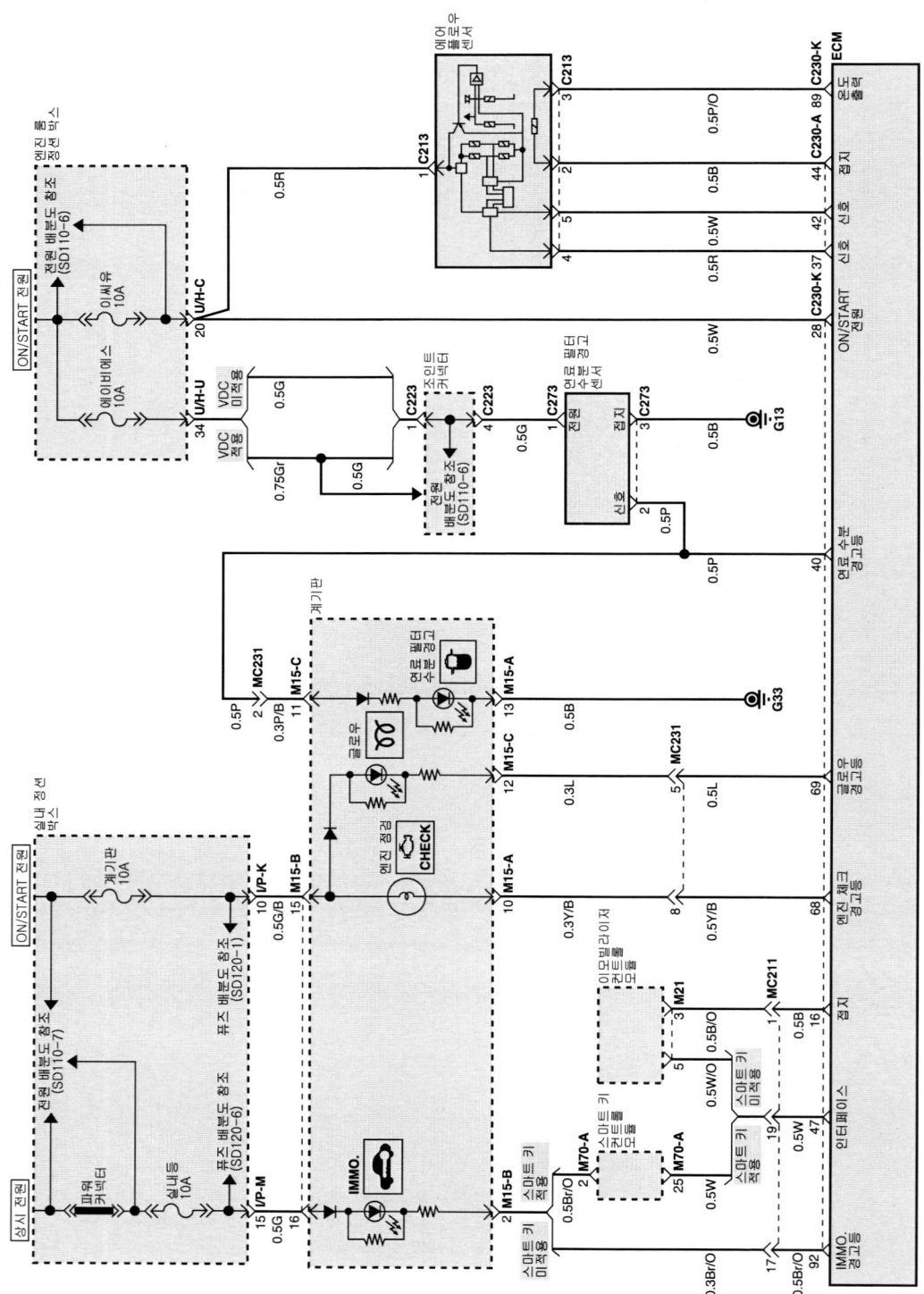

| D-2.2 VGT 엔진 회로도 |

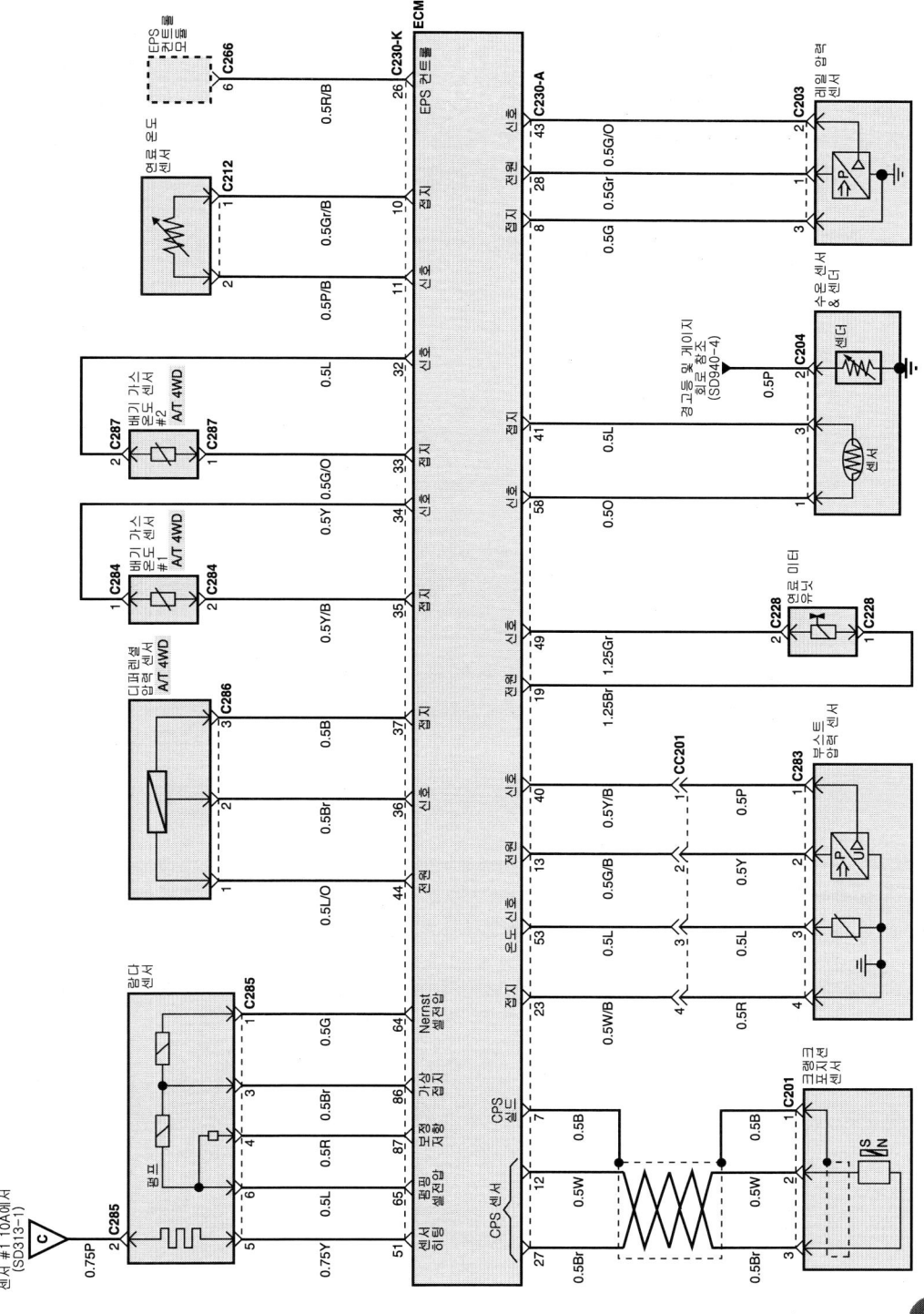

| D-2.2 VGT 엔진 회로도 |

Chapter 8 • CRDI 엔진의 회로도

4 A-2.5 WGT 엔진의 회로도(ECU)

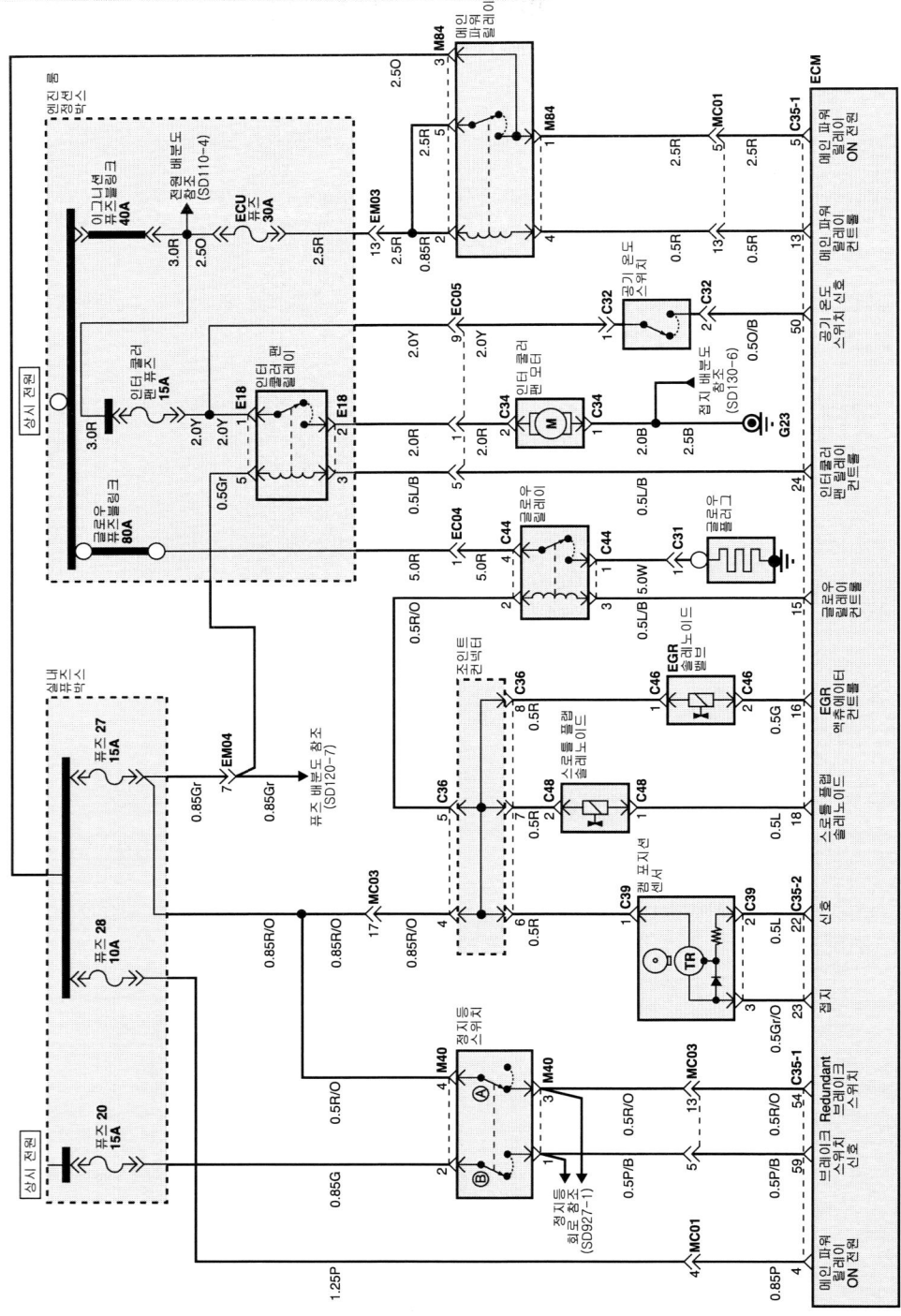

| A-2.5 WGT 엔진 회로도 |

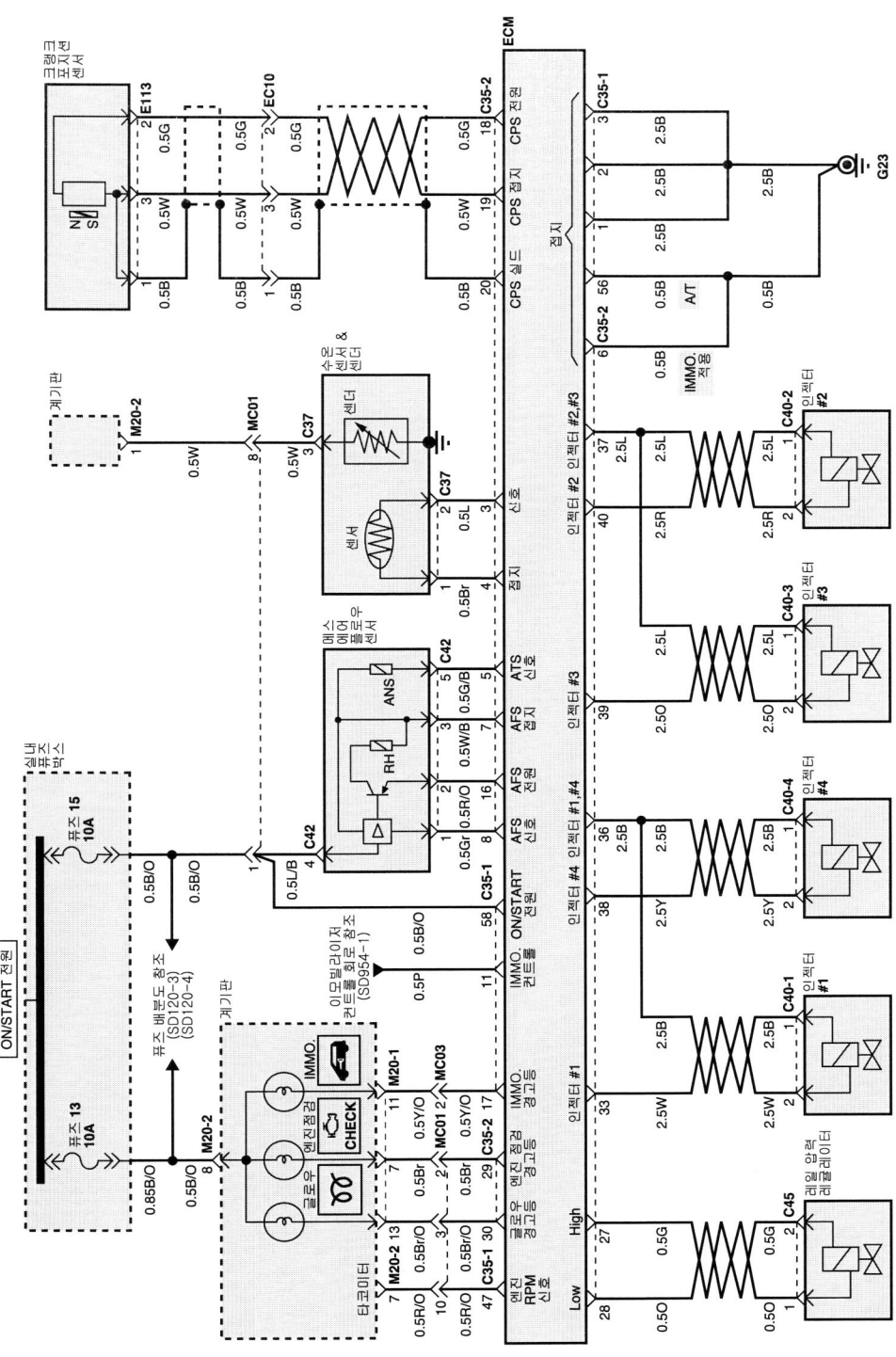

| A-2.5 WGT 엔진 회로도 |

Chapter 8 • CRDI 엔진의 회로도

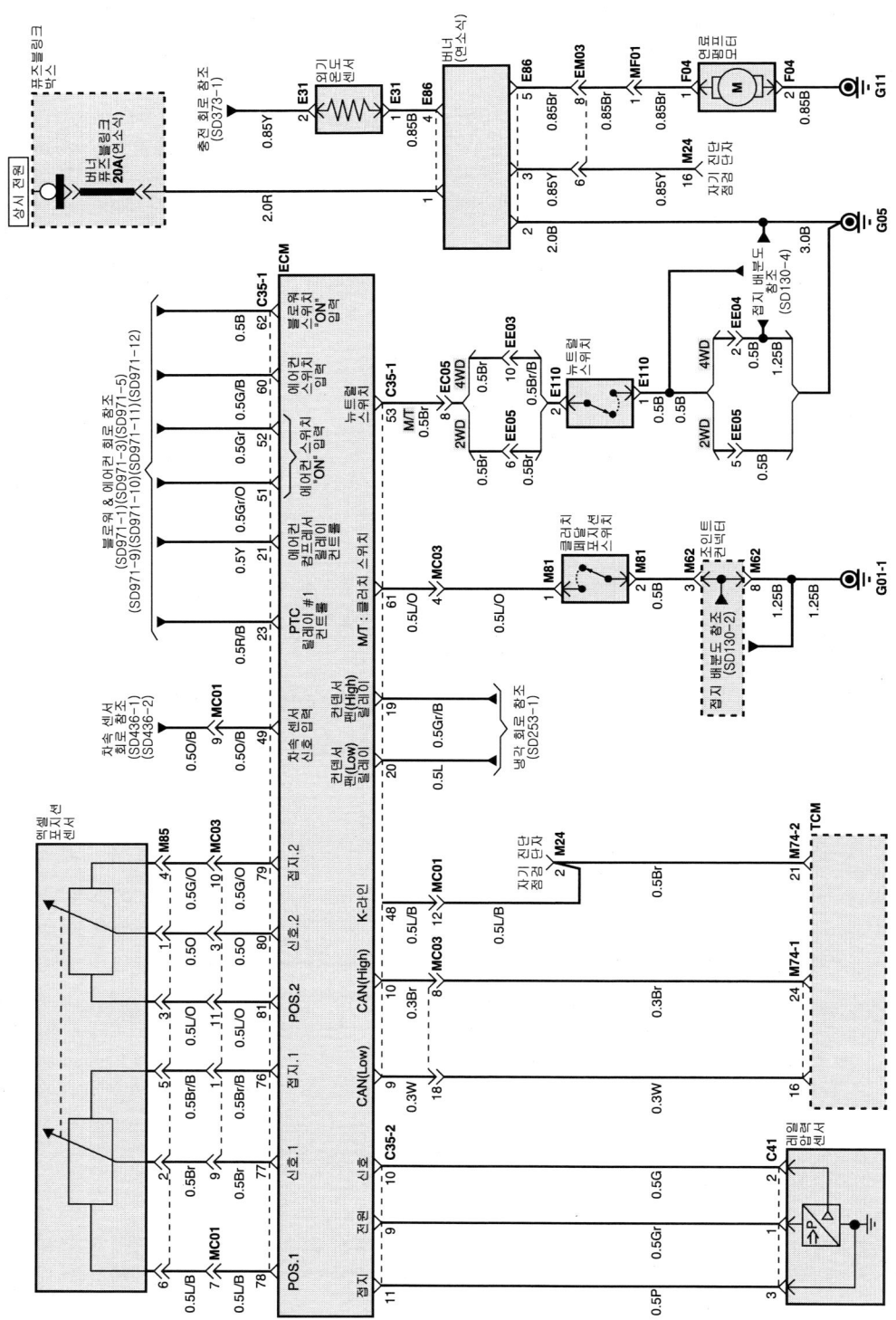

| A-2.5 WGT 엔진 회로도 |

5 A-2.5 VGT 엔진의 회로도(ECU)

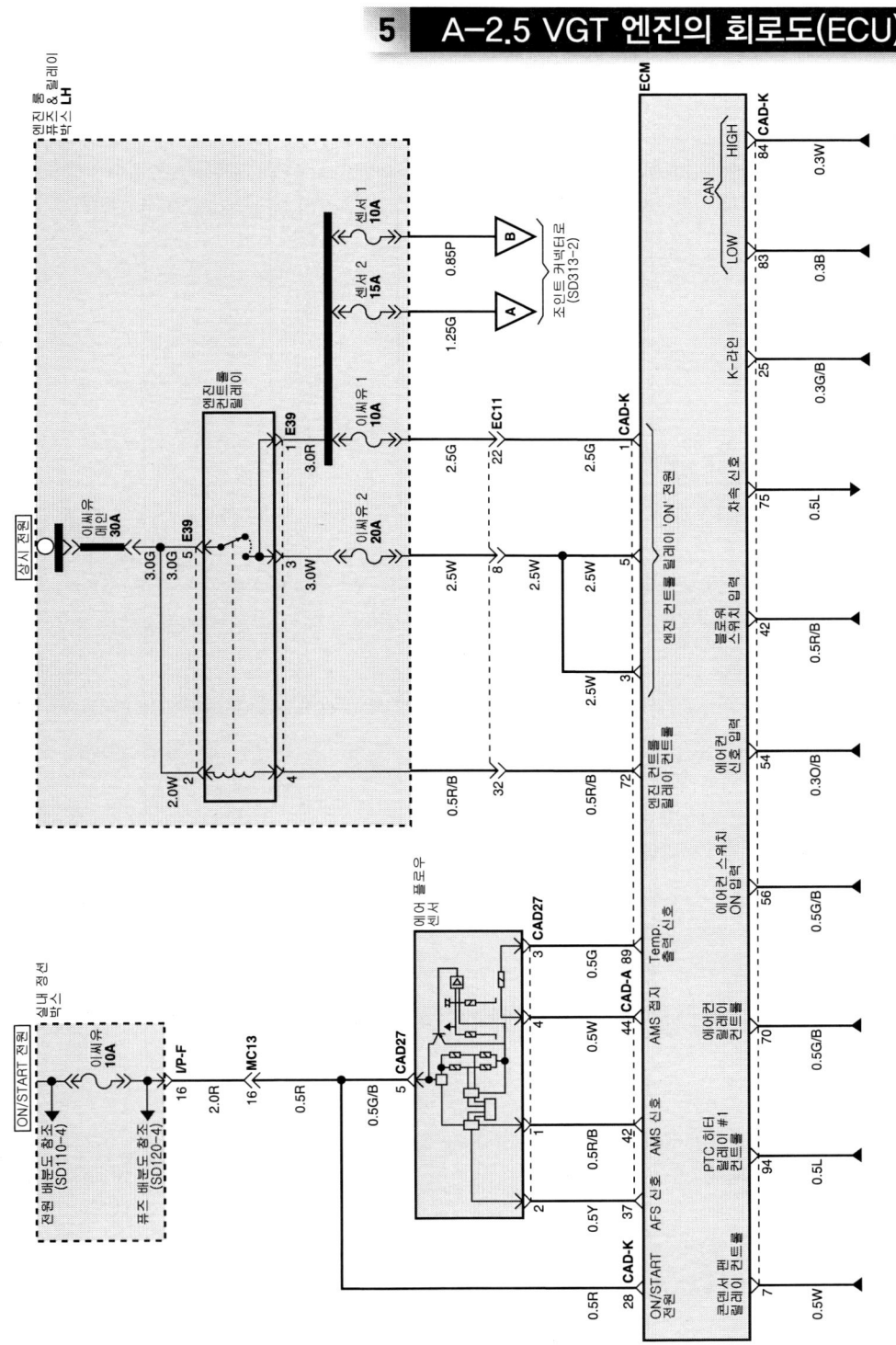

| A-2.5 VGT 엔진 회로도 |

Chapter 8 • CRDI 엔진의 회로도

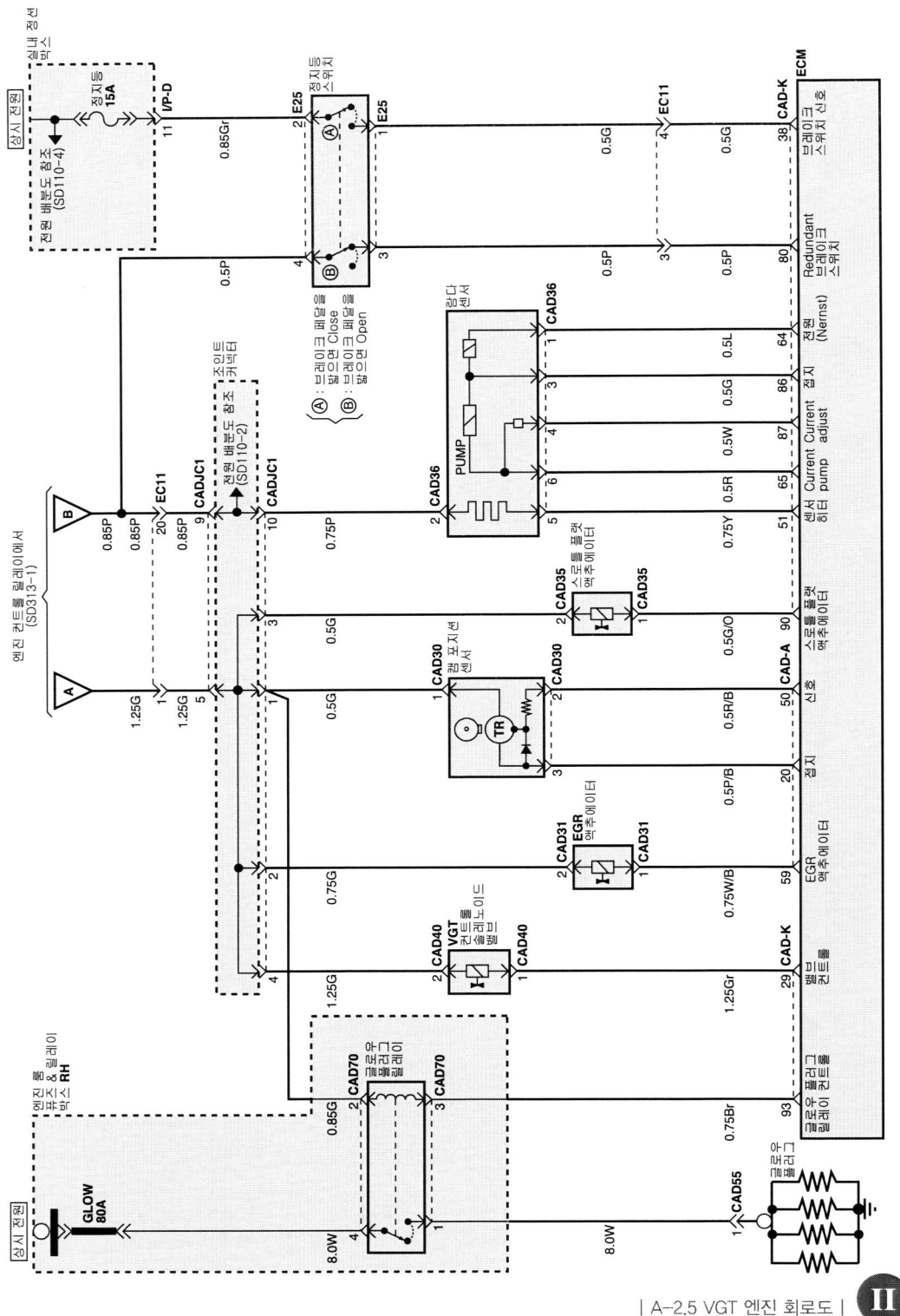

| A-2.5 VGT 엔진 회로도 |

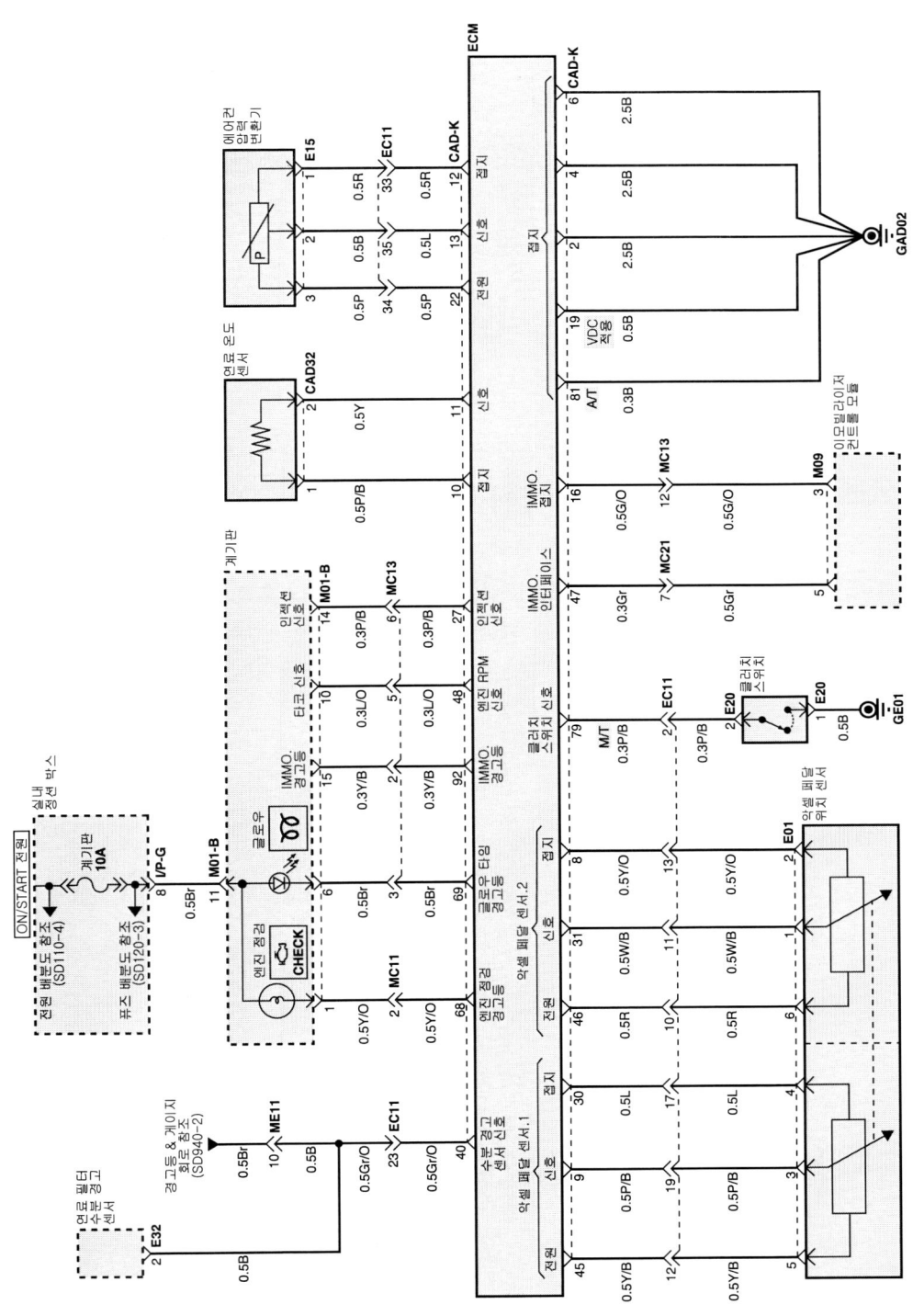

Chapter 8 • CRDI 엔진의 회로도

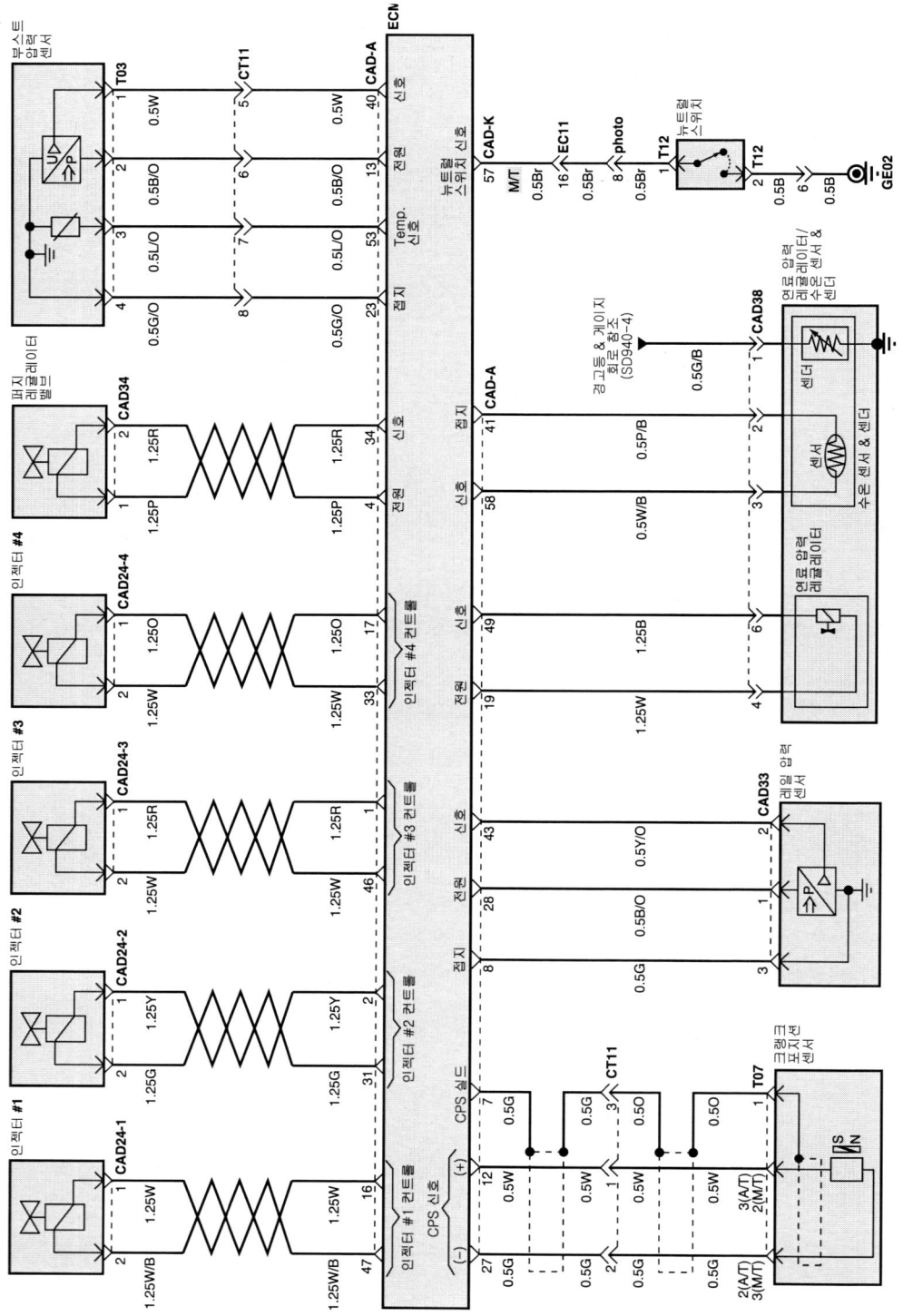

| A-2.5 VGT 엔진 회로도 |

6 J-2.9 WGT 엔진의 회로도(ECU)

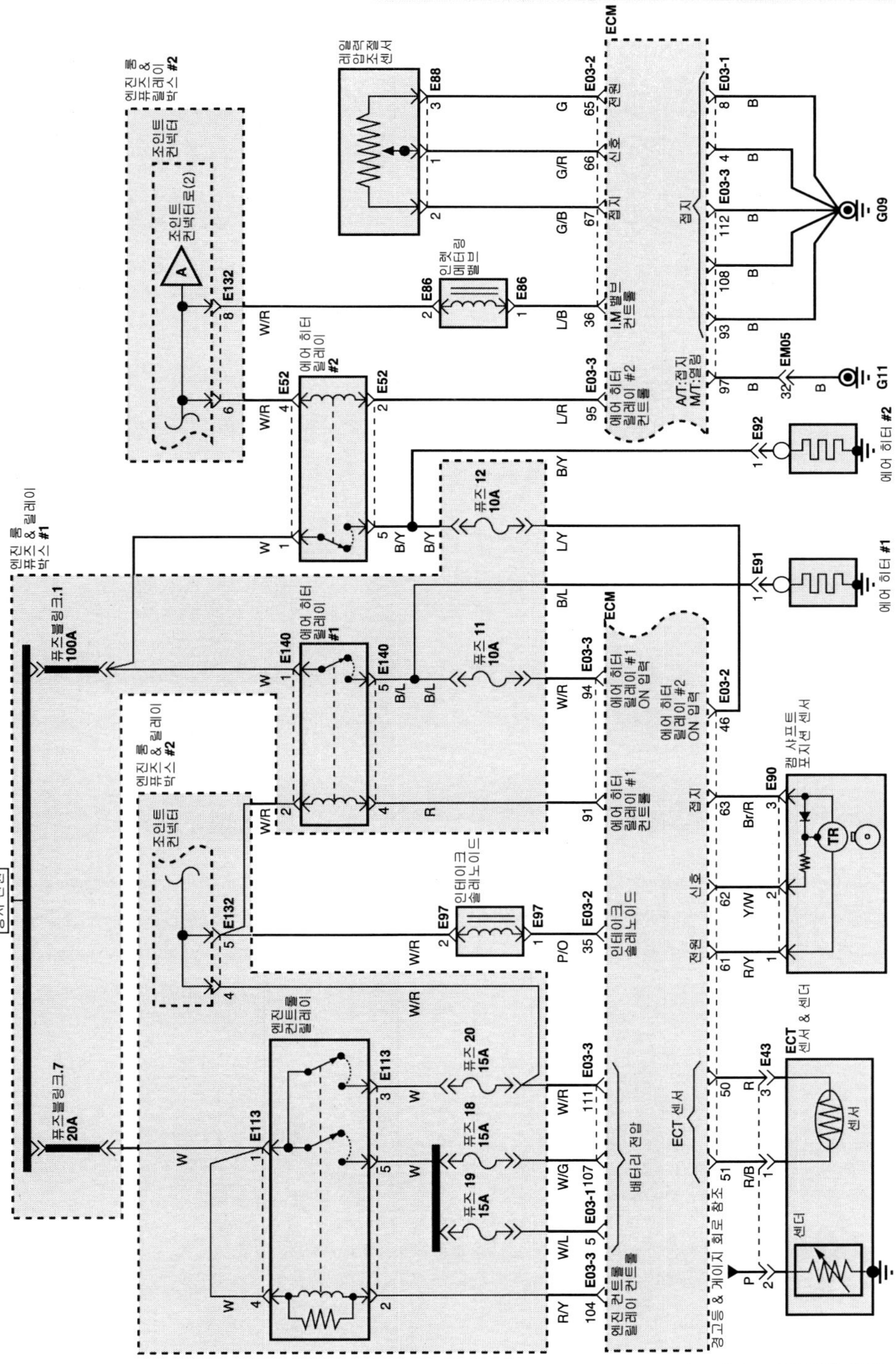

| J-2.9 WGT 엔진 회로도 |

Chapter 8 • CRDI 엔진의 회로도

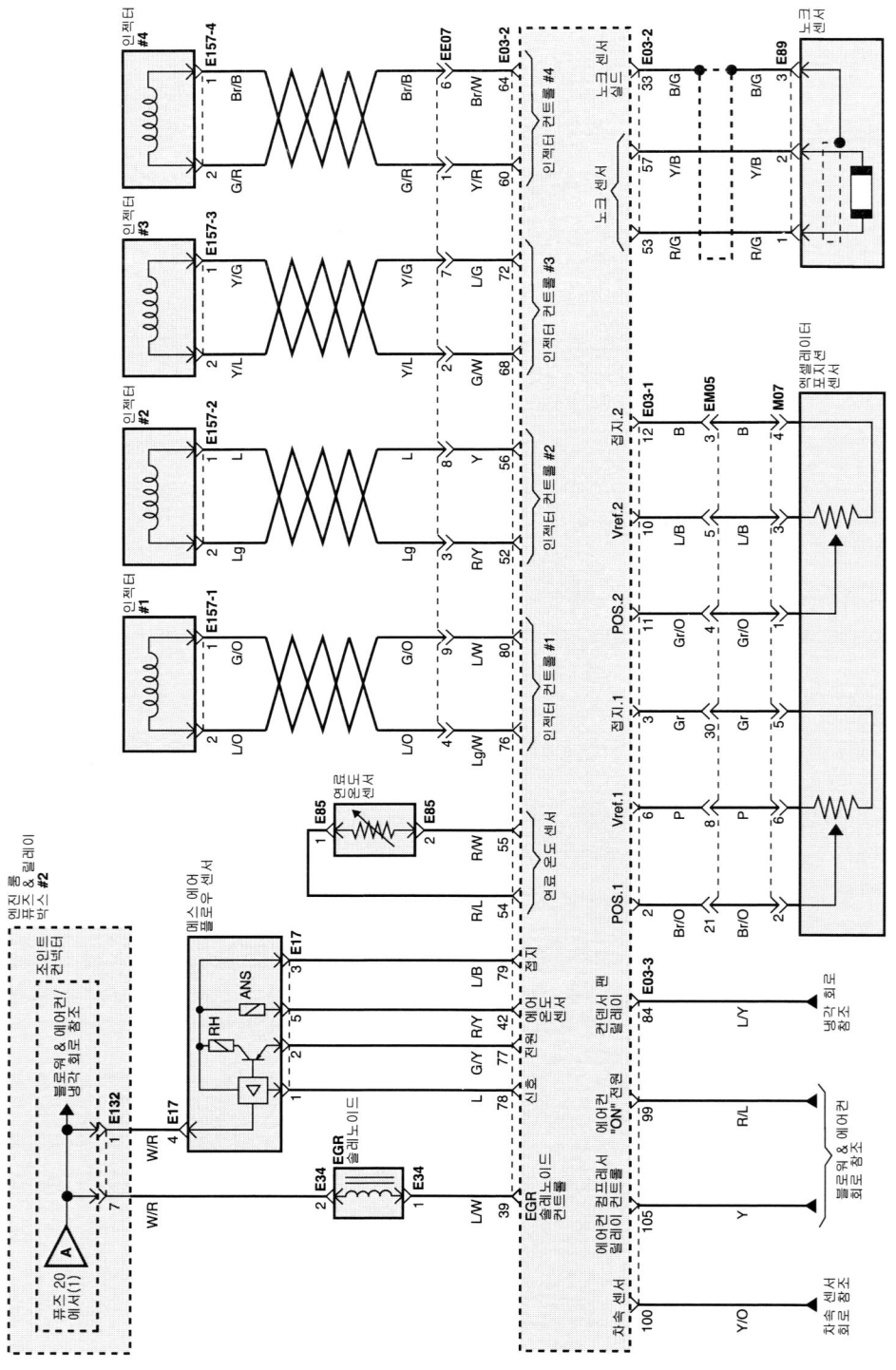

| J-2.9 WGT 엔진 회로도 |

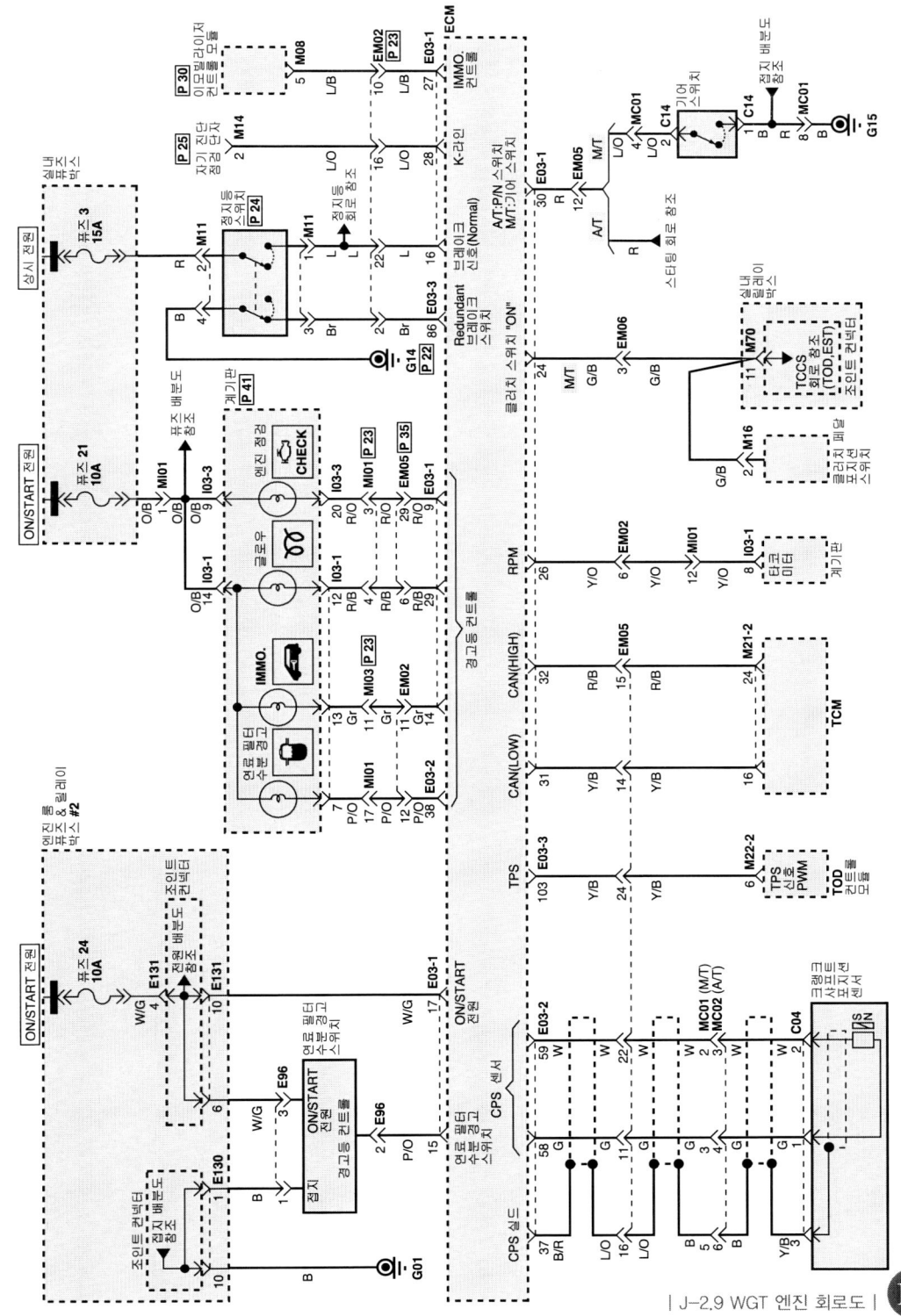

| J-2.9 WGT 엔진 회로도 |

Chapter 8 • CRDI 엔진의 회로도

7 J-2.9 VGT 엔진의 회로도(ECU)

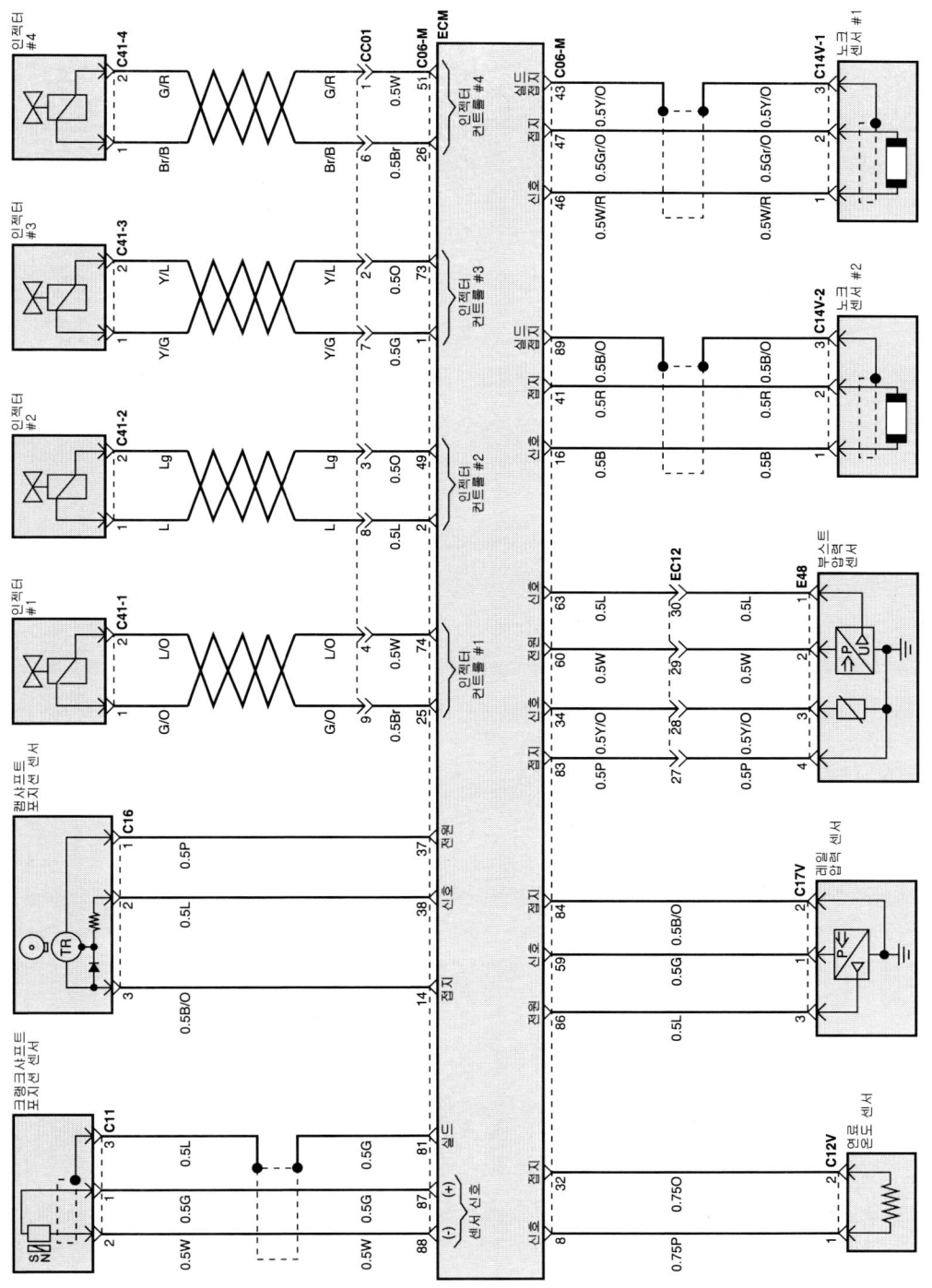

| J-2.9 VGT 엔진 회로도 |

Chapter 8 • CRDI 엔진의 회로도

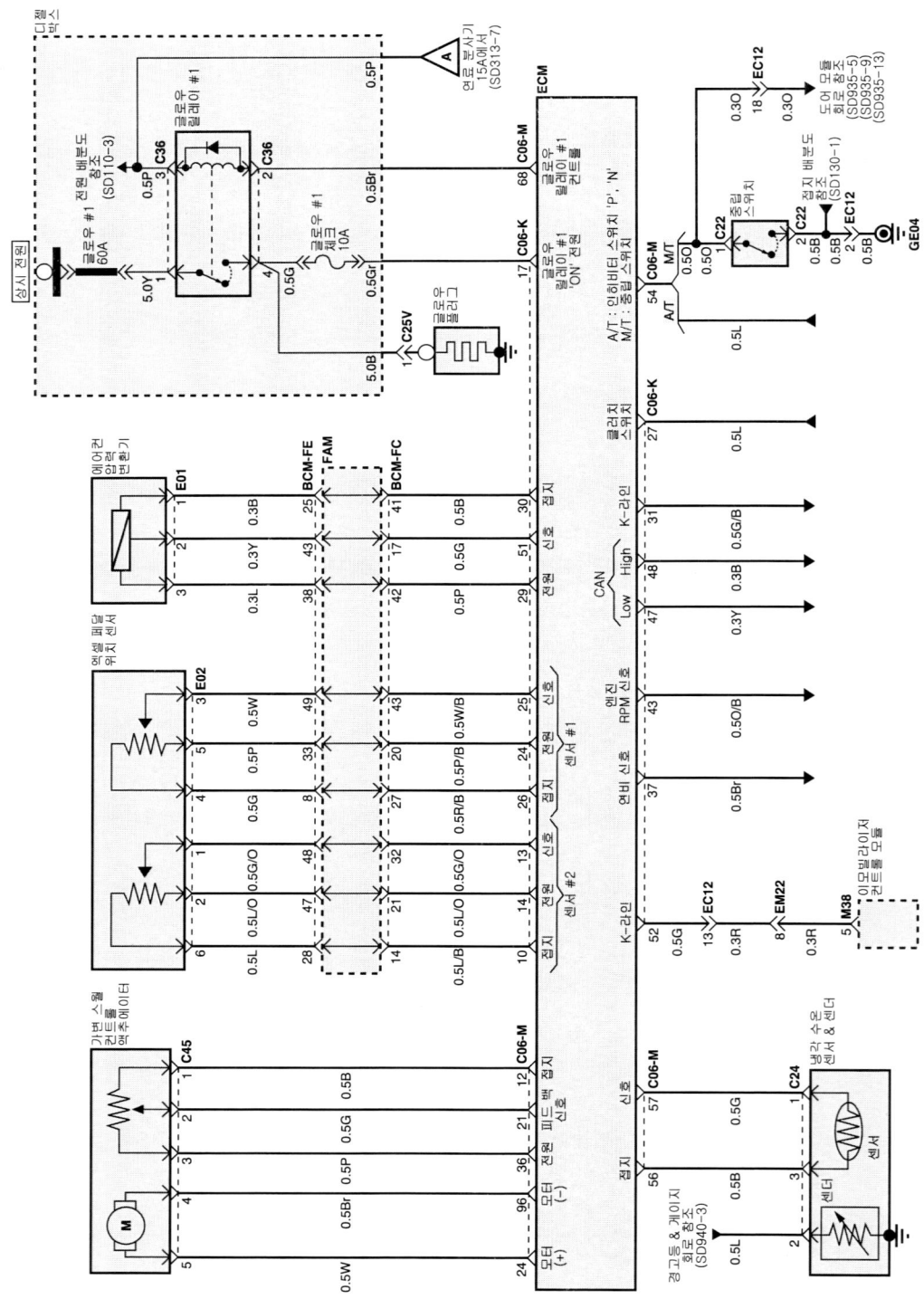

| J-2.9 VGT 엔진 회로도 |

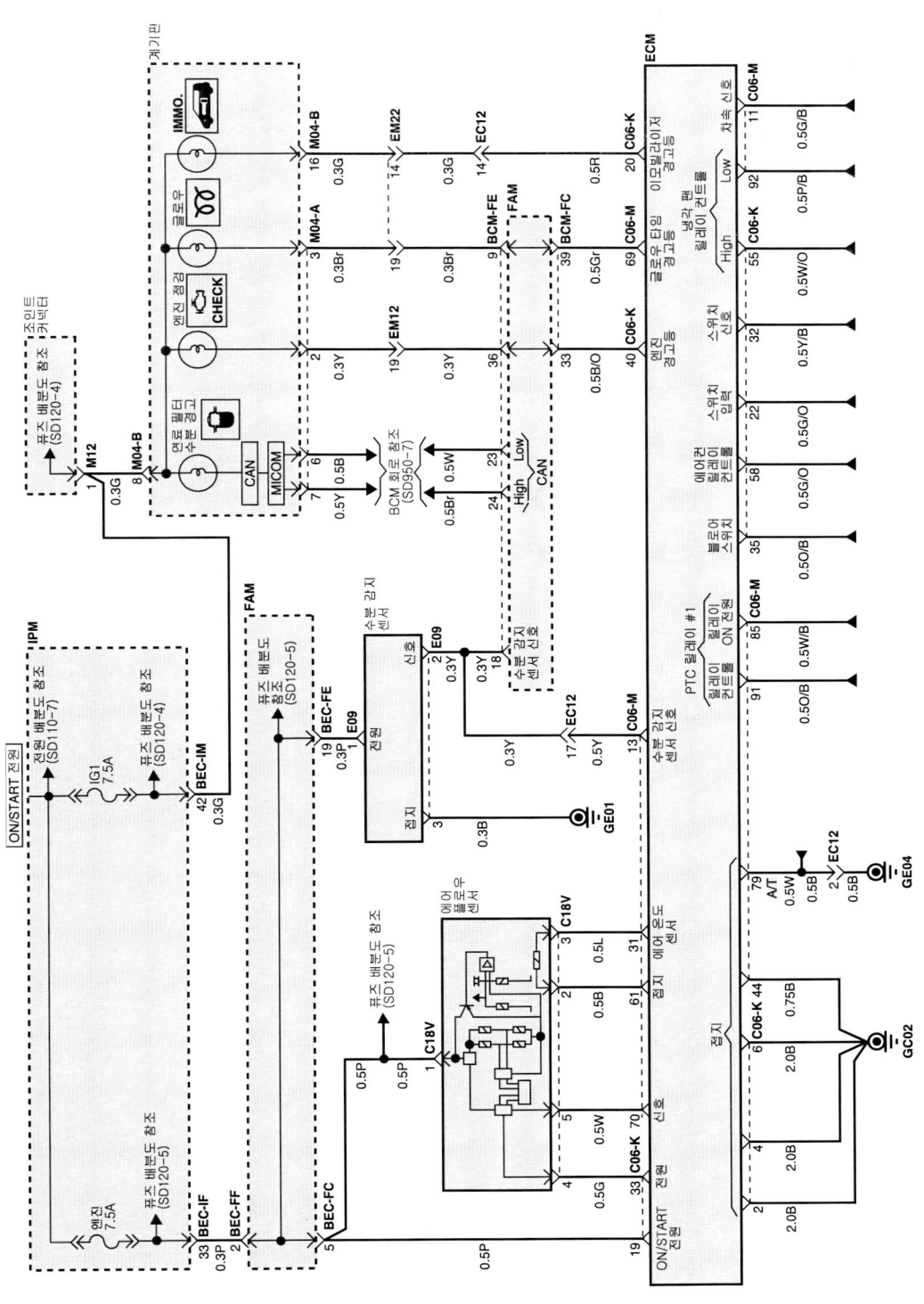

| J-2.9 VGT 엔진 회로도 |

Chapter 8 • CRDI 엔진의 회로도

8 S-3.0 VGT 엔진의 회로도(ECU)

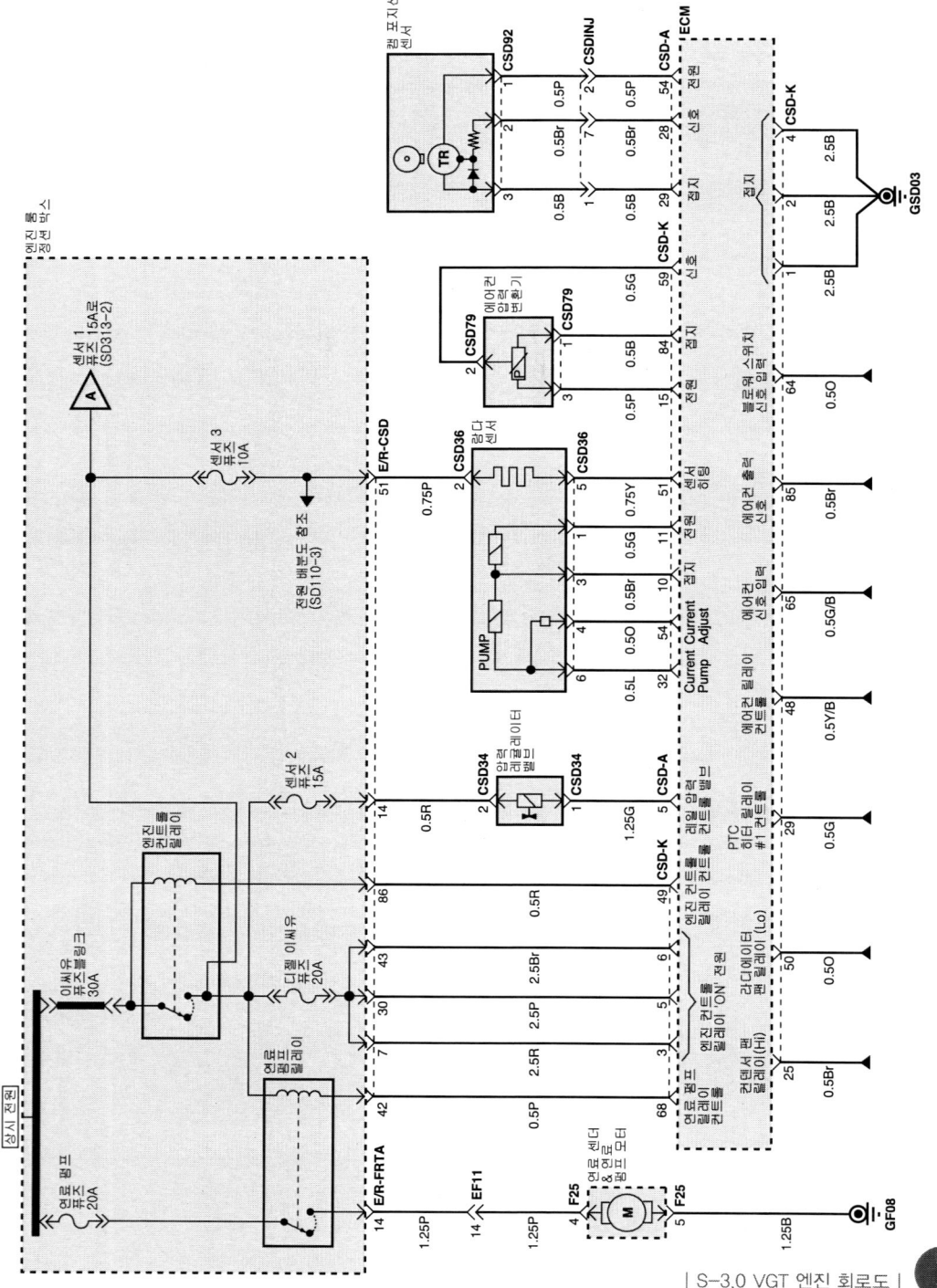

| S-3.0 VGT 엔진 회로도 |

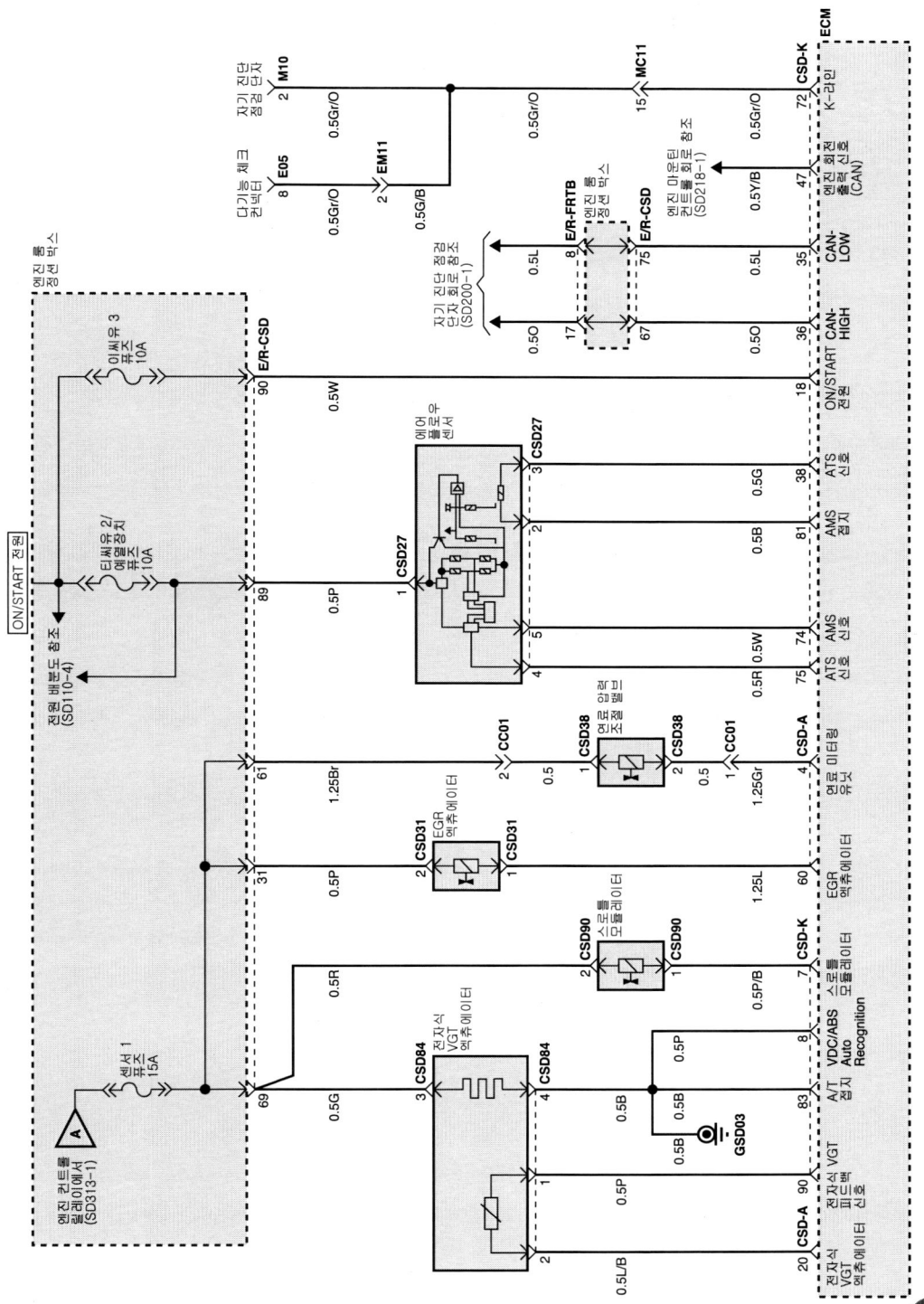

Chapter 8 • CRDI 엔진의 회로도

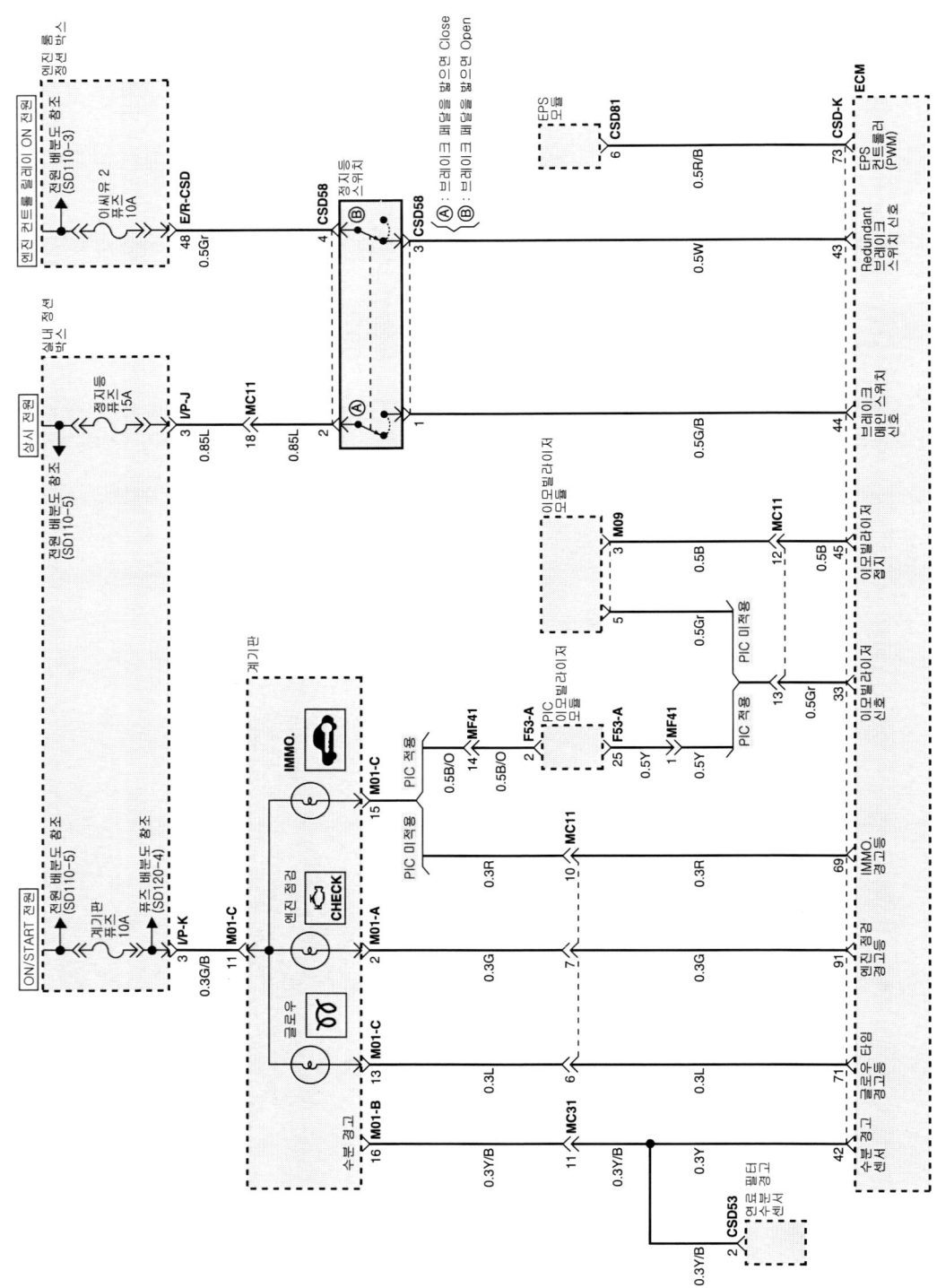

| S-3.0 VGT 엔진 회로도 |

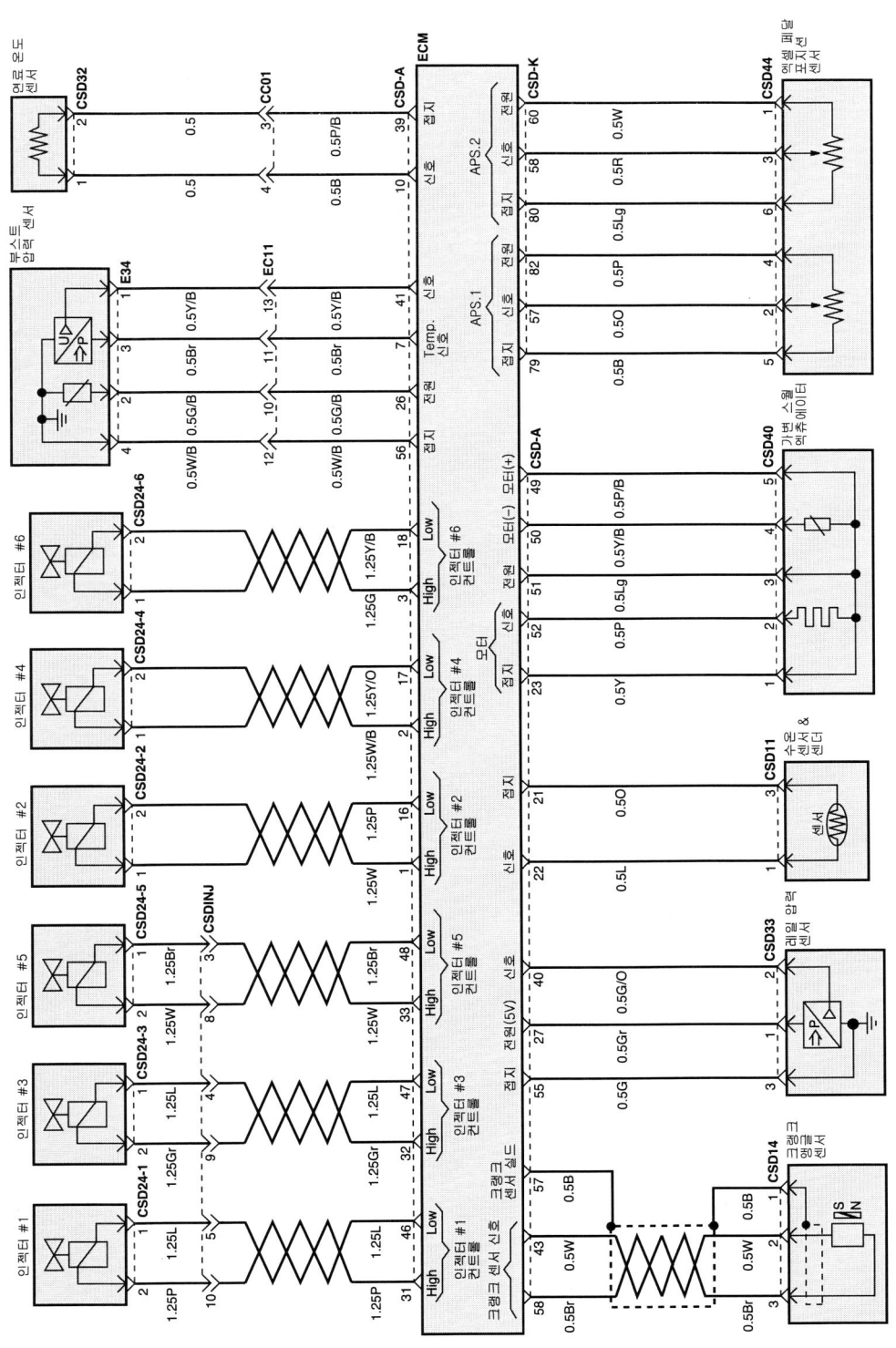

| S-3.0 VGT 엔진 회로도 |

저자약력 및 Q&A

監修 구 기 문　(現) 현대·기아자동차 정비연수원

김 홍 현　(現) 현대·기아자동차 정비연수원
　　　　　　E-mail : khh2020@hmc.co.kr

윤 영 춘　(現) 한국폴리텍2대학(화성캠퍼스) 자동차학과
　　　　　　E-mail : nice57@empal.com

최 광 훈　(現) 현대·기아자동차 정비연수원
　　　　　　E-mail : zzimmmm@paran.com

◆ 커먼레일 디젤엔진　　　　　　　　　정가 19,000원

2009년 1월 15일 초 판 발 행	감　　수 : 구기문
2024년 3월 11일 초판3쇄발행	저　　자 : 김홍현·윤영춘·최광훈
	발 행 인 : 김 길 현
	발 행 처 : 도서출판 **골든벨**
	등　　록 : 제 3-132호(87. 12. 11)
	ⓒ 2009 Golden Bell
	I S B N : 978-89-7971-825-6

㉾ 140-100 서울특별시 용산구 문배동 40-21
TEL : 영업부(02)713-4135／기획디자인본부(02)713-7452 • FAX : (02)718-5510
E-mail : 7134135@naver.com • http : //www.gbbook.co.kr

※ 파본은 구입하신 서점에서 교환해 드립니다.

이 책에서 내용의 일부 또는 도해를 다음과 같은 행위자들이 사전 승인없이 인용할 경우에는 저작권법 제93조 「손해배상청구권」에 저촉됩니다.
① 단순히 공부할 목적으로 부분 또는 전체를 복제하여 사용하는 학생 또는 복사업자
② 공공기관 및 사설교육기관(학원, 인정직업학교), 단체 등에서 영리를 목적으로 복제·배포하는 대표, 또는 당해 교육자
③ 디스크 복사 및 기타 정보 재생 시스템을 이용하여 사용하는 자